Neue
Arzneimittel organischer Natur.

Vom pharmazeutisch-chemischen
Standpunkte aus bearbeitet

von

Dr. L. Rosenthaler,

Privatdozent und I. Assistent am pharmazeut. Institut
der Universität Strassburg i. E.

Springer-Verlag Berlin Heidelberg GmbH

1906

ISBN 978-3-662-23256-9   ISBN 978-3-662-25278-9 (eBook)
DOI 10.1007/978-3-662-25278-9

Vorrede.

Es ist wohl kein Zufall, dass seit langer Zeit keine zusammenfassende pharmazeutisch - chemische Veröffentlichung über neue Arzneimittel erfolgt ist. Verschiedene Gründe mögen dafür massgebend gewesen sein. Zunächst muss eine derartige Schrift sich notgedrungenerweise zum grossen Teile auf die vorhandene Literatur stützen. Das ist in wissenschaftlicher Hinsicht undankbar. Des weiteren stand die gewaltige Produktion an neuen Arzneimitteln ihrer wissenschaftlichen Bearbeitung im Wege. Wer alle diese Körper, von denen ein grosser Teil nie in die Apotheken gelangt ist, hätte besprechen wollen, hätte sein Buch mit soviel Ballast beladen müssen, dass es nicht schwimmfähig gewesen wäre. Nur diejenigen Körper aufzunehmen, die sich eine sichere Stellung in der Therapie erworben haben, ging deshalb nicht an, weil sich darüber erst nach mehreren Jahren ein Urteil fällen lässt. Man hätte dann immer gerade die neuesten Erscheinungen unberücksichtigt lassen müssen.

Dieses Dilemma glaube ich dadurch umgangen zu haben, dass ich im allgemeinen den gut eingeführten neuen Arzneimitteln mehr Raum gewidmet habe als den allerjüngsten, deren therapeutische Zukunft noch eine unsichere ist und von denen ich überhaupt nur eine kleine Auswahl aufgenommen habe. Letzteres deshalb, weil jeder Apotheker die notwendigsten

Angaben über diese Mittel besitzt teils in den von einigen Drogenhandlungen und Fabriken herausgegebenen Zusammenstellungen, teils in dem soeben erst in zweiter Auflage erschienenen reichhaltigen Buch von G. ARENDS „Neue Arzneimittel und pharmazeutische Spezialitäten", teils in den Fachzeitschriften, die regelmässig über die neuen Arzneimittel berichten.

Dagegen habe ich es als meine Aufgabe betrachtet, die charakteristischen Züge der modernen Arzneimittelbewegung darzulegen und ihre wichtigsten Erzeugnisse eingehend zu schildern. Der Standpunkt, den ich dabei eingenommen habe, ist der rein pharmazeutische. Dies Buch ist nur für pharmazeutische Kreise geschrieben. Nicht für Chemiker, nicht für Ärzte, nicht für Medizinalbeamte.

Deswegen habe ich genaue Vorschriften nur für die Darstellung derjenigen Körper gegeben, die der Apotheker mit den Hilfsmitteln seines Laboratoriums auch wirklich darstellen kann — und darf. Deshalb habe ich auch über die therapeutische Verwendung der neuen Arzneimittel nur dasjenige mitgeteilt, was der Apotheker unbedingt wissen muss. Ich wollte dem ebenso oft wiederkehrenden als unwahren Gerede über „Kurpfuscherei in den Apotheken" nicht neue Nahrung geben. Im übrigen glaube ich alles aufgenommen zu haben, für das sich der Apotheker an diesen Körpern interessiert und interessieren soll.

Unter der für diese Schrift benützten Literatur habe ich an erster Stelle S. FRÄNKELS „Arzneimittelsynthese auf Grundlage der Beziehungen zwischen chemischem Aufbau und Wirkung" zu erwähnen, dem ich manche Anregung und manches Material verdanke. Ausserdem habe ich die pharmazeutische und chemische Fachliteratur zu Rate gezogen und vor allem auch zahlreiche eigene Beobachtungen über neue Arzneimittel verwertet, die nicht selten mit den in der Literatur niedergelegten im Widerspruch sind.

Eine besondere Schwierigkeit bereitete die Nomenklatur. Es schien von vornherein am einfachsten, die Körper unter ihren wissenschaftlichen Namen abzuhandeln und andere Bezeichnungen nur als Synonyme wiederzugeben. Es liess sich dies aber aus verschiedenen Gründen nicht durchführen, so dass ich mich zu dem (scheinbar unlogischen) Verfahren genötigt sah, bald den wissenschaftlichen, bald den Vulgärnamen eines neuen Arzneimittels in den Vordergrund zu stellen.

Wichtiger als die Nomenklatur-Frage war die Aufgabe, aus der ungeheuren Zahl der neuen Arzneimittel die für eine Besprechung geeigneten herauszufinden. Ich habe nur solche behandelt, die nach meiner eigenen Erfahrung und den mir zugegangenen Mitteilungen auch wirklich in den Apotheken gebraucht werden. Ob ich darin das Richtige getroffen habe, möge dem Urteil der Leser überlassen bleiben.

Strassburg i/E., Dezember 1905.

Der Verfasser.

Inhaltsverzeichnis.

Berichtigungen und Nachträge.

Zu S. 36. Proponal (Dipropylbarbitursäure, Dipropylmalonylharnstoff) Smp. 145⁰.

„ „ 39. Veronal ist nach neueren Erfahrungen nicht so harmlos, als man früher glaubte.

„ „ 54. Novokain $C_6H_4\begin{cases} NH_2\ (1) \\ COO\ C_2H_4N\ .\ (C_2H_5)_2\,HCl\ (4) \end{cases}$ = p-Aminobenzoyl-diäthylaminoäthanolhydrochlorid; Smp. 156⁰.

„ „ 57. 2. Z. v. u. statt HCHO (HCHO)x.

„ „ 65. Formicin $CH_3CO\begin{cases} NH \\ CH_2OH \end{cases}$ = Formaldehydazetamid. Farblose Flüssigkeit; spez. Gew. 1,24—1,26.

„ „ 98. Protosal $\begin{matrix} CH_2\ .\ O\ .\ OC\ .\ C_6H_4\,(OH) \\ CHO \\ | \qquad\ \ >CH_2 \\ CH_2O \end{matrix}$ = Salizylsäureglyzerinformalester; spez. Gew. 1,344 bei 15⁰ Sdp. gegen 200⁰ bei 12 mm Druck.

„ „ 147. Barutin = Doppelsalz aus Theobrominbaryum und Natriumsalizylat.

„ „ 151. Solurol $C_{30}H_{46}N_4O_{15}\ .\ 2\ P_2O_5$ = Nukleotin-Phosphorsäure.

„ „ 157. Jothion $C_3H_5OHJ_2$ = Dijodhydroxypropan. Gelbliche Flüssigkeit; spez. Gew. 2,4—2,5.

„ „ 179. Novargan Silbereiweissverbindung.

Einleitung.

Unter der Flagge „Neue Arzneimittel" segeln so viele teils zweifels-
freie, teils zweifelhafte Substanzen, dass es nicht möglich ist, eine kurze
und doch gleichzeitig alles hierher Gehörige umfassende Definition
dieses Begriffes zu geben. Ich beschränke mich deshalb darauf, mitzu-
teilen, von welchen neuen Arzneimitteln in diesem Buche die Rede
sein soll.

Die hier abzuhandelnden Arzneimittel sind, da die anorganischen
Körper in der modernen Arzneimittelbewegung nur eine geringe Rolle
spielen, sämtliche organischer Natur. Sie zerfallen in zwei Abteilungen.
Die erste und grössere umfasst vorwiegend auf künstlichem Wege hergestellte chemische Individuen, die zweite ausschliesslich Gemenge und
zwar organotherapeutische Präparate und Heilsera, Bakterientoxinpräpa-
rate, Nährmittel, dann noch einige Substanzen wie Ichthyol und Lanolin,
welche sich nicht in eine bestimmte Gruppe einreihen lassen.

Wodurch aber charakterisieren sich diese Arzneimittel als neu?
Unterscheiden sich die neuen Arzneimittel von den alten lediglich dadurch, dass sie später aufgetaucht sind als jene oder liegen der Entstehung der neuen Arzneimittel auch neue Ideen zugrunde? Für den
grössten Teil der hier zu behandelnden Stoffe gilt das letztere, z. B.
für die Heilsera. Auch die Mehrzahl der zu besprechenden chemischen
Individuen verdankt ihr Dasein einer neuen Epoche in der therapeutischen Benützung von Chemikalien.

Die grundsätzliche medizinische Anwendung von Chemikalien
ist auf Theophrastus Bombastus Paracelsus von Hohenheim zurückzuführen, jenen bedeutenden, im 16. Jahrhundert lebenden und lehren-
den Reformator der Medizin, für den so recht das Dichterwort gilt;
„Von der Parteien Gunst und Hass verwirrt, schwankt sein Charakter-

bild in der Geschichte." PARACELSUS benützte von künstlich hergestellten Körpern nur anorganische; von einer ausgedehnten Verwendung künstlich hergestellter organischer Chemikalien konnte erst
im 19. Jahrhundert die Rede sein, nachdem man begonnen hatte, die
organische Chemie aufzubauen. Viele von den neu hergestellten Substanzen wurden auf ihre pharmakologische Wirkung geprüft und, wenn
sie zu verwerten waren, in die Therapie eingeführt. Die Geschichte
der medizinischen Anwendung dieser Körper weist zwei Epochen auf.
In der ersten, das 19. Jahrhundert bis zum Ende der 70er Jahre um-
fassenden, stellte man, lediglich von chemischen Gesichtspunkten ausgehend, Chemikalien her und verwendete sie eventuell als Arzneimittel.
Auf solche Weise gelangte man zu therapeutisch so wichtigen Körpern
wie Chloroform, Jodoform, Chloral und Salizylsäure. Die zweite, am
Ende der 70er Jahre beginnende und heute noch nicht abgeschlossene
Epoche ist dadurch charakterisiert, dass man von vornherein die Synthese von organisch-chemischen Arzneimitteln im Auge hatte. In der
ersten Epoche ist also die medizinische Verwendung nur Nebenzweck,
in der zweiten die Hauptsache. Die zuerst übliche Art und Weise,
Arzneimittel aufzufinden, hat aber mit dem Einsetzen der zweiten
Periode nicht ein plötzliches Ende gefunden, sondern wird auch in der
Gegenwart ausgeübt und voraussichtlich auch in Zukunft. Sie spielt
aber in der Charakteristik der zeitgenössischen Therapie, insofern diese
organische Chemikalien verwendet, eine untergeordnete Rolle, während
ihr die Heilmittelsynthese das bezeichnende Gepräge gibt.

Die Zahl der künstlich hergestellten organischen Körper ist eine
ungeheuer grosse und nur verhältnismässig wenige unter ihnen sind
als Arzneimittel verwendbar. Wie aber sollte man diese aus der grossen
Zahl der unwirksamen und nicht verwendbaren Körper herausfinden?
Zwei Methoden kamen hierfür in Betracht. Die eine, das planlose
Herumprobieren, konnte immer nur auf Zufallserfolge rechnen. Sicherer
und im grossen ganzen rascher musste das Ziel erreicht werden, wenn
es gelang, durch systematische Untersuchungen die Beziehungen aufzu-
decken, welche zwischen der Konstitution der Körper und ihrer pharmakologischen Wirkung bestehen und bestehen müssen. Man musste
dann umgekehrt imstande sein, die pharmakologische Wirkung eines
Körpers von beliebiger Konstitution vorauszusagen und also von vornherein Körper herzustellen, welche nur die gewünschten und keine
anderen Eigenschaften besassen.

So weittragend waren aber die Pläne nicht, die man von Anfang
an verfolgte, sondern man wollte zunächst lediglich Ersatzpräparate

für einige Körper suchen, zum Teil aus rein wissenschaftlichem Interesse, zum Teil, weil ihre Anwendung mit Unzuträglichkeiten verschiedener Art verknüpft war. So wünschte man Ersatz für das Jodoform wegen seines unangenehmen Geruches, für das Chinin wegen seines damals noch sehr hohen Preises und dergl. m. Jedenfalls ist ein sehr grosser Teil der damals und später und selbst jetzt noch ins Leben gerufenen synthetischen Arzneimittel aus den Versuchen hervorgegangen, Ersatzmittel für eine verhältnismässig geringe Anzahl von Körpern zu schaffen.

Wollte man zur Auffindung derartiger Ersatzmittel systematisch vorgehen, so musste man in folgender Weise verfahren: Man hatte zunächst die Konstitution des zu ersetzenden Körpers zu erforschen. Dann musste man kleinere und grössere Änderungen an seinem Moleküle vornehmen und jedesmal die pharmakologische Wirkung der so entstandenen neuen Körper prüfen. Auf diese Weise musste man erfahren, ob die arzneiliche Wirkung des zu ersetzenden Körpers eine Funktion des Gesamtmoleküles war, oder ob vielleicht schon ein Teil des Moleküles, ja selbst eine einzige Gruppe darin schon genügte, um die spezifische Wirkung des Gesamtmoleküles zu entfalten. Im letzteren Falle hatte man nur einen einfachen, die wirksame Gruppe in geeigneter Anordnung enthaltenden Körper herzustellen, um ein Ersatzpräparat zu erhalten. Wo die Verfolgung dieser Methode versucht wurde, wie z. B. beim Kokain, hat man rasch sich dem gewünschten Ziel genähert. Allein man ging nicht selten auch in anderer Weise vor, weil man in vielen Fällen die Konstitution des Körpers, für den man nach einem Ersatzmittel suchte, noch gar nicht kannte und andererseits deshalb, weil in der Wissenschaft, wie im täglichen Leben es nicht immer die geraden Wege sind, die am raschesten zum Ziele führen. Immerhin lagen Gedanken, wie die soeben geschilderten den Erwägungen und Versuchen zugrunde, mit welchen man am Ende der 70er Jahre sich nach einem Ersatzmittel für Chinin umsah und diese Versuche sind es, von denen die ganze nachher so gewaltig angeschwollene Entwickelung der Arzneimittelsynthese ihren Ausgang genommen hat.

Bei der Oxydation des Chinins und bei anderen Einwirkungen, denen man es unterwarf, war man zu Chinolinderivaten gelangt und es lag deshalb nahe zu prüfen, ob nicht dem Chinolin selbst antipyretische Eigenschaften zukommen. Das war in der Tat der Fall und so wurde es von Donath u. A. in die Therapie eingeführt, vermochte sich jedoch wegen unangenehmer Nebenwirkungen nicht dauernd zu halten.

Später glaubte man das Chinin als das Derivat eines hydrierten Chinolins auffassen zu sollen und weil Chinin ausserdem noch Sauerstoff und eine Methylgruppe enthält, so stellte man Körper her, welche diesen Anforderungen entsprachen. Man fand dann bei der Prüfung dieser Körper, dass denjenigen unter ihnen die grösste antipyretische Wirkung zukam, deren N-Atom mit der CH_3·Gruppe oder einem anderen Alkoholradikal verbunden war. So kam man 1882 dazu, das von O. Fischer hergestellte Oxychinolinäthyltetrahydrür unter dem Namen Kairin und später das 1885 von Skraup entdeckte Tetrahydroparachinanisol unter der Bezeichnuug Thallin als Antipyretika zu verwenden.

Inzwischen war aber im Jahre 1884 Ludwig Knorr die Synthese des Antipyrins gelungen, und wenige Jahre später (1887) wurde durch einen glücklichen Zufall die temperaturherabsetzende Wirkung des Acetanilids gefunden.

Die beiden letztgenannten Körper, das Antipyrin und das als Antifebrin in den Handel gebrachte Azetanilid erfuhren bald eine weitgehende Verwendung und damit waren endgültig die Geister der Arzneimittelsynthese gerufen, die wir nun schon so lange nicht mehr los werden können. Jetzt erst schwoll die auf die Darstellung synthetischer Arzneimittel hinzielende Bewegung ins Ungemessene an. Scharen von neuen Arzneimitteln wurden entdeckt, in allen Tönen gepriesen, auf den Markt geworfen und rasch wieder vergessen. Denn für die meisten dieser Mittel galt das Goethesche Wort: „Sie hebt die Welle, verschlingt die Welle und sie versinken."

Dieser Verlauf der Dinge hat den Apothekern vielfach pekuniären Schaden gebracht. Fast von allen den neuen, meist recht teueren, Substanzen sind mehr oder minder ansehnliche Mengen als Ladenhüter in den Apotheken zurückgeblieben zum Leidwesen der Apothekenbesitzer, welche sie höchstens noch dazu benützen können, um ihren Lehrlingen den Verlauf der modernen Arzneimittelbewegung zu demonstrieren.

Die Tatsache, dass so vielen der neu eingeführten Mittel der Lebensodem sobald wieder ausging, gibt zu denken. Sie zeigt, dass auf diesem neuen Feld chemisch-medizinischer Tätigkeit doch manches faul sein musste. Zunächst ist allerdings zur Erklärung die grosse Überproduktion in Betracht zu ziehen. Es war, ich möchte sagen aus mechanischen Gründen unmöglich, dass alle diese Körper arzneiliche Verwendung finden konnten. Hatten aber Mittel, wie Antipyrin und Phenazetin bereits festen Fuss gefasst, so musste es für die später Gekommenen desto schwerer sein, noch ein Plätzchen in der Therapie zu finden, selbst wenn sie die Wirkung der ihnen vorausgegangenen Mittel erreicht oder sogar übertroffen hätten.

Viele der als neu angepriesenen Arzneimittel waren es im Grunde genommen auch gar nicht, sondern sie stellten lediglich kleine Variationen von bereits im Gebrauch befindlichen Arzneimitteln dar. So gibt es eine grosse Anzahl von Körpern, die nach dem Typus des Phenazetins in der Weise hergestellt waren, dass die Azetylgruppe durch ein anderes Säureradikal ersetzt wurde. Alle diese Körper hatten aber vor dem Phenazetin kaum irgendwelche Vorzüge, nicht selten aber unangenehme Nebenwirkungen, welche sie zur medizinischen Verwendung weniger geeignet machten. Denn, das lässt sich nicht leugnen, eine nicht unbeträchtliche Anzahl der zur medizinischen Verwendung angepriesenen neuen Körper war in der Praxis nicht zu gebrauchen. Sie waren auch mehr dazu bestimmt, den Erfindern und den Fabrikanten auf die Beine zu helfen, als den Kranken.

An den Auswüchsen, welche die moderne Arzneimittelfabrikation gezeitigt hat, sind die Ärzte nicht ganz ohne Schuld. Denn keines dieser Mittel zeigte sich in der Öffentlichkeit, ohne dass ihm ein es lobender von einem Arzte herrührender Aufsatz vorausgegangen wäre. Nicht selten mussten dann die Nachprüfer feststellen, dass der angepriesene Körper entweder gar nicht die angegebene Wirkung oder aber schädliche, seine Verwendung ausschliessende Eigenschaften zeigte. Um eine Beseitigung dieser das Ansehen der Ärzte schädigenden Missstände zu ermöglichen, wollte der bekannte Rostocker Pharmakologe Prof. Kobert eine aus Ärzten, Pharmakologen und pharmazeutischen Chemikern zusammenzusetzende Kommission ins Leben rufen, welche über die neuen Arzneimittel zu Gericht sitzen und vor allen Dingen verhindern sollte, dass neue Arzneimittel ohne vorausgegangene gründliche Prüfung in der Praxis verwendet würden. Die Errichtung einer derartigen Kommission ist bis jetzt nicht geglückt. Die chemische Grossindustrie und ein Teil der Ärzte und Pharmakologen waren dagegen. Erstere, weil sie sich in ihrem Erwerbsleben bedroht sah, letztere, weil sie sich gewissermassen nicht unter Kuratel stellen lassen wollten.

Ein wenig sind ja manchmal auch die Fabrikanten gestraft worden, welche minderwertige Arzneimittel in die Welt setzten. Denn pekuniäre Verluste waren unausbleiblich, wenn die Präparate keinen Absatz mehr fanden, trotzdem die für sie betriebene Reklame grosse Summen verschlungen hatte. Hatte sich aber ein neues Mittel bewährt, dann brachte es den Fabrikanten reichlichen Gewinn. Und da eine grosse Anzahl von Chemikern und Tausende von Arbeitern in der Arzneimittelfabrikation eine lohnende Beschäftigung gefunden haben, so ist immerhin die volkswirtschaftliche Bedeutung dieses Zweiges unserer chemischen Industrie nicht gering anzuschlagen.

Die grosse Bewegung der Arzneimittelsynthese dauert noch an, wenn sie auch in wesentlich ruhigeren Formen verläuft als in der Zeit der Sturm- und Drangperiode, welche der Entdeckung des Antipyrins gefolgt war. Immerhin sind seit ihrem Beginn schon fast 25 Jahre verflossen, so dass es gerechtfertigt ist, die Frage aufzuwerfen: Hat diese Bewegung die Ziele erreicht, die sie sich gesetzt hatte?

Ihr Ziel war ja zunächst, wie schon erörtert, nachteilfreie Ersatzmittel für einige vielgebrauchte Medikamente wie Jodoform, Chinin, Kokain u. a. zu finden. Und unzählige Körper sind für diese Zwecke hergestellt worden. Allein keiner dieser Körper erreicht seine Vorbilder. So haben wir kein vollgültiges Ersatzmittel für Chinin, trotzdem gerade die synthetischen Antipyretika noch zu den wertvollsten unter den neueren Arzneimitteln zählen. Aber wenn sie auch ebenso antipyretisch wirken, wie das Chinin, so fehlt ihnen doch dessen spezifische Wirkung bei Malaria. Ganz ähnlich steht es auch mit den andern Substanzen. Wir haben in der Tat noch kein Trockenantiseptikum, das alle Vorzüge des Jodoforms ohne dessen Nachteile hätte, und wenn man auch auf künstlichem Wege viele lokalanästhesierende Körper darstellen konnte, sie werden immer noch vom Kokain übertroffen. Es waren deshalb die synthetischen Arzneimittel nicht imstande, etwa das Chinin oder das Kokain zu verdrängen. Die Arzneimittelsynthese hat somit, das lässt sich nicht in Abrede stellen, das von ihr erstrebte Ziel nicht erreicht und sie wird voraussichtlich diese Scharte nicht dadurch auswetzen können, dass sie immer noch weiter auf den seither begangenen und weidlich ausgetretenen Pfaden nach neuen Ersatzmitteln sucht, sondern sie wird sich entschliessen müssen, den Stier bei den Hörnern zu fassen, d. h. sie muss dazu übergehen, Substanzen wie Chinin und Kokain, die sie nicht ersetzen kann, wenn irgend möglich, auf synthetischem Wege darzustellen. Der Anfang für diese Art der Arzneimittelsynthese ist bereits gemacht. So kommen jetzt schon synthetisches Theobromin und Theophyllin in den Handel.

Allein, wenn die Arzneimittelsynthese bis jetzt nicht allen Anforderungen gerecht wurde, wenn sie sogar durch mancherlei Auswüchse in einiger Hinsicht Schaden anstiftete, so hat sie doch andererseits, auch abgesehen von der bereits erörterten für uns lediglich sekundären nationalökonomischen Bedeutung, doch vielfachen Nutzen gebracht. Wir verfügen z. B. jetzt über eine Anzahl von Schlafmitteln, welche den Schlaflosen die

nötige Ruhe verschaffen, ohne die mancherlei unangenehmen Nebenwirkungen zu verursachen, wie sie dem Morphin und dem Chloral, den früher
beliebtesten Schlafmitteln, anhaften. Und wenn auch das Chinin bei Malaria
nicht zu ersetzen ist, so haben doch manche der synthetischen Antipyretika bei anderen Krankheiten ihre Vorzüge vor dem Chinin. Die
Chemie hat also doch der Medizin eine grosse Anzahl wertvoller Heilmittel geschaffen und ihr damit reichlich die Dienste wieder vergolten,
die jene sich einst in früheren Zeiten um die Chemie erworben hatte.

Aber auch die Chemie als reine und angewandte Wissenschaft ist
bei dem Bündnis mit der Medizin nicht ganz leer ausgegangen. Es
wurden immerhin viele Körper hergestellt, die ohne den Anreiz, der in
ihrer möglichen Anwendung als Arzneimittel lag, vielleicht nie oder
wenigstens nicht so früh das Licht der Welt erblickt hätten.

Einige neue Arzneimittel konnten in der analytischen Chemie angewendet werden, z. B. Sozojodol als Reagens auf Eiweiss in der Harn-
untersuchung.

Der Weg, den die neuen Arzneimittel einschlagen mussten, um
von den chemischen Fabriken in die Hände der Patienten zu gelangen,
führte normalerweise durch die Apotheken hindurch. Die Apotheker
sahen sich infolgedessen vor manche neue Aufgaben gestellt.

Es war zunächst wünschenswert, dass sich die Apotheker mit der
chemischen Zusammensetzung der neuen Mittel vertraut machten. Denn
sie sollen, wenn möglich, die wissenschaftliche Seite der Substanzen
kennen, mit denen sie arbeiten. Auch aus praktischen Gründen war
dies wünschenswert. Wer z. B. im Texte des Arzneibuchs sich rasch
über die Eigenschaften von Salipyrin, Dermatol oder Trional orientieren
will, der findet nichts darüber, wenn er nicht weiss, dass die Körper,
die unter diesem Namen bekannt sind, darin als Pyrazolonum phenyldimethylicum salicylicum, Bismuthum subgallicum und Methylsulfonalum
beschrieben sind.

Schon aus dieser kurzen Aufzählung geht übrigens hervor, dass
die neuen Arzneimittel meist zwei Namen führen. Eine doppelte Nomenklatur, die dem wissenschaftlichen Namen einen Vulgärnamen beigeben
liess, war zum Teil aus Zweckmässigkeitsgründen notwendig geworden.
Die synthethischen Arzneimittel besitzen vielfach eine so komplizierte
Zusammensetzung, dass der die Zusammensetzung genau bezeichnende
wissenschaftliche Name oft eine Ausdehnung erhielt, die bei häufigem
Gebrauch, sei es mündlich oder wie auf Rezepten schriftlich zu Unzuträglichkeiten führen musste. An Stelle von Namen wie Dip-anisyl-

monophenetylguanidinchlorhydrat oder N-Methylbenzoyltetramethyl-γ-oxypiperidinkarbonsäuremethylester wird man sich mit Vergnügen der Bezeichnungen Acoin und Eucain bedienen. Sehr oft stellt indes die doppelte Nomenklatur für den Apotheker eine unnötige geistige Belastung dar; für ihn wenigstens sind Bezeichnungen wie Itrol für Argentum citricum oder Tannosal für Kreosotum tannicum überflüssig. Das Arzneibuch hat die wissenschaftlichen Bezeichnungen für Salipyrin u. a. hauptsächlich deshalb aufgenommen, weil Salipyrin und entsprechende Bezeichnungen unter Wortschutz stehen, also nur von der Firma, der sie geschützt sind, benützt werden dürfen, während die Fabrikation dieser Chemikalien nach Ablauf der betreffenden Patente jedermann freisteht.

In die Vulgärnomenklatur der neuen Arzneimittel haben sich ausser der nicht wieder gut zu machenden Systemlosigkeit, die darin herrscht, noch andere Übelstände eingeschlichen. So wird es neuerdings Sitte, den Ersatzpräparaten für neue Arzneimittel, die sich aus irgend einem Grunde nicht bewährt haben, die gleichen Namen wie den alten nur mit dem Zusatz „Neu" zu geben, obwohl es sich um wesentlich andere Körper handelt. Beispielsweise ist das Sidonal identisch mit chinasaurem Piperazin, Sidonal-Neu aber mit dem Anhydrid der Chinasäure. Ferner wird es nur zu Verwirrungen Anlass geben, wenn bei den künstlich hergestellten Alkaloiden oder Alkaloidderivaten bald das reine Alkaloid, bald, — und das ist das Irreführende — ein Alkaloidsalz einen eigenen Namen führt. So kommt die Bezeichnung Dionin dem Äthylmorphinhydrochlorid zu; Heroin aber ist das freie Diacetylmorphin. Im allgemeinen Interesse sollten die chemischen Fabriken eigene Namen nur den freien Basen geben und die Salze in der auch sonst üblichen Weise bezeichnen.

Ganz zu verwerfen ist endlich die Unsitte, mechanischen Gemengen eigene Namen zu geben, die den Eindruck erwecken, als handle es sich um synthetische Arzneimittel.

Eine andere Aufgabe, die mit den neuen Arzneimitteln an die Apotheker herantrat, war die, sie auf Identität und Reinheit zu prüfen. Die Lösung dieser Aufgabe ist jedoch meist leichter, als es auf den ersten Blick scheinen mag. Denn wie die meisten organischen Körper so sind auch die meisten synthetischen Arzneimittel durch einen bestimmten Schmelz- und Siedepunkt gekennzeichnet. Es genügt also in den meisten Fällen eine Bestimmung dieser Kardinalpunkte, um die Identität festzustellen[1]). Die Feststellung dieser physikalischen Eigenschaften ist

---

[1]) Ausführliches darüber s. im Anhang.

aber gleichzeitig auch eine Prüfung auf die Reinheit der zu untersuchenden Körper; der Schmelzpunkt z. B. wird durch Verunreinigungen meist herabgedrückt und zwar genügen sehr kleine Beimengungen fremder Substanzen, um verhältnismässig bedeutende Veränderungen des Schmelzpunktes hervorzurufen.

Neben den physikalischen Bestimmungen hat man auch chemische Reaktionen zur Prüfung herangezogen; doch ist auf diesem Gebiete noch sehr viel zu tun. Es fehlen uns eigentliche Identitätsreaktionen noch für viele der neueren Arzneimittel.

Natürlich kann der Apotheker derartige Prüfungen nur dann vornehmen, wenn er die nötigen Angaben in den Händen hat; bei den jeweils neuesten Arzneimitteln, über deren chemische und physikalische Eigenschaften noch nichts veröffentlicht wurde, ist er selbst beim besten Willen dazu nicht in der Lage. Patient und Apotheker sind einer Verwechslung, die etwa in der Fabrik beim Einfüllen vorgekommen war, auf Gnade und Ungnade preisgegeben. Um sie dagegen zu schützen, muss von den Fabrikanten verlangt werden, und derartige Bestrebungen sind bereits im Gange, dass sie selbst den neuen Arzneimitteln die nötigen zur Prüfung erforderlichen Angaben beilegen.

Aus all dem Vorhergehenden ergibt sich, was der Apotheker über die neuen Arzneimittel wissen soll. Wir haben uns demgemäss in erster Linie zu beschäftigen mit ihrer chemischen Zusammensetzung, ihrer Herstellung, ihren physikalischen und chemischen Eigenschaften. Letztere werden uns die für die Prüfung auf Identität und Reinheit nötigen Angaben liefern. Weiter sind die Art ihrer therapeutischen Verwendung, etwaige Rezepturschwierigkeiten, ihr Verhalten im Organismus und, wenn nötig ihre Aufbewahrungsweise zu erwähnen und schliesslich sei auch immer den Gedanken, wenn sie vorhanden sind, und den Versuchen nachgegangen, welche zur Darstellung dieser Körper geführt haben. Sie enthüllen uns dann häufig die Beziehungen zwischen Konstitution und Wirkung, die Hauptidee, welche die ganze neueste Entwicklung der Arzneimittelsynthese beherrscht und leitet.

Für die Anordnung des hier zu besprechenden Stoffes kamen zwei Verfahren in Betracht. Man kann die Körper nach chemischen Prinzipien einteilen und nach bekanntem Schema erst die aliphatischen, dann die aromatischen Derivate abhandeln. Aber auch die therapeutische Verwendung lässt sich als ordnende Idee verwenden. Nach diesem Prinzip werden Körper gleicher Wirkung z. B. Anästhetika, Antipyretika, Antiseptika, Abführmittel und dergl. zusammen besprochen, ohne Rücksicht darauf, ob sie der aliphatischen oder der aromatischen Reihe angehören. Jedes von beiden Verfahren hat seine Vor- und Nachteile. Hier soll das letztere Verfahren angewendet werden, nicht zuletzt deshalb, weil sich so die Beziehungen zwischen Konstitution und Wirkung leichter aufdecken lassen und weil infolge dieses Zusammenhangs die therapeutisch einheitlichen Gruppen, gewissermassen ungewollt, nicht selten Körper umfassen, die sich auch in chemischer Beziehung sehr nahe stehen. Die Körper, die sich in therapeutische Gruppen nicht einreihen liessen, sind in der letzten Gruppe als „Körper nicht einheitlicher therapeutischer Wirkung" zusammengefasst.

I. Anästhetika und Schlafmittel.

Die Anästhetika seien die erste zu besprechende Gruppe. Zu ihr gehören, im weitesten Sinne genommen, diejenigen Substanzen, welche imstande sind, die Empfindlichkeit der Nerven für äussere Eindrücke herabzudrücken oder ganz aufzuheben. Sollen sie, äusserlich angewendet, nur auf die Körperstelle wirken, auf welche man sie appliziert, so bezeichnet man sie als lokale Anästhetika. Beeinflusst ein Anästhetikum eingeatmet oder eingenommen durch direkte Wirkung auf das Gehirn das Nervensystem, dann gehört es unter die allgemeinen Anästhetika. Die allgemeinen Anästhetika zerfallen nach der Art ihrer Verwendung in zwei Gruppen, nämlich in die Inhalationsanästhetika, die, wie es der Name sagt, eingeatmet werden müssen und in die innerlich einzunehmenden eigentlichen Schlafmittel. Bei den Inhalationsanästheticis haben wir wiederum zwischen halogenhaltigen und halogenfreien zu unterscheiden. Von diesen behandeln wir nur einige halogenhaltige, also die therapeutischen Verwandten des Chloroforms, des ältesten und heute noch wichtigsten Vertreters dieser Gruppe.

Will man die Wirkung dieser Körper erklären, so kommen dafür drei Momente in Betracht. Die Wirkung kann nämlich eine Funktion des Gesamtmoleküles oder des Kohlenwasserstoffrestes oder des Halogens sein. Dafür, dass die Wirkung durch den Kohlenwasserstoffrest bedingt ist, spricht die Tatsache, dass die niederen aliphatischen Kohlenwasserstofte selbst Anästhetika sind und zwar sowohl die gesättigten als die ungesättigten. Von letzteren ist ein Amylen $(CH_3)_2 . C = CH . CH_3$ unter dem Namen Pental auch schon in der Praxis angewendet worden. Da diese Substanzen aber eingeatmet werden müssen, um anästhesierend wirken zu können, so ist es leicht verständlich, dass die höheren nicht mehr leicht zu verflüchtigenden Kohlenwasserstoffe, z. B. die

Paraffine, auch keine derartige Wirkung mehr besitzen. Den aromatischen Kohlenwasserstoffen, z. B. dem Benzol und seinen Homologen kommt eine anästhetische Wirkung gleichfalls nicht zu. Wenn man von der Annahme ausgeht, dass der Kohlenwasserstoffrest (oder das Alkoholradikal) in den hier in Rede stehenden Körpern das Wirksame ist, so muss die Frage aufgeworfen werden, ob nicht die anästhetische Wirkung eintritt, gleichgültig ob der Kohlenwasserstoffrest mit Wasserstoff wie in den Kohlenwasserstoffen, mit Halogen wie in ihren Halogenderivaten oder mit irgend welchen anderen Atomen oder Atomgruppen verbunden ist. Verfolgt man diesen Gedanken, so überzeugt man sich in der Tat davon, dass eine grössere Anzahl derartiger Körper anästhetische oder narkotische Wirkungen ausübt. Ich nenne nur Alkohol (C_2H_5OH), Äther ($C_2H_5OC_2H_5$), Methyläthyläther ($CH_3OC_2H_5$) und Amylenhydrat ($C_5H_{11}OH$). Die Wirkung der verschiedenen Kohlenwasserstoffreste ist aber durchaus keine gleichmässige; unter ihnen ist das Äthyl der am stärksten (vielleicht sogar der einzige) wirksame Rest. Ersetzt man z. B. beim Sulfonal $(CH_3)_2 . C . (SO_2C_2H_5)_2$ die Äthylgruppen durch Methylgruppen, so hat der entstandene Körper nicht mehr die Eigenschaft, Schlaf zu erzeugen. Andererseits kennt man aber auch Körper mit Äthylgruppen, z. B. die Propionsäure C_2H_5COOH, die durchaus keine narkotischen Wirkungen entfalten. Diese scheinbar im Widerspruch mit den bisherigen Ausführungen stehende Tatsache erklärt sich folgendermassen: Selbst die Äthylgruppe muss unwirksam bleiben, wenn sie im Organismus zersetzt wird, ehe sie an die Stelle gelangt, von der die Wirkung ausgeht, ebenso, wenn der die Äthylgruppe enthaltende Körper überhaupt im Organismus nicht zersetzt wird. Die Äthylgruppe muss also in geeigneter Anordnung vorhanden sein; und vor allem muss das Gesamtmolekül so beschaffen sein, dass es auf die Moleküle der zu beeinflussenden Stelle zu wirken vermag. Denn nur dann, wenn Arzneimittel und Organismus miteinander reagieren können (der Vorgang braucht deshalb noch nicht durch eine chemische Formel ausdrückbar zu sein), ist eine Arzneimittelwirkung möglich. Nicht selten mag die Wirkung durch das im Organismus bereits veränderte Arzneimittel erfolgen. Jedenfalls lässt sich eine befriedigende Erklärung der Arzneimittelwirkung nur auf die Wechselwirkung zwischen Organismus und Arzneimittel gründen, gerade wie man zur Erklärung der Tonempfindungen nicht allein von den Wellenbewegungen der Luft ausgehen kann, sondern auch den Bau des Ohres berücksichtigen muss.

Die Ursache der pharmakologischen Wirkung wird meist in einer zwischen Arzneimittel und Organismus vor sich gehenden chemischen

Reaktion zu suchen sein. Damit ein derartiger Vorgang eintreten kann, muss das Molekül des Arzneimittels irgend eine Gruppe besitzen oder durch Veränderung im Organismus erhalten, welche sich mit einem Moleküle im Protoplasma des Organismus verbinden kann. Die dem Arzneimittel angehörige Gruppe, mit deren Hilfe die Verbindung erfolgt, „die verankernde Gruppe" braucht nicht die wirksame zu sein; die Wirkung kommt meist dem Rest des Moleküles zu, der aber ohne die erstere Gruppe sich nicht mit dem Plasma verbinden, also auch nicht zur Wirkung gelangen könnte. Als derartige verankernde Gruppen sind häufig die OH-Gruppen zu betrachten, z. B. bei den Phenolen und dem (eine phenolische OH-Gruppe besitzenden) Morphin. Führt man die OH-Gruppe des letzteren in die OSO_3H-Gruppe über, so hat die entstandene Substanz, die Morphinschwefelsäure (nicht zu verwechseln mit dem schwefelsauren Morphin) keine narkotischen Eigenschaften mehr.

Während man so durch geeignete Versuche manchmal die verankernde Gruppe des Arzneimittels feststellen kann, ist es mit Sicherheit nicht möglich anzugeben, welche Gruppe des Plasmamoleküles es ist, welche sich mit ihr vereinigt. In zahlreichen Fällen scheinen dafür Amido- oder Aldehydgruppen in Betracht zu kommen und damit stimmt es nach der Theorie von O. Loew überein, dass alle Körper, welche mit Amidokörpern oder Aldehyden reagieren, auch auf den Organismus stark einwirken, d. h. für ihn Gifte sind; so u. a. die Aldehydreagentien Phenylhydrazin und Hydroxylamin. In anderen Fällen wiederum ist man zur Erklärung der Arzneimittelwirkung von stereochemischen, wieder in anderen von physikalischen Verhältnissen ausgegangen und letztere spielen gerade bei den Versuchen eine Rolle, welche bezwecken, die Wirkung der Inhalationsanästhetika aufzuklären. Man ist nämlich darauf aufmerksam geworden, dass derartige Körper, z. B. Chloroform und Äther, gleichzeitig Fettlösungsmittel sind, also eine besondere (physikalische) Affinität zu Fett und fettähnlichen Körpern besitzen. Andererseits war beobachtet worden, dass der Transport des Chloroforms während der Narkose durch die roten Blutkörperchen erfolgt, die besonders reich an Lecithin, einer physikalisch und chemisch den Fetten nahestehenden Substanz, sind. Darauf gestützt hat der Pharmakologe Hans Meyer eine Theorie der Narkotika entwickelt, nach der die Fettlösungsmittel, welche das Protoplasma zu durchdringen vermögen, narkotisch wirken und dass die Stärke eines derartigen Narkotikums von dem Koeffizienten abhängt, der für seine Verteilung zwischen den Fettsubstanzen des Plasmas und den wässerigen Körperflüssigkeiten gilt.

Eine physikalische Wirkung üben mit Sicherheit die Kälteanästhetika aus. Bei ihnen hängt naturgemäss die Wirkung nicht so enge mit der Konstitution zusammen, wie bei anderen Körpern. Es ist beispielsweise an sich völlig gleichgültig, ob sie Halogen enthalten oder nicht, wenn nur ihre physikalischen Eigenschaften sich im Rahmen des Brauchbaren bewegen.

Bei den Inhalationsanästheticis ist dagegen Art und Zahl der Halogene von Wichtigkeit. Die Chlor- und Bromsubstitutionsderivate eines Kohlenwasserstoffs wirken stärker anästhetisch als er selbst; die Jodverbindungen hingegen sollen in dieser Beziehung kaum eine Wirkung haben. Die Wirkung und Giftigkeit der Chlor- und Bromderivate ist (unter sonst gleichen Umständen) der Anzahl der im Molekül vorhandenen Halogenatome proportional, so dass in der Reihe

$$CH_2Cl_2 \qquad CHCl_3 \qquad CCl_4$$

Methylenchlorid   Chloroform   Tetrachlorkohlenstoff

das Chloroform sowohl bezüglich der narkotischen Wirkung als der Giftigkeit in der Mitte steht. Aber auch bei den Chlor- und Bromderivaten der aliphatischen Reihe (für die analogen aromatischen Körper gelten die geschilderten Verhältnisse ohnedies nicht) muss darauf aufmerksam gemacht werden, dass nicht alle eine hypnotische Wirkung besitzen. Es kommt also auch hier nicht lediglich auf die Gegenwart eines geeigneten Halogens an, sondern auch auf die Konstitution des Körpers.

A. Inhalationsanästhetika.

Äthylbromid C_2H_5Br.

Aether bromatus. Bromäthyl.

Allgemeines.   Das in seiner Zusammensetzung dem Äthylchlorid (s. S. 42) analoge Äthylbromid ist ein schon lange bekannter Körper, der bereits 1827 von SERULLAS dargestellt wurde. Seiner regelmässigen Verwendung als Anästhetikum, die schon um die Mitte des 19. Jahrhunderts versucht wurde, standen die unangenehmen Nebenwirkungen der damals verwendeten Präparate im Wege. Erst als LANGGAARD 1887 zeigte, dass die Nebenwirkungen nur Präparaten zukommen, welche aus Phosphor, Brom und Alkohol gewonnen waren, weil diese, wie später TRAUB bewies, durch organische Phosphor- und Arsenverbindungen verunreinigt sind, und weiter darauf aufmerksam machte, dass das aus Alkohol, Bromkalium und Schwefelsäure hergestellte Bromäthyl frei von derartigen

Nebenwirkungen war, wurde das Äthylbromid wieder in grösserem Massstab angewendet und auch in das deutsche Arzneibuch aufgenommen. Äthylbromid wird nach der Vorschrift des D. A. B. gewonnen, indem ein Darstellung. Gemisch von (12 T.) Schwefelsäure und (7 T.) Weingeist von 0,816 spez. Gew. gemischt, nach dem Erkalten allmählich mit (12 T.) gepulvertem Kaliumbromid versetzt und alsdann aus dem Sandbad destilliert wird. Das Destillat wird zuerst mit konzentrierter Schwefelsäure, dann mit einer Lösung von Kaliumkarbonat (1 : 20) geschüttelt, mit Chlorkalzium entwässert und schliesslich aus dem Wasserbad destilliert.

Mischt man Schwefelsäure und Alkohol, so entsteht Äthylschwefelsäure.

$$SO_2 \Big\langle{}^{OH}_{O\,H} + {}^{C_2H_5}_{OH} = H_2O + SO_2 \Big\langle{}^{OH}_{OC_2H_5}$$

Schwefelsäure Alkohol Äthylschwefelsäure

Äthylschwefelsäure setzt sich mit Kaliumbromid um zu Kaliumbisulfat und Äthylbromid.

$$SO_2 \Big\langle{}^{OH}_{OC_2H_5} + KBr = SO_2 \Big\langle{}^{OH}_{OK} + C_2H_5Br.$$

Äthylschwefelsäure Äthylbromid

Von den zur Reinigung vorgeschriebenen Operationen hat das Schütteln mit Schwefelsäure zu erfolgen, um überschüssigen Äthylalkohol und den als Nebenprodukt entstandenen Äther zu entfernen. Die Säure wird dann wieder durch Kaliumkarbonat neutralisiert.

Ausser dieser vom D. A. B. aufgenommenen Methode kommen für die Bildung und Darstellung des Äthylbromids alle diejenigen Verfahren in Betracht, welche allgemein zur Entstehung von Monohalogensubstitutionsderivaten der Kohlenwasserstoffe führen. Eines derselben, das Phosphor, Brom unb Alkohol benutzt, wurde bereits erwähnt; eine andere Bildungsweise des Äthylbromids ist die Anlagerung von Bromwasserstoff an Äthylen, welche besonders bei Gegenwart von Aluminiumbromid gut gelingt.

$$\begin{matrix}CH_2 \\ \| \\ CH_2\end{matrix} + \begin{matrix}H \\ Br\end{matrix} = \begin{matrix}CH_3 \\ | \\ CH_2Br\end{matrix}$$

Äthylen Äthylbromid.

Äthylbromid ist eine „klare farblose, flüchtige, stark lichtbrechende, Eigenschaften. angenehm ätherisch riechende, neutrale, in Wasser unlösliche, in Weingeist und Äther lösliche Flüssigkeit. Siedepunkt 38°—40° Spez. Gew.

1,453—1,457"[1]). Da das spez. Gew. des reinen Äthylbromids 1,4735 bei 15° ist, so gestattet das A. B. einen kleinen Gehalt an Weingeist, der wohl auch hier die Haltbarkeit in günstigem Sinne beeinflusst.

Als Identitätsreaktionen und zum Nachweis des Äthylbromids können folgende Reaktionen dienen.

1. Als Vorprobe glüht man einen Kupferdraht aus, bis die Flamme nicht mehr grün gefärbt ist und stellt dann, während der Draht sich noch in der Flamme befindet, ein Schälchen mit Äthylbromid n e b e n den Brenner auf den Tisch. Die Flamme färbt sich dann sofort grün und wenn man ein wenig in das Schälchen hineinbläst, stark blaugrün. Die Färbung wird durch das entstandene Kupferbromid hervorgebracht und tritt auch mit anderen Halogenderivaten ein, bei der obigen Anordnung aber nur, wenn sie leicht flüchtig sind. Der Versuch zeigt also gleichzeitig die Flüchtigkeit des Äthylbromids.

2. Man verseift am Rückflusskühler durch Kochen mit wässriger Natronlauge. Nach der Formel $C_2H_5Br + NaOH = C_2H_5OH + NaBr$ entstehen Weingeist und Bromnatrium. In der Flüssigkeit weist man das Brom (nach dem Ansäuern) durch Chlorwasser und Chloroform, den Weingeist durch die Jodoformreaktion oder im Destillat durch die Essigätherreaktion nach.

Zur Ausführung der Jodoformreaktion gibt man zu der alkalischen Flüssigkeit etwas Jod (in Jodkalium gelöst) und erwärmt gelinde. Es tritt bei positivem Ausfall je nach der Menge des vorhanden gewesenen Alkohols Niederschlagsbildung oder nur der Geruch des Jodoforms auf.

Zur Essigätherreaktion erwärmt man einige Tropfen des Destillates mit konzentrierter Schwefelsäure und ein wenig Natriumazetat. Der sich bildende Essigäther wird am Geruche erkannt.

Prüfung.   Äthylbromid darf weder organische Verunreinigungen enthalten, welche konzentrierte Schwefelsäure gelb färben, wenn es damit zusammengeschüttelt wird, noch freien Bromwasserstoff. Letzterer würde sich dadurch verraten, dass Wasser, mit welchem Äthylbromid durchschüttelt wurde, sofort mit Silbernitratlösung eine Ausscheidung von Bromsilber geben würde. Dies tritt aber auch bei reinen Präparaten ein, wenn man sie mit der Silbernitratlösung zusammen erhitzt.

Anwendung.   Die Äthylbromidnarkose unterscheidet sich von der Chloroformnarkose besonders dadurch, dass sie rascher eintritt, aber auch wieder

---

[1]) Die in der Beschreibung offizineller Präparate zwischen Anführungszeichen befindlichen Stellen sind dem deutschen Arzneibuch (D. A. B.) entnommen.

rascher authört. Es stimmt dies mit der Theorie von SCHLEICH überein, nach welcher die Narkose desto tiefer und desto länger ist, je höher der Siedepunkt des Anästhetikums liegt. Man hat deshalb zu längeren Narkosen auch ein Gemisch von Äthylbromid und Chloroform verwendet. Die mittlere zur Narkose angewandte Dosis ist 10—20 g. Äthylbromid wird auch innerlich gegen Nervenkrankheiten verwendet, dann 5—10 Tropfen mehrmals täglich.

Äthylbromid ist nicht mit dem giftigeren Äthylenbromid $C_2H_4Br_2$ Rezeptur. (Sdp. 131,5°; spez. Gew. bei 20° C = 2,17) zu verwechseln.

Vor Licht geschützt und möglichst in kleinen völlig gefüllten Glas- Aufbewahrung. stöpselflaschen.

Bromoform $CHBr_3$.

Bromoformium. Tribrommethan.

Das Bromoform, das 1832 von Löwig entdeckt und dessen Zu- Allgemeines. sammensetzung bald danach von Dumas richtig gestellt wurde, steht dem Chloroform, seinem Analogon, in jeder Beziehung sehr nahe. Es wirkt ebenfalls narkotisch, wenn es auch für gewöhnlich nur (und zwar zuerst von Stepp 1889) gegen den Keuchhusten der Kinder angewendet wird. Als Verunreinigung findet es sich gelegentlich im käuflichen Brom. Seine Darstellung erfolgt ähnlich wie die des Chloroforms. Darstellung.

1. Aus Bromal und Natronlauge
$$CBr_3CHO + NaOH = CHBr_3 + HCOONa.$$
Bromal   Bromoform Na-formiat

2. Aus Weingeist und unterbromigsaurem Kalzium (Brom und Kalkmilch). Man hat sich den Vorgang wohl so vorzustellen, dass der Weingeist CH_3CH_2OH zu Aldehyd CH_3CHO oxydiert wird, worauf die drei Wasserstoff-Atome der Methylgruppe durch drei Br-Atome ersetzt werden. Das entstandene Bromal wird dann durch das Alkali wie in 1. zersetzt.

3. Aus Azeton a) durch Einwirkung von Ätzkalk und Brom oder Bromkalium und Chlorkalk; b) wenn eine wässerige Lösung von Bromkalium in Gegenwart von Azeton der Elektrolyse ausgesetzt wird. In allen diesen Fällen handelt es sich um eine Einwirkung unterbromig-saurer Salze, auch bei 3. b). Hier entsteht durch die Elektrolyse zunächst Kalium und Brom, Kalium verbindet sich sogleich mit Wasser zu Kaliumhydroxyd und Wasserstoff
$$K + H_2O = KOH + H$$

und dann bildet sich aus Kaliumhydroxyd und Brom das unterbromig-
saure Kalium

$$2\,KOH + 2\,Br = KOBr + KBr + H_2O.$$

Durch Einwirkung des unterbromigsauren Kaliums auf das Azeton
entsteht Tribromazeton, das durch Ätzkali in Bromoform und Kaliumazetat
übergeführt wird.

$$\text{I.} \quad CH_3COCH_3 + 3\,KOBr = CH_3COCBr_3 + 3\,KOH$$
$$\text{Azeton} \qquad\qquad\qquad \text{Tribromazeton}$$

$$\text{II.} \quad CH_3COCBr_3 + KOH = CHBr_3 + CH_3COOK$$
$$\text{Tribromazeton} \qquad\quad \text{Bromoform} \quad \text{Kaliumazetat}$$

Das bei diesen Reaktionen entstehende Bromoform wird über-
destilliert und in ähnlicher Weise gereinigt wie Bromäthyl (s. S. 15).

Eigenschaften. Das Bromoform des Arzneibuchs ist kein reines Bromoform; es
ist ein Zusatz von etwa 4% Alkohol erlaubt. „Farblose, chloroform-
artig riechende Flüssigkeit, von süsslichem Geschmacke, sehr wenig in
Wasser, leicht in Äther und Weingeist löslich. Bromoform erstarrt
beim Abkühlen mit Eis kristallinisch und ist bei $+7^0$ wieder völlig
geschmolzen. Siedepunkt 148^0-150^0. Spez. Gew. 2,829—2,833." (Das
spez. Gew. des reinen Bromoforms würde 2,9045 sein; der Sdp. 149^0
bis 150^0).

Die Reaktionen des Bromoforms sind wiederum ganz analog denen
des Chloroforms:

1. Beim Erhitzen von Bromoform mit Natronlauge und Anilin bildet
sich das übelriechende Phenylcarbylamin C_6H_5NC (Isonitrilgeruch).

2. Mit Phenolen und Lauge erhitzt bildet es Farbstoffe, z. B. einen
roten mit Resorzin, einen blaugrünen mit α-Naphtol.

3. Bei der Verseifung mit wässeriger Lauge bildet sich Bromalkali
und ameisensaures Alkali

$$CHBr_3 + 4\,NaOH = 3\,NaBr + HCOONa + 2\,H_2O$$
$$\text{Bromoform} \qquad\qquad\qquad \text{Natriumformiat.}$$

Anders verläuft die Zersetzung mit weingeistiger Lauge, wobei
Kohlenoxyd und Äthylen entstehen. Genau ist der Verlauf der Reaktion
nicht festgestellt. Man kann sie aber benutzen, um rasch den Brom-
gehalt des Bromoforms nachzuweisen. Bringt man Bromoform und konzentrierte weingeistige Kalilauge zusammen, so tritt die Zersetzung
unter freiwilliger Erhitzung der Flüssigkeit ein. Übersättigt man nach
dem Abkühlen mit Schwefelsäure und gibt Chlorwasser und Chloroform
hinzu, so geht das freigemachte Brom beim Schütteln in das Chloroform
über und färbt es braunrot.

Bromoform muss farblos sein und darf nicht erstickend riechen Prüfung. (letzteres durch $COBr_2$ Kohlenstoffoxybromid bedingt). Die Prüfung auf Bromwasserstoff und die Schwefelsäureprobe auf organische Verunreinigungen werden wie beim Bromäthyl (s. S. 16) ausgeführt. Wird Bromoform mit Wasser und Jodzinkstärkelösung geschüttelt, so darf weder eine Färbung des Bromoforms noch der wässerigen Schicht eintreten. Falls freies Brom vorhanden wäre, würde aus dem Jodzink Jod frei gemacht und dieses würde das Bromoform violett, die Stärkelösung blau färben.

Bei Keuchhusten der Kinder dreimal täglich 1—15 Tropfen je nach Anwendung. dem Alter; auch bei Asthma. Grösste Einzelgabe 0,5 g grösste Tagesgabe 1,5 g.

Der Harn kann grünlich gefärbt sein, reduzieren und Bromide ent- Ausscheidung. halten.

Vorsichtig und vor Licht geschützt aufzubewahren. Aufbewahrung.

B. Schlafmittel.

Unter den eigentlichen Schlafmitteln, den innerlich einzunehmenden, finden wir Körper, die in chemischer Beziehung sehr voneinander verschieden sind: N-freie und N-haltige, S-freie und S-haltige, dann nach der sie charakterisierenden Gruppe Alkohole, Aldehyde, Ketone, Sulfone, Säureamide u. a. m. Schon daraus geht hervor, dass die Gruppe, die ihren chemischen Charakter als Alkohol, Aldehyd usw. bedingt, nicht auch die schlafmachende sein kann. Es wäre aber für Theorie und Praxis von grösstem Interesse zu wissen, ob nicht alle diese Körper irgend eine gemeinsame chemische Eigenschaft besitzen, mit der die schlafmachende Wirkung verknüpft ist.

Für den weitaus grössten Teil dieser Körper ist es nicht zu bezweifeln, dass ihre hypnotische Wirkung nur auf die in ihnen vorhandenen Alkylgruppen zurückzuführen ist und dass der übrige Teil des Moleküls, falls ihm überhaupt irgend eine Bedeutung zukommt, teils dazu dient, die Alkylgruppe in der geeigneten Bindung zu halten, teils dazu, das Molekül mit dem Protoplasma des Organismus zu verankern.

Unter den Alkylgruppen ist nun wieder die Äthylgruppe die wirksamste und die Wirkung der meisten modernen Schlafmittel z. B. des Sulfonals oder des Veronals ist ausschliesslich durch das Vorhandensein von Äthylgruppen bedingt. Ob die Äthylgruppe auch zur Erklärung der schlafmachenden Wirkung des Chlorals, des Paraldehyds und des

Amylenhydrats herangezogen werden kann, mag zunächst zweifelhaft sein, allein in dem Amylkern des Amylenhydrats ist nach seiner Konstitutionsformel (s. S. 26) eine Äthylgruppe enthalten; und Chloral und Paraldehyd gehören zum mindesten genetisch zu den Äthanderivaten. Vom Chloral wissen wir aber auf das bestimmteste, dass es im Organismus zu einem die Trichloräthylgruppe enthaltenden Körper, zu Trichloräthylalkohol CCl_3CH_2OH, reduziert wird und es mag leicht sein, dass gerade diese Umwandlung das für die Wirkung Entscheidende ist; denn der Trichloräthylalkohol ist gleichfalls ein Hypnotikum.

Die Tatsache, dass Chloral im Organismus in Trichloräthylalkohol übergeht, wirft immerhin ein wenn auch nicht durchaus sicheres Licht auf den Mechanismus seiner Wirkung und es würde überhaupt zweifellos für die Erkenntnis der Arzneimittelwirkung einen grossen Fortschritt bedeuten, wenn wir die Veränderung, welche die Chemikalien im Organismus erleiden, verfolgen könnten. Man hat zwar darüber schon sehr viele Versuche angestellt; allein man musste sich dabei fast ausschliesslich darauf beschränken, festzustellen, ob und wie das Arzneimittel oder ein Teil desselben wieder im Harne zum Vorschein kommt. Es ist aber leicht einzusehen, dass diese Art der Forschung wenig Licht auf die der Wirkung zugrundeliegenden Vorgänge im Organismus werfen kann. Denn das Reaktionsprodukt kann auf dem Wege von der Stelle, wo die Wirkung vor sich ging, z. B. vom Gehirn, den ganzen Körper hindurch bis zu den Harnwegen, noch die mannigfachsten Umwandlungen durchzumachen haben. Und es ist zum mindesten in vielen Fällen zweifelhaft, ob das Umwandlungsprodukt des Arzneimittels, das im Harne nachgewiesen werden kann, in irgend einer Beziehung zur Wirkung steht.

Nur soviel scheint sicher zu sein, dass organische Körper, welche den Organismus unverändert passieren, andere als mechanische Wirkungen nicht äussern können, also in den meisten Fällen unwirksam sind. So erzeugen die methylierten Sulfone, die im Organismus nicht verändert werden, auch keinen Schlaf, wohl dagegen die äthylierten, welche, zum grössten Teile wenigstens, im Organismus angegriffen werden.

Der einfachste Körper, dessen hypnotische Wirkung man auf eine Äthylgruppe zurückführen muss, ist der Alkohol. Denn dass der OH-Gruppe nicht die Wirkung zukommt, geht daraus hervor, dass mehrwertige Alkohole wie Glyzerin oder Mannit als Hypnotika völlig wirkungslos sind. Unter den nächsten Verwandten des Alkohols kommen dem Aldehyd und dem Paraldehyd hypnotische Wirkungen zu, letzterem in so ausgesprochenem Maße, dass er als Schlafmittel angewendet werden kann.

Paraldehyd. $O\langle\begin{matrix}CH(CH_3)O\\CH(CH_3)O\end{matrix}\rangle CHCH_3 = (CH_3CHO)_3 = C_6H_{12}O_3.$

Paraldehydum.

Der von Liebig entdeckte und von Cervello 1882 als Schlafmittel Allgemeines. empfohlene Paraldehyd ist ein Polymerisationsprodukt des gewöhnlichen Aldehyds, der durch Oxydation des Äthylalkohols mit Kaliumbichromat und Schwefelsäure hergestellt werden kann.

$$CH_3CH_2OH + O = CH_3CHO + H_2O.$$
$$\text{Äthylalkohol} \qquad \text{Aldehyd}$$

Aldehyd lässt sich durch eine Reihe von Mitteln in Paraldehyd Darstellung. überführen, so durch konzentrierte Schwefelsäure, Salzsäure, Zinkchlorid u. a.

$$3CH_3CHO = O\langle\begin{matrix}CH(CH_3)O\\CH(CH_3)O\end{matrix}\rangle CHCH_3.$$
$$\text{Aldehyd} \qquad\qquad \text{Paraldehyd}$$

Den Paraldehyd kann man durch Abkühlung kristallinisch abscheiden und dann durch Destillation in reinem Zustand gewinnen.

„Klare, farblose, neutrale oder doch nur sehr schwach sauer re- Eigenschaften. agierendeFlüssigkeit von eigentümlich ätherischem, jedoch nicht stechendem Geruche und brennend kühlem Geschmacke. Spez. Gew. 0,995—0,998. Bei starker Abkühlung erstarrt Paraldehyd zu einer kristallinischen Masse. Schmelzpunkt 10,5⁰ Sdp. 123⁰—125⁰. Paraldehyd löst sich in 8,5 T. Wasser zu einer Flüssigkeit, welche sich beim Erwärmen trübt. Mit Weingeist und Äther mischt er sich in jedem Verhältnisse."

Auf obige Formel des Paraldehyds, in der die Verbindung der drei Aldehydmoleküle durch die Sauerstoffatome erfolgt, hat man aus dem gesamten chemischen Verhalten des Paraldehyds geschlossen. Eine Verbindung durch die Kohlenstoffatome ist deshalb aufs äusserste unwahrscheinlich, weil Paraldehyd sehr leicht wieder in Aldehyd zurückverwandelt wird, so schon bei längerer Aufbewahrung und bei der Destillation; vollständig, wenn man Paraldehyd mit verdünnter Schwefelsäure destilliert.

Dass die Aldehydgruppe nicht frei ist, geht auch daraus hervor, dass Paraldehyd sich gegen Ammoniak, saures schwefligsaures Natrium, Hydroxylamin und Silbernitrat nicht wie ein Aldehyd verhält. Wird

z. B. Paraldehyd kurze Zeit mit ammonikalischer Silberlösung erwärmt, so tritt keine Reduktion zu metallischem Silber ein (Unterschied von Aldehyd), dagegen wird fuchsinschweflige Säure allmählich gerötet, offenbar weil der Paraldehyd unter dem Einfluss der schwefligen Säure allmählich in Adehyd zerfällt.

Mit kalter Natronlauge verändert sich Paraldehyd nicht unmittelbar, während Aldehyd sich sofort unter Erwärmung bräunt.

Paraldehyd wird durch Erwärmen mit der alkalischen Kupferlösung nach Soldaini-Ost (s. Reagentienliste im Anhang) nicht reduziert.

Bemerkenswert ist noch sein Verhalten gegen Jodkalium, aus dem durch Paraldehyd Jod frei gemacht wird. Diese oxydierende Wirkung, die man sogar zum Nachweis von Jodiden verwenden wollte, kommt jedoch nicht dem Paraldehyd selbst, sondern einer Verunreinigung zu, welche durch Ausschütteln mit Natronlauge entfernt werden kann.

Prüfung.   Die durch Abkühlung entstandenen Paraldehyd-Kristalle sollen nicht unter $+\,10^{0}$ schmelzen. Paraldehyd muss in 10 T. Wasser klar löslich sein (bei Gegenwart von Amylalkoholen oder deren Aldehyden, die vorhanden sein könnten, wenn der zur Herstellung des Aldehyds verwendete Weingeist fuselhaltig und die Reinigung eine mangelhafte war, würde Trübung eintreten). Höhere Aldehyde würden sich auch durch einen unangenehm riechenden, in einem Schälchen verbleibenden Rückstand verraten, in dem man Paraldehyd auf dem Dampfbad verdunstet hatte. Die Lösung darf keine (von der Darstellung noch herrührende) Salzsäure oder Schwefelsäure enthalten, worauf, wie gewöhnlich, nach dem Ansäuern mit Salpetersäure durch Silbernitrat und Baryumnitrat zu prüfen ist. Freie Säure (auch Essigsäure, die ev. durch Oxydation des Aldehyds entstanden sein kann) in ungehöriger Menge wird dadurch nachgewiesen, dass eine Mischung aus 1 ccm Paraldehyd und 1 ccm Weingeist nach Zusatz von 1 Tropfen Normalkalilauge sauer reagieren würde, was unzulässig ist.

Anwendung.   Innerlich oder in Klistier in Dosen von 2,0—3,0 g. Soll ausser gegen Schlaflosigkeit auch bei Strychninvergiftung wirksam sein. Grösste Einzelgabe 5,0 g, grösste Tagesgabe 10,0 g.

Aufbewahrung.   Vorsichtig und vor Licht geschützt aufzubewahren.

Die Chlor- und Bromhalogensubstitutionsderivate der hypnotisch wirkenden Körper sind stärkere Hypnotika als ihre Ausgangsprodukte. und so ist es weiter nicht verwunderlich, dass Trichloraldehyd, d. ı. Chloral CCl_3CHO, ein stärkeres Schlafmittel ist als Aldehyd. Das

Chloral, auf das hier nicht näher einzugehen ist, hat aber einige Schattenseiten: Es beeinflusst, wie alle Chlor enthaltenden Schlafmittel die Herztätigkeit in ungünstiger Weise; es schmeckt schlecht und verursacht
häufig Brennen im Magen. Der Wunsch nach Präparaten, die die
Chloralwirkung ohne dessen unangenehmen Nebenwirkungen besitzen,
war deshalb gerechtfertigt. Man hat auch eine grosse Anzahl derartiger
Körper hergestellt, von denen jedoch keiner imstande war, einen durch-
schlagenden Erfolg zu erzielen. So versuchte man an Stelle des Chlors
Brom oder Jod einzuführen. Allein das Jodal CJ_3CHO wirkt so gut
wie gar nicht hypnotisch, während das Bromal CBr_3CHO ebenso viele
unangenehme Nebenwirkungen aufweist, wie das Chloral selbst. Andere
Versuche liefen darauf hinaus, Verbindungen des Chlorals wie Chloral-
hydrat-Antipyrin oder Hypnal (Smp. 67^0) herzustellen. Dadurch konnte
zum wenigsten in einzelnen Fällen der Geschmack verbessert werden.
Mit deren Wirkung stand es aber so: Entstand aus ihnen im Organismus
kein Chloral, so waren sie auch nicht als Hypnotika zu gebrauchen,
im entgegengesetzten Falle war ihre Wirkung wiederum identisch mit
der des Chlorals, höchstens dadurch etwas modifiziert, dass die Chloralwirkung, durch die allmählich erfolgende Abspaltung des Chlorals bedingt, auch erst allmählich eintrat. Eine in die letztere Kategorie ge-
hörende Chloralverbindung, das Chloralformamid, ist offizinell.

$$\textbf{Chloralformamid.} \quad CCl_3CH \Big\langle {}^{OH}_{NH\,.\,HCO} = C_3H_4O_2NCl_3$$

Chloralum formamidatum. Chloralamid.

Chloralformamid (1889 HAGEN, HÜFLER u. A.) ist ein Additions- Allgemeines.
produkt von Chloral und Formamid, dem Amid der Ameisensäure.

$$HCOOH \qquad\qquad HCONH_2$$
Ameisensäure   Formamid.

Formamid ist also ein Säureamid, wie man allgemein die Körper
bezeichnet, welche aus den organischen Säuren dadurch sich bilden,
dass das Hydroxyl der COOH-Gruppe durch die Amidogruppe (NH_2)
ersetzt wird. Die Säureamide entstehen u. a. durch Einwirkung von
Ammoniak auf die Ester der Säuren und durch Erhitzen der Ammoniumsalze und so wird Formamid auch durch Erhitzen von ameisensaurem
Ammonium auf 230^0 dargestellt.

$$HCOONH_4 = H_2O + HCONH_2$$
Amoniumformiat   Formamid.

Formamid ist wie Chloral eine Flüssigkeit. Beide lassen sich zu- Darstellung.
nächst nicht mischen. Erst nach einiger Zeit vereinigen sie sich unter

Wärmeentwickelung zu einer klaren Flüssigkeit, aus der allmählich das Chloralformamid herauskristallisiert.

$$CCl_3CHO + HCONH_2 = CCl_3CH\!\!\begin{array}{l} \diagup OH \\ \diagdown NH . HCO \end{array}$$

Chloral   Formamid   Chloralformamid.

Eigenschaften. „Farblose, glänzende, geruchlose, schwach bitter schmeckende Kristalle, welche sich langsam in etwa 20 T. kaltem Wasser, sowie in 1,5 T. Weingeist lösen. Smp. 114^0-115^0.“ Die wässerige Lösung reagiert schwach sauer. Chloralformamid zerfällt unter dem Einfluss von Reagentien, besonders Alkalien, leicht in seine Komponenten; es gibt deshalb die Chloralreaktionen. So tritt auf Zusatz von Resorzin und Natronlauge schon in der Kälte eine Rotfärbung auf; kocht man mit Natronlauge, so entwickelt sich Chloroform und Ammoniak, letzteres, weil Formamid dabei in Ammoniak und ameisensaures Natrium verseift wird.

$$HCONH_2 + NaOH = HCOONa + NH_3$$

Formamid   Natriumformiat.

Prüfung. Chloralformamid soll keine freie Säure enthalten. (Die weingeistige Lösung darf blaues Lackmuspapier nicht röten.) Auf eine Verfälschung mit Chloralalkoholat würde es hinweisen, wenn beim Erhitzen des Chloralformamids sich brennbare Dämpfe entwickeln würden.

Anwendung. Innerlich in Dosen von 2,0—3,0 g. Grösste Einzelgabe 4,0 g; grösste Tagesgabe 8,0 g.

Ausscheidung. Im Harne findet sich Urochloralsäure, die Verbindung des Trichloräthylalkohols (s. S. 20) mit Glykuronsäure $CHO(CHOH)_4COOH$.

Aufbewahrung. Vorsichtig aufzubewahren.

Zu sehr wirksamen Körpern hoffte man zu gelangen, wenn man Chloral mit einem zweiten Hypnotikum verband. Aus solchen Gedanken heraus entstanden Körper wie das Chloralurethan; ein anderer derartiger Körper, ein Additionsprodukt von Chloral und Amylenhydrat, wird nach dem Amylenhydrat zu besprechen sein.

Ein neues chlorhaltiges Schlafmittel ist das

Isopral. $CCl_3 . CHOH . CH_3 = C_3H_5OCl_3$.

Isopralum. Trichlorisopropylalkohol. Alkohol trichlorisopropylicus.

Allgemeines. Isopral, von GARZAROLLI 1881 zuerst hergestellt, von IMPENS 1903 in die Therapie eingeführt, ist ein Trichlorsubstitutionsderivat des Iso-

propylalkohols[1]) (auch sekundärer Propylalkohol oder Dimethylkarbinol)
$CH_3.CHOH.CH_3$.

Die Herstellung des Isoprals erfolgt mit Hilfe des Magnesium- Darstellung.
methyljodids CH_3MgJ, das neben seinen Homologen von GRIGNARD
u. A. in grossem Maßstab zur Ausführung von Synthesen herangezogen
worden ist. Eine dieser Synthesen führt von Aldehyden zu sekundären
Alkoholen. Lässt man z. B. Magnesiummethyljodid in ätherischer
Lösung auf den gewöhnlichen Aldehyd einwirken, so erhält man einen
Körper, der, mit Wasser zersetzt. Isopropylalkohol liefert.

I. $CH_3.MgJ + CH_3.CHO = CH_3.CH.CH_3.O.MgJ$.
Magnesiummethyl- Aldehyd
jodid

II. $CH_3CH.CH_3OMgJ + H_2O = CH_3.CHOH.CH_3 + MgJOH$.
Isopropylalkohol

Verwendet man statt Aldehyd den Trichloraldehyd, das Chloral,
so erhält man in derselben Weise den Trichlorisopropylalkohol.

I. $CH_3MgJ + CCl_3CHO = CCl_3.CH.CH_3.O.MgJ$.
Magnesiummethyl- Chloral
jodid

II. $CCl_3.CHCH_3OMgJ + H_2O = CCl_3CHOHCH_3 + MgJOH$.
Trichlorisopropylalkohol

Das so hergestellte Isopral bildet aromatisch riechende und brennend Eigenschaften.
schmeckende Prismen (Smp. 49°), die in Wasser schwer, in Weingeist
und Äther leicht löslich sind und schon bei gewöhnlicher Temperatur
flüchtig sind.

Isopral löst sich in Natronlauge unter Gasentwickelung, die auch
nach dem Eintritt der Lösung noch anhält. Die Flüssigkeit erwärmt
sich dabei allmählich stark, wird trübe und scheidet ein hellgrünes Öl
ab. Die dabei sich abspielenden chemischen Vorgänge scheinen noch
nicht erforscht zu sein. Die wässerige Flüssigkeit enthält schliesslich
das Chlor, das wie üblich nachgewiesen werden kann.

Übergiesst man Isopral mit Ammoniak, so tritt rasch Verflüssigung
ein. Erwärmt man dann unter Zusatz von Silbernitrat, so scheidet sich
ein brauner kristallinischer Niederschlag ab.

Erhitzt man Isopral mit Natronlauge und Anilin, so darf kein
Isonitrilgeruch auftreten (Chloral); die Flüssigkeit färbt sich gelb, nach
Zusatz von Salzsäure rot.

---

[1]) Der andere der Theorie nach mögliche Propylalkohol ist der normale
oder primäre (Äthylkarbinol) $CH_3.CH_2.CH_2OH$.

Prüfung.   In konzentrierter Schwefelsäure muss sich Isopral farblos lösen. Seine wässerige Lösung darf weder Salzsäure noch Chloride enthalten. Sie muss neutral reagieren und darf mit Silbernitrat keine Trübung geben.

Die im leichten Falle von Schlaflosigkeit genügenden Gaben sind **Anwendung.** 0,5—0,75 g, die höchsten anzuwendenden sind 2,0—3,0 g. Wie andere chlorhaltige Schlafmittel beeinflusst Isopral die Herztätigkeit, sogar stärker als Chloral. Es ist deshalb bei Herzkranken zu vermeiden.

Rezeptur.   Isopralpulver müssen wegen dessen leichter Flüchtigkeit in Wachskapseln dispensiert und diese in Glasstöpselflaschen gebracht werden.

Aufbewahrung.   Vorsichtig und kühl aufzubewahren.

$$\textbf{Amylenhydrat.}\quad \begin{matrix} CH_3 \\ CH_3 \\ C_2H_5 \end{matrix}\Big\rangle COH = C_5H_{12}O.$$

Amylenum hydratum. Dimethyläthylkarbinol.

Allgemeines.   Das Amylenhydrat darf ebenfalls zu den Schlafmitteln gerechnet werden, die ihre Wirkung der Gegenwart einer Äthylgruppe verdanken, um so mehr als der tertiäre Butylalkohol $(CH_3)_3COH$ also ein Körper, der sich vom Amylenhydrat nur dadurch unterscheidet, dass er an Stelle einer Äthylgruppe eine Methylgruppe besitzt, eine beträchtlich geringere Wirkung hat.

Amylenhydrat wurde bereits im Jahre 1863 durch WURTZ dargestellt, aber erst 1887 durch v. MERING als Schlafmittel empfohlen. Es hat seinen Namen davon, dass es als Hydrat eines Amylens, also eines ungesättigten Kohlenwasserstoffes der Formel C_5H_{10} aufgefasst werden **Darstellung.** kann. Aus einem der fünf möglichen Amylene, nämlich dem Trimethyläthylen $(CH_3)_2C : CHCH_3$ kann es auch dargestellt werden. Dieses Amylen findet sich in dem Produkt, das durch Destillation von Gärungsamylalkohol mit Zinkchlorid gewonnen wird und dessen bei 25–40° übergehende Anteile ausserdem Pentan und zwei andere Amylene enthalten. Behandelt man das Gemenge bei —20° mit 50%iger Schwefelsäure, so entsteht aus Trimethyläthylen und einem anderen Amylen Amylschwefelsäure, während Pentan (und α-Amylen) ungelöst bleibt.

$$C_5H_{10} + H_2SO_4 = C_5H_{11}HSO_4.$$
Amylen   Amylschwefelsäure

Erhitzt man die Amylschwefelsäure mit Alkalien oder Erdalkalien, z. B. Kalkmilch zusammen, so wird sie zu Amylenhydrat und schwefelsaurem Salz verseift.

$$C_5H_{11}HSO_4 + Ca(OH)_2 = CaSO_4 + C_5H_{11}OH + H_2O.$$
Amylschwefelsäure   Amylenhydrat

Das Amylenhydrat destilliert über, wird mit Kaliumkarbonat entwässert und durch nochmalige Destillation gereinigt.

Amylenhydrat ist, wie aus der Formel hervorgeht, ein tertiärer Amylalkohol (einer der acht möglichen Amylalkohole) und kann deshalb nach der allgemeinen Darstellungsmethode der tertiären Alkohole aus einem Zinkalkyl und einem Säurechlorid dargestellt werden. Demgemäss entsteht Amylenhydrat durch Einwirkung von Zinkmethyl auf Propionylchlorid, eine Darstellungsmethode, die zwar praktisch ohne Bedeutung ist, aber als Konstitutionsbeweis des Amylenhydrats von Wichtigkeit ist:

$$C_2H_5COCl + 2\,Zn(CH_3)_2 = \underset{\underset{CH_3\quad CH_3}{\diagdown\diagup}}{\overset{\overset{C_2H_5}{|}}{CO.ZnCH_3}} + ZnClCH_3$$

Propionylchlorid Zinkmethyl

$$\underset{\underset{CH_3\quad CH_3}{\diagdown\diagup}}{\overset{\overset{C_2H_5}{|}}{CO.ZnCH_3}} + 2\,H_2O = \underset{\underset{CH_3\quad CH_3}{\diagdown\diagup}}{\overset{\overset{C_2H_5}{|}}{COH}} + Zn(OH)_2 + CH_4$$

Amylenhydrat

„Klare farblose, flüchtige, neutrale Flüssigkeit von eigentümlichem, Eigenschaften. ätherisch-gewürzhaftem Geruche und brennendem Geschmacke, in acht T. Wasser löslich, mit Weingeist, Äther, Chloroform, Petroleumbenzin, Glyzerin und fetten Ölen klar mischbar. Spez. Gew. 0,815—0,820, Sdp. 99°—103°". (Das spez. Gew. des absolut reinen Amylenhydrats wird zu 0,8143 bei 15°, sein Sdp. zu 101,6°—102° bei 762,2 mm Druck angegeben; das Arzneibuch gestattet einen geringen Gehalt an Wasser).

Durch Oxydationsmittel, z. B. chromsaures Kalium und Schwefelsäure wird das Molekül des Amylenhydrats wie das aller tertiären Alkohole gespalten; seine Oxydationsprodukte sind Azeton und Essigsäure.

$$\underset{\underset{C_2H_5}{C_2H_5}}{\overset{CH_3}{\underset{CH_3}{\diagup}}}\hspace{-1.2em}\diagdown COH + 3\,O = \underset{\underset{CH_3}{|}}{\overset{\overset{CH_3}{|}}{CO}} + \overset{\overset{CH_3}{|}}{COOH} + H_2O.$$

Amylenhydrat Azeton Essigsäure

Schüttelt man Amylenhydrat mit konzentrierter Schwefelsäure, so Prüfung. ist nach der Trennung der beiden Flüssigkeiten die obere farblos, die untere sehr schwach bläulich. (Gärungsamylalkohol mischt sich mit konzentrierter Schwefelsäure und die Flüssigkeit nimmt alsbald eine braune Farbe an). Ebenfalls auf fremde Alkohole, sowie auf Aldehyde erstrecken sich die Prüfungen, die das D. A. B. vornehmen lässt. Beide

Arten von Körpern würden, mit Kaliumpermanganat versetzt, es reduzieren; ebenso würde ammoniakalische Silberlösung durch Aldehyde reduziert werden.

Anwendung. Innerlich 2,0—4,0 g als Schlafmittel, auch bei Epilepsie. Grösste Einzelgabe 4,0 g. Grösse Tagesgabe 8,0 g.

In der analytischen Chemie kann Amylenhydrat bei Ausführung der Pentosenreaktion mit Orzin und Salzsäure an Stelle des sonst verwendeten Gärungsamylalkohols verwendet werden.

Ausscheidung. In den Harn geht Amylenhydrat als Glykuronsäureverbindung über.

Aufbewahrung. Vorsichtig und vor Licht geschützt aufzubewahren.

Das bereits erwähnte Additionsprodukt von Chloral und Amylenhydrat ist unter dem Namen Dormiol als Schlafmittel empfohlen worden.

$$\textbf{Dormiol.} \quad CCl_3 \cdot CH \Big\langle \begin{array}{c} OH \\ O - C \end{array} \begin{array}{c} C_2H_5 \\ | \\ C \end{array} = C_7H_{13}O_2Cl_3.$$
$$CH_3 \; CH_3 \,,$$

Dormiolum. Dimethyläthylkarbinolchloral. Amylenhydratchloral.

Allgemeines. Amylenhydrat und Chloral treten unter bestimmten Bedingungen zu Dormiol zusammen.

$$CCl_3CHO + HOC \underset{CH_3 \; CH_3}{\overset{C_2H_5}{\Big\langle}} = CCl_3CH \Big\langle \begin{array}{c} OH \quad C_2H_5 \\ | \\ O - C \\ CH_3 \; CH_3 \end{array}$$

Choral   Amylenhydrat   Amylenhydratchloral

Das Dormiol, dessen hypnotische Wirkung durch Fuchs und Koch 1898 untersucht wurde, gehört in die Gruppe der Alkoholate, die allgemein durch Addition von Alkoholen an Aldehyde entstehen und zwar lagert sich in diesem Fall ein Molekül Alkohol an ein Molekül des Aldehyds an[1]).

Die beiden Komponenten sind in den Alkoholaten nicht sehr fest miteinander verbunden.

Eigenschaften. Das Dormiol ist eine eigentümlich riechende und schmeckende Flüssigkeit von 1,24 spez. Gew., die in Alkohol usw. leicht, in Wasser

---

[1]) Ein Molekül eines Aldehyds kann sich unter Wasseraustritt auch mit zwei Molekülen eines Alkohols unter Wasseraustritt verbinden und so entstehen die Azetale z. B.

$$CH_3 \cdot CHO + 2\,C_2H_5OH = CH_3CH \Big\langle \begin{array}{c} OC_2H_5 \\ OC_2H_5 \end{array} + H_2O.$$

schwer sich löst, doch tritt allmählich Lösung von der Berührungs-
fläche der beiden Flüssigkeiten her ein; es erfordert aber einige Tage,
bis die Lösung vollständig erfolgt ist. Heiss darf die Lösung nicht angefertigt werden, weil sonst Zersetzung des Dormiols eintritt. Es ist
aber äusserst wahrscheinlich, dass die, wie oben geschildert, bereitete
wässerige Lösung auch weiter nichts enthält, als Chloral und Amylenhydrat nebeneinander gelöst, und eine derartige (50%ige) Lösung kommt
als Dormiolum solutum 1:1 in den Handel. Sie hinterlässt beim Abdampfen einen unbedeutenden braunen Rückstand, jedenfalls eine Verunreinigung und dieser ist es auch zuzuschreiben, dass es mit konzentrierter Schwefelsäure versetzt, sich sofort gelb färbt. Im übrigen gibt
die Dormiollösung sämtliche Chloralreaktionen: Mit Natronlauge und
Resorzin tritt schon in der Kälte Rotfärbung ein; ammoniakalische
Silberlösung wird reduziert, die Isonitrilreaktion (s. S. 18) verläuft positiv und mit Nesslerschem Reagens entsteht ein im ersten Augenblick
roter, dann grünlich werdender Niederschlag.

  Innerlich in Gaben von 0,5—3,0 g. Grösste Tagesgabe 6,0 g.   Anwendung.
Vorsichtig und vor Licht geschützt aufzubewahren.   Aufbewahrung.

Sulfonal und Verwandte.

  Während es beim Amylenhydrat zum mindesten sehr wahrschein- Allgemeines.
lich ist, dass seine hypnotische Wirkung auf die Gegenwart einer Äthylgruppe zurückgeführt werden muss, so besteht über die schlafmachende
Wirkung der Äthylgruppe kein Zweifel bei dem Sulfonal und seinen
Verwandten, den äthylierten Disulfonen. (Disulfone sind Körper, welche
die Gruppe SO_2-Alkyl zweimal enthalten.) Gerade an diesen Körpern
wurden zuerst die Versuche angestellt, aus deren Verlauf man diese
Eigenschaft der Äthylgruppe erkannte. Als man die Disulfone auf ihre
Verwendung als Schlafmittel prüfte, ging man noch nicht von theoretischen Erwägungen aus, sondern von der durch KAST gemachten Beob-
achtung, dass das von BAUMANN 1886 dargestellte Diäthylsulfondimethylmethan, später Sulfonal genannt, bei einem Hunde Schlaf hervorbrachte.

  BAUMANN und KAST haben dann noch weiter eine grössere Anzahl
von Disulfonen auf ihre schlafmachende Wirkung untersucht und sind
dabei zu sehr interessanten Resultaten gelangt.

  Es zeigte sich, dass (bei sonst gleicher Zusammensetzung) derjenige Körper am wirksamsten war, der die meisten Äthylgruppen ent-
hielt. Von den später in die Praxis eingeführten Körpern ist das vier
Äthylgruppen besitzende Tetronal wirksamer als das Trional, das nur

drei Äthylgruppen enthält. Und zwar erwies sich die hypnotische Wirkung der einzelnen analog zusammengesetzten Disulfone in quantitativer Weise von der Zahl der Äthylgruppen abhängig, so dass man z. B. bei einem Hunde mit einem halben Gramm Tetronal dieselbe Wirkung in derselben Stärke erzielen kann, wie mit einem Gramm des nur halb so viel Äthylgruppen besitzenden Sulfonals. Als weitere allgemeine Regeln haben sich ergeben:

1. Disulfone, bei welchen die Sulfongruppen an verschiedene C-Atome gebunden sind, kommen als Schlafmittel nicht in Betracht.

2. Die SO_2-Gruppe ist nicht an der hypnotischen Wirkung beteiligt. Die tertiär oder (wie beim Sulfonal z. B.) quarternär [an Kohlenstoff gebundenen Äthylsulfongruppen $SO_2C_2H_5$ sind einer in gleicher Kohlenstoffbindung befindlichen Äthylgruppe äquivalent.

3. Ein Ersatz der Äthylgruppen durch Methylgruppen führt zu unwirksamen Körpern.

4. Disulfone, welche den Organismus unzersetzt passieren, sind wirkungslos; (aber nicht alle, die darin zerstört werden, haben hypnotische Wirkung).

Weiter ist bemerkenswert, dass das Verhalten der einzelnen Disulfone gegen die zerstörenden Einflüsse des Organismus durchaus nicht mit ihrem Verhalten im Reagenzglase parallel verlaufen muss. So wird das Sulfonal im Organismus zum grössten Teile zersetzt, während es, wie wir später noch sehen werden, ausserhalb des Organismus gegen chemische Reagentien sehr widerstandsfähig ist. Andererseits werden die durch alkoholische Kalilauge leicht verseifbaren Methylendisulfone, z. B. $CH_2(SO_2C_2H_5)_2$, im Organismus kaum angegriffen. Ein solches Verhalten ist aber keineswegs auf die Disulfone beschränkt. So verändert sich z. B. Bernsteinsäure nicht, wenn man sie mit konzentrierter Salpetersäure erwärmt, während sie im Tierkörper völlig zu Kohlensäure und Wasser verbrannt wird und umgekehrt können leicht oxydierbare Körper wie Harnsäure und Kreatinin den Organismus unverändert verlassen.

Die drei wichtigsten Körper dieser Gruppe sind:

$$\text{Sulfonal}\quad \begin{matrix}CH_3 \\ CH_3\end{matrix}\Big\rangle C\Big\langle \begin{matrix}SO_2C_2H_5 \\ SO_2C_2H_5\end{matrix} = \text{Diäthylsulfondimethylmethan}$$

$$\text{Trional}\quad \begin{matrix}C_2H_5 \\ CH_3\end{matrix}\Big\rangle C\Big\langle \begin{matrix}SO_2C_2H_5 \\ SO_2C_2H_5\end{matrix} = \text{Diäthylsulfonäthylmethylmethan}$$

$$\text{Tetronal}\quad \begin{matrix}C_2H_5 \\ C_2H_5\end{matrix}\Big\rangle C\Big\langle \begin{matrix}SO_2C_2H_5 \\ SO_2C_2H_5\end{matrix} = \text{Diäthylsulfondiäthylmethan.}$$

Wie die beigefügten wissenschaftlichen Bezeichnungen zeigen, kann man sich diese Körper (theoretisch) vom Methan CH_4 ableiten, indem man zwei Wasserstoffatome durch Alkoholradikale und die zwei übrigen durch 2 Alkylsulfongruppen ersetzt.

Für die Darstellung dieser Substanzen kommen hauptsächlich zwei Darstellung. Verfahren in Betracht.

I. Man stellt aus einem Keton (1 Molekül) und einem Merkaptan[1]) (2 Moleküle) mit Hülfe von gasförmigem Chlorwasserstoff deren Kondensationsprodukt, ein Merkaptol dar und oxydiert dieses durch Kaliumpermanganat zum Sulfon, z. B.

$$\begin{array}{c}CH_3\\|\\CO\\|\\CH_3\end{array} + \begin{array}{c}H\,SC_2H_5\\[1ex]H\,SC_2H_5\end{array} = H_2O + \begin{array}{c}CH_3\\CH_3\end{array}\!\!>\!\!C\!\!<\!\!\begin{array}{c}SC_2H_5\\SC_2H_5\end{array}$$

Azeton   Merkaptan   Merkaptol
(Dithioäthyldimethylmethan)

$$\begin{array}{c}CH_3\\CH_3\end{array}\!\!>\!\!C\!\!<\!\!\begin{array}{c}SC_2H_5\\SC_2H_5\end{array} + 4\,O = \begin{array}{c}CH_3\\CH_3\end{array}\!\!>\!\!C\!\!<\!\!\begin{array}{c}SO_2C_2H_5\\SO_2C_2H_5\end{array}$$

Merkaptol   Sulfonal
(Diäthylsulfondimethylmethan)

Verwendet man statt des Azetons oder Dimethylketons das Äthyl-

$$\text{methylketon}\quad \begin{array}{c}C_2H_5\\|\\CO\\|\\CH_3\end{array}\quad \text{so erhält man Trional, geht man vom Diäthylketon}$$

$$\begin{array}{c}C_2H_5\\|\\CO\\|\\C_2H_5\end{array}\quad \text{aus, so kommt man zum Tetronal.}$$

II. Eine andere Darstellungsmethode geht über die Merkaptale, welche man durch Kondensation von einem Molekül eines Aldehyds und zwei Molekülen eines Merkaptans erhält z. B.

$$CH_3CHO + \begin{array}{c}H\,SC_2H_5\\[1ex]H\,SC_2H_5\end{array} = H_2O + CH_3CH\!\!<\!\!\begin{array}{c}SC_2H_5\\SC_2H_5\end{array}$$

Aldehyd   Merkaptan   Äthylidenmerkaptal
(Äthylidendithioäthyl)

---

[1]) Merkaptane sind organische Körper mit der Gruppe SH. Sie sind den Alkoholen analog zusammengesetzt, nur dass an Stelle des O der OH-Gruppe sich S befindet.

Durch Oxydation geht Äthylidenmerkaptal gleichfalls in ein Disulfon

über, nämlich in das Äthylidendiäthylsulfon $CH_3CH\begin{smallmatrix}SO_2C_2H_5\\ \\SO_2C_2H_5\end{smallmatrix}$, das

weiter durch Methylierung (z. B. Behandeln mit Methyljodid) in Sulfonal, durch Äthylierung in Trional übergeht. Ebenso erhält man Trional, wenn man an Stelle von Acetaldehyd Propionaldehyd C_2H_5CHO anwendet und später methyliert, und Tetronal wenn man äthyliert.

Sulfonal $C_7H_{16}S_2O_4$ Smp. 125 – 126°

Eigenschaften.   Trional[1]) $C_8H_{18}S_2O_4$ Smp. 76°

Tetronal $C_9H_{20}S_2O_4$ Smp. 85°

Die drei Disulfone sind farblose in Wasser schwer, in Alkohol und Äther leicht lösliche Kristalle. Trional und Tetronal lassen sich vom Sulfonal leicht dadurch unterscheiden, dass die beiden ersteren bereits in siedendem Wasser schmelzen, letzteres aber nicht.

Alle drei Substanzen sind gegen chemische Einflüsse äusserst beständig. Sie werden weder durch Säuren und Alkalien, noch durch die meisten Reduktions- und Oxydationsmittel z. B. nicht durch Zinn und Salzsäure und nicht durch Kaliumpermanganat angegriffen. Man kann Sulfonal mit konzentrierter Salpetersäure erwärmen und nachher durch Wasser unverändert zur Ausscheidung bringen. Auch aus seiner Lösung in konzentrierter Schwefelsäure wird es durch Wasser wieder unverändert ausgefällt. Hatte man jedoch mit konzentrierter Schwefelsäure erhitzt, so wird das Sulfonal unter Entwickelung von schwefliger Säure zersetzt.

Eine Oxydation des Sulfonals und seiner Verwandten kann man erzielen, wenn man sie mit Kaliumdichromat und Schwefelsäure oder sirupförmiger Phosphorsäure erhitzt. Die Chromsäure wird dabei zu Chromoxyd reduziert; die Flüssigkeit färbt sich deshalb grün. Hatte man Phosphorsäure zu dem Versuch verwendet, so erhält man nach Zusatz von Baryumchlorid und Salzsäure einen weissen Niederschlag (Baryumsulfat). Macht man die Flüssigkeit alkalisch und gibt Jod (in Jodkalium gelöst) hinzu, so tritt der Geruch nach Jodoform ein.

Man kann diese Reaktionen als Identitätsreaktionen benutzen. Die Identitätsreaktion, welche das D. A. B. angibt, beruht darauf, dass das übelriechende Merkaptan C_2H_5SH entsteht, wenn man eines dieser Disulfone mit Holzkohle erhitzt. (Alle diese Reaktionen sind aber nicht als Spezialreaktionen der drei genannten Körper zu betrachten, sie treten

----

[1]) Vom D. A. B. in nicht ganz zutreffender Weise Methylsulfonal genannt.

auch mit anderen ähnlich gebauten Körpern auf). An Stelle der Holzkohle nimmt man besser metallisches Natrium. Man kann dann dem
Rückstand durch Wasser Natriumsulfide entziehen, was man durch Säuren
(Entwickelung von Schwefelwasserstoff, Ausfallen von Schwefel), Bleiazetat (Bildung von Schwefelblei) und Nitroprussidnatrium (Eintreten
violetter Färbung) nachweisen kann.

Sulfonal und Trional sind viel gebrauchte Schlafmittel (das Te- Anwendung.
tronal scheint sich nicht in die Praxis eingeführt zu haben), die mit
warmen Getränken genommen in Gaben von 1,0—2,0 g einen dem natürlichen ähnlichen Schlaf verursachen. Das Trional ist, wie aus dem
früher Gesagten hervorgeht, das kräftigere von beiden.

Als ganz unschädliche Mittel können diese Körper übrigens nicht
betrachtet werden, wenigstens dann nicht, wenn die üblichen Dosen
überschritten werden oder ihre Benutzung sehr lange fortgesetzt wird.
Eine der unter diesen Umständen am häufigsten beobachteten Erscheinungen ist die Hämatoporphyrinurie. Es tritt dann das Hämatopor-
phyrin, ein eisenfreies Zersetzungsprodukt des Blutfarbstoffs in den
Harn über und verleiht diesem eine mehr oder minder starke rötliche
Färbung. Tod durch akute Vergiftung tritt aber doch nur verhältnismässig schwer ein, weil die Zersetzung dieser Körper im Organismus
nur langsam vor sich geht. So nahm einmal ein Arbeiter der Riedel-
schen Fabrik drei Esslöffel voll Sulfonal, schlief darauf 90 Stunden, war
aber nach dem Erwachen nicht krank. Immerhin sind schon Todes-
fälle nach wesentlich geringeren Gaben eingetreten.

Grösste Einzelgabe für Sulfonal und Trional 2,0 g, Tagesgabe 4,0 g.

In den Harn gehen Sulfonal und seine Verwandten nur zum kleinen Ausscheidung.
Teile unverändert über; die Hauptmenge ist darin in Form einer löslichen Schwefelverbindung enthalten, die vielleicht Äthylsulfosäure ist.

Um Sulfonal im Harn nachzuweisen, lässt Vitali zur Trockene
eindampfen und den Rückstand mit heissem 90%igem Weingeist ausziehen. Der nach dem Abdestillieren des Weingeists bleibende Rückstand wird zur Zersetzung des Harnstoffs mit Kalilauge erhitzt. Dann
schüttelt man das Sulfonal mit Äther aus.

Vorsichtig aufzubewahren. Aufbewahrung.

Urethane.

Nicht lange vor dem Auftauchen des Sulfonals hatte v. Jaksch
im Jahre 1885 das Urethan als Hypnotikum empfohlen, das als chemischer Körper schon lange bekannt und bereits 1833 von Dumas darge-

stellt worden war. Unter Urethan (ohne weitere Bezeichnung) pflegt man das Äthylurethan zu verstehen und allgemein bezeichnet man mit dem Namen Urethane die Ester der von der Kohlensäure sich ableitenden Karbaminsäure.

$$CO\big\langle{}^{OH}_{OH} \qquad\qquad CO\big\langle{}^{OH}_{NH_2}$$

Kohlensäure   Karbaminsäure.

Man gelangt somit zur Karbaminsäure, wenn man eine OH·Gruppe der Kohlensäure durch die Amidogruppe (NH_2) ersetzt. Sie ist als saures Amid oder Amidsäure der Kohlensäure aufzufassen (das zugehörige neutrale Amid $CO\big\langle{}^{NH_2}_{NH_2}$ ist der Harnstoff). Tritt in die Karbaminsäure an Stelle des Wasserstoffs der OH·Gruppe ein Alkoholradikal ein, so erhält man die Ester der Karbaminsäure, die Urethane, z. B. $CO\big\langle{}^{OC_2H_5}_{NH_2}$ Äthylurethan. Die Entstehung der Urethane kann in folgender Weise erfolgen:

1. Aus Estern der Chlorkohlensäure und Ammoniak z. B.
$$CO(OC_2H_5)Cl + 2\,NH_3 = CO(OC_2H_5)NH_2 + NH_4Cl$$
Chlorkohlensäureäthylester   Äthylurethan.

2. Durch Einwirkung von Ammoniak auf Kohlensäureester z. B.
$$CO(OC_2H_5)_2 + NH_3 = CO(OC_2H_5)NH_2 + C_2H_5OH$$
Kohlensäureäthylester   Äthylurethan   Äthylalkohol.

3. Durch direkte Vereinigung von Cyansäure mit einem Alkohol z. B.
$$HCNO + C_2H_5OH = CO(OC_2H_5)NH_2)\,^{1)}$$
Cyansäure Äthylalkohol   Äthylurethan.

4. Durch Zusammentreten von Harnstoff und einem Alkohol bei höherer Temperatur
$$CO(NH_2)_2 + C_2H_5OH = NH_3 + CO(OC_2H_5)NH_2$$
Harnstoff Äthylalkohol   Äthylurethan.

Letzteres ist zugleich auch die übliche Darstellungsweise, nur mit der Abweichung, dass man an Stelle des freien Harnstoffs salpetersauren Harnstoff anwendet. Das nach obiger Formel frei werdende Ammoniak würde nämlich ein schlechte Ausbeute verursachen, da die Reaktion in entgegengesetzter Richtung verlaufen kann. Bei Anwendung von salpetersaurem Harnstoff erhält man salpetersaures Ammo-

---

[1]) Der wirkliche Vorgang ist wohl komplizierter, da Allophansäureester dabei entstehen.

nium, dem ein derartiger Einfluss auf die Reaktion nicht zukommt. Das Äthylurethan (Smp. ca. 50°), das hauptsächlich zur Verwendung gelangte Urethan, ist kein so sicher wirkendes Hypnotikum, wie die Körper der Sulfonalgruppe und ist von diesen so gut wie völlig verdrängt worden. Und ob der neueste als Schlafmittel empfohlene Spross der Urethane, das Hedonal, imstande sein wird, sich einen sicheren Platz in der Therapie zu erringen, ist zum mindesten zweifelhaft.

Hedonal. $CO\begin{cases} NH_2 \\ OCH_3CH.C_3H_7 \end{cases} = C_6H_{13}O_2N.$

Hedonalum. Methylpropylkarbinolurethan.

Das Hedonal, mit dem wir durch DRESER 1899 bekannt wurden, Allgemeines. ist der Karbaminsäureester des einen der drei sekundären Amylalkohole und zwar des Methylpropylkarbinols $CH_3.CHOH.CH_2.CH_2.CH_3$.

Seine Gewinnung kann nach den für die Darstellung der Urethane Darstellung üblichen Verfahren besonders 1 und 4 (s. S. 34) erfolgen. Man kann z. B. den Alkohol und Harnstoffnitrat ca. 5 Stunden lang im Autoklaven auf 125°—130° erhitzen. Das Reaktionsprodukt wird mit Wasser aufgenommen. Es scheidet sich ein Öl ab, das von der wässerigen Lösung getrennt wird und aus dem das Hedonal herauskristallisiert.

Hedonal (Smp. 76°, Sdp. ca. 215°) kommt als weisses, in Wasser Eigenschaften. schwer, in Weingeist und dergl. leicht lösliches aromatisch schmeckendes Kristallpulver in den Handel. Hedonal löst sich farblos in kalter konzentrierter Schwefelsäure, beim Erwärmen tritt Gasentwickelung und Gelbfärbung ein.

Die gesättigte wässerige Lösung gibt mit NESSLERS Reagens einen weissen, beim Erhitzen sich gelb färbenden Niederschlag.

Versetzt man sie mit Salpetersäure und MILLONS Reagens, so bildet sich in kurzer Zeit ein weisser Niederschlag, der beim Erwärmen sich löst.

Auch mit Natronlauge allein tritt schon ein Niederschlag ein. Erhitzt man, so wird das Hedonal zersetzt, es bildet sich Ammoniak, kohlensaures Natron und der Alkohol.

$$CO\begin{cases} NH_2 \\ O.CH_3.CH.C_3H_7 \end{cases} + 2\,NaOH = Na_2CO_3 + NH_3 + CH_3CHOH.C_3H_7$$
Hedonal   Methylpropylkarbinol.

Hedonal wirkt in Gaben zwischen 1,0 und 3,0 g nur in leichten Anwendung. Fällen von Schlaflosigkeit. Der Schlaf tritt durchschnittlich nach 20—30 Minuten ein.

Wie die anderen Urethane, so ist auch Hedonal ein Gegengift bei Kokainvergiftungen.

Hedonal darf nicht in heisse Getränke geschüttet werden, da es mit den Wasserdämpfen flüchtig ist.

Aufbewahrung.   Vorsichtig aufzubewahren.

$$\textbf{Veronal.} \quad \underset{C_2H_5}{\overset{C_2H_5}{>}}C<\underset{CO-HN}{\overset{CO-HN}{>}}CO = C_8H_{12}O_3N_2$$

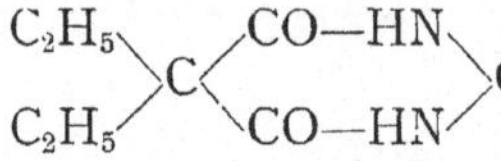

Veronalum. Diäthylmalonylharnstoff.

Allgemeines.   BAUMANN und KAST sprachen es am Ende ihrer Abhandlung über die Disulfone (s S. 29) aus, dass, wenn die von ihnen in dieser Körpergruppe gefundenen Resultate allgemeine Geltung hätten, man damit einen Weg zur Auffindung zahlreicher neuer Schlafmittel hätte. Diese Voraussagung ist glänzend bestätigt worden. Es sind in der Tat durch die Benützung der von BAUMANN und KAST aufgestellten Sätze neue Schlafmittel gefunden worden. Nachdem die beiden Autoren festgestellt hatten, dass nur den tertiär oder quarternär gebundenen Äthylgruppen der Disulfone die hypnotische Wirkung zukomme, lag es nahe, derartige, die SO_2-Gruppe nicht enthaltende Körper herzustellen, da sie nicht nur zur hypnotischen Wirkung nichts beträgt, sondern auch die Hauptursache mancher durch das Sulfonal und seine Verwandten bedingter unerwünschter Nebenwirkungen ist. Derartige Körper sind von E. FISCHER dargestellt und von J. v. MERING 1903 auf ihre schlafmachende Wirkung untersucht worden. Darunter befanden sich die folgenden:

$$\text{Diäthylazetylharnstoff} \quad \underset{C_2H_5}{\overset{C_2H_5}{>}}CH-CO-HN-CO-NH_2$$

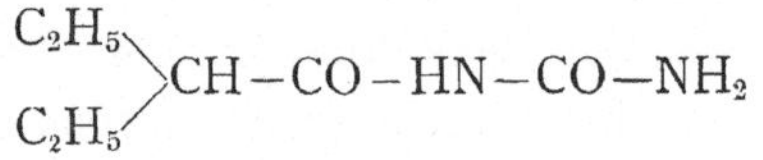

$$\text{Diäthylmalonylharnstoff} \quad \underset{C_2H_5}{\overset{C_2H_5}{>}}C<\underset{CO-HN}{\overset{CO-HN}{>}}CO$$

$$\text{Dipropylmalonylharnstoff} \quad \underset{C_3H_7}{\overset{C_3H_7}{>}}C<\underset{CO-HN}{\overset{CO-HN}{>}}CO.$$

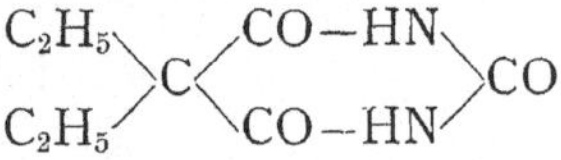

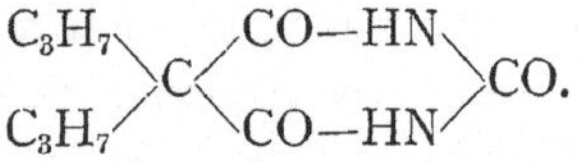

Unter diesen Körpern erwies sich der zweite „Veronal" genannt, als der zur Einführung in die Praxis geeignetste, da er ungefähr doppelt so stark wirkt, als Sulfonal, ohne in den geringen zur Erzeugung von Schlaf erforderlichen Gaben schädliche Nebenwirkungen zu besitzen, wie sie u. a. dem viermal so stark als Sulfonal wirkenden Dipropylmalonylharnstoff zukommen.

Der Diäthylmalonylharnstoff oder das Veronal (bereits 1882 von CONRAD und GUTHZEIT hergestellt) ist ein Ureid der Diäthylmalonsäure $(C_2H_5)_2C(COOH)_2$ [1]).

Unter Ureiden versteht man allgemein Verbindungen, die aus Harnstoff und Säuren unter Wasseraustritt sich bilden; bei Verwendung zweibasischer Säuren speziell solche, welche aus einem Molekül Säure und einem Molekül Harnstoff unter Austritt von zwei Molekülen Wasser entstehen[2]); sie enthalten infolgedessen keine Karboxylgruppe mehr, z. B.

$$CO\,OH \quad H\,HN \atop \displaystyle \Big| \quad + \quad \Big\rangle CO = 2\,H_2O + CO\,OH \quad H\,HN$$

Oxalsäure   Harnstoff   Ureid der Oxalsäure
                                      (Oxalylharnstoff, Parabansäure)

In analoger Weise entsteht aus der Malonsäure $CH_2(COOH)_2$ der Malonylharnstoff (Barbitursäure) $CH_2\Big\langle{CO{-}HN\atop CO{-}HN}\Big\rangle CO$ und aus der Diäthylmalonsäure der Diäthylmalonharnstoff (Diäthylbarbitursäure, Veronal)

$$\begin{matrix}C_2H_5\\ \ \\ C_2H_5\end{matrix}\!\Big\rangle C\Big\langle{CO\,OH \quad H\,HN\atop CO\,OH \quad H\,HN}\Big\rangle CO = 2\,H_2O + \begin{matrix}C_2H_5\\ \ \\ C_2H_5\end{matrix}\!\Big\rangle C\Big\langle{CO{-}HN\atop CO{-}HN}\Big\rangle CO$$

Diäthylmalonsäure   Harnstoff   Diäthylmalonylharnstoff

Allgemein werden derartige Ureide dargestellt, indem man Säure Darstellung. und Harnstoff mit wasserentziehenden Mitteln wie Phosphoroxychlorid zusammen erhitzt. Bei der Diäthylmalonsäure versagte dieses Verfahren, weil dabei aus der Diäthylmalonsäure Kohlensäure abgespalten wird, so dass ein Ureid der Diäthylessigsäure entsteht.

$$(C_2H_5)_2C\Big\langle{COOH\atop COOH} = CO_2 + (C_2H_5)_2CHCOOH$$

Diäthylmalonsäure   Diäthylessigsäure.

---

[1]) Die Diäthylmalonsäure leitet sich von der Malonsäure $CH_2(COOH)_2$ dadurch ab, dass die zwei H-Atome der CH_2-Gruppe durch Äthylgruppen ersetzt sind.

[2]) Tritt nur ein Molekül Wasser aus, so besitzt die entstandene Verbindung noch eine Karboxylgruppe; sie ist eine „Ursäure", z. B. Oxalursäure

$$COOH \quad NH_2 \atop \displaystyle \Big| \qquad\quad \Big\rangle CO. \atop CO \ {-} \ NH$$

Dagegen konnte man den Diäthylmalonylharnstoff, allerdings mit
schlechter Ausbeute, aus der Silberverbindung des Malonylharnstoffs
und Jodäthyl darstellen.

$$CAg_2\!\!<\!\!\genfrac{}{}{0pt}{}{CO-HN}{CN-HN}\!\!>\!\!CO + 2\,C_2H_5J = (C_2H_5)_2C\!\!<\!\!\genfrac{}{}{0pt}{}{CO-HN}{CO-HN}\!\!>\!\!CO + 2\,AgJ$$

Besser auszuführen ist die von E. Fischer und A. Dilthey aufgefundene Darstellung aus Diäthylmalonsäureäthylester[1] (Diäthylmalonester) Harnstoff und Natriumäthylat. Die Reaktion verläuft nach folgender Gleichung:

$$\genfrac{}{}{0pt}{}{C_2H_5}{C_2H_5}\!\!>\!\!C\!\!<\!\!\genfrac{}{}{0pt}{}{CO\,OC_2H_5}{CO\,OC_2H_5} \; {}^{+}_{ } \; \genfrac{}{}{0pt}{}{H\;H\,N}{H\,HN}\!\!>\!\!CO + Na\,OC_2H_5 =$$

Diäthylmalonester   Harnstoff   Natriumäthylat

$$3\,C_2H_5OH + \genfrac{}{}{0pt}{}{C_2H_5}{C_2H_5}\!\!>\!\!C\!\!<\!\!\genfrac{}{}{0pt}{}{CO-NaN}{CO-HN}\!\!>\!\!CO$$

Äthylalkohol

Na-Salz des Diäthylmalonyl-
harnstoffs.

Es entsteht also zunächst die Natriumverbindung des Diäthyl-
malonylharnstoffs.

Zur Darstellung werden Diäthylmalonester, Harnstoff und Natrium-
äthylat im Autoklaven einige Stunden auf 105^0-108^0 erhitzt. Das beim
Erkalten ausfallende Na-Salz wird in Wasser gelöst und daraus durch
Salzsäure das Veronal abgeschieden.

Eigenschaften.   Das Veronal kommt als weisses unzersetzt sublimierendes Kristallpulver vom Smp. 191^0 in den Handel, dessen wässerige Lösung schwach
sauer reagiert nnd bitter schmeckt. Löslich in ungefähr 150 Teilen
kaltem und 12 Teilen siedendem Wasser, auch in Alkohol und Äther.
Leicht wird das Veronal von Ätzalkalien, auch von Kalk- und Barytwasser aufgenommen, da es damit, wie aus dem oben Gesagten bereits
hervorgeht, wasserlösliche Salze liefert. Dieser Umstand begünstigt die
Resorption des Veronals im Darm. Aus der Lösung des schön kristalli-
sierenden Natriumsalzes kann das Veronal schon durch Kohlensäure

---

[1] Der Diäthylmalonester entsteht aus dem Malonester $CH_2(COOC_2H_5)_2$,
in dem wie beim Azetessigester $CH_3COCH_2COOC_2H_5$, die Wasserstoffe der
CH_2-Gruppe durch Natrium ersetzt werden können. Zunächst entsteht $CH.Na$
$(COOC_2H_5)_2$, aus diesem durch Äthyljodid C_2H_5J die Monäthylverbindung
$CH.C_2H_5COO(C_2H_5)_2$; in dieser lässt sich das H-Atom der CH-Gruppe nochmals durch Na ersetzen und dann dieses wiederum durch die Äthylgruppe.

wieder abgeschieden werden; es ist also nur eine sehr schwache Säure, die auch bei Überschuss von Natronlauge ein nur ein Atom Natrium enthaltendes Salz bildet. Mit Alkali erhitzt bildet Veronal unter Abspaltung von Kohlensäure u. a. diäthylessigsaures Kalium (s. oben).

Erwärmt man Veronal längere Zeit mit einer Lösung von Natriumkarbonat zusammen, so bildet sich Kohlensäure und Ammoniak.

Mit DENIGÈS Reagens oder Quecksilberoxydulnitrat entsteht ein weisser Niederschlag; gegen NESSLERS Reagens verhält sich Veronal indifferent. MILLONS Reagens gibt in der mit Salpetersäure angesäuerten Lösung einen gelblichen gallertartigen, im Überschuss des Reagens löslichen Niederschlag.

Mit 0,5—0,75 g Veronal, das in heissem Tee (besonders Baldrian, Pfefferminz- und Wermuttee) genommen werden soll, kann man zumeist den gewünschten Schlaf herbeiführen. Bei längerem Gebrauch tritt Gewöhnung ein. Anwendung.

In den Harn geht Veronal zu 90 % unverändert über; das Schicksal des zersetzt werdenden Teiles ist nicht bekannt. Ausscheidung.

Um das Veronal aus dem Harn zu isolieren, fällt man nach MOLLE und KLEIST mit Bleiazetat, entbleit durch Schwefelwasserstoff und entfärbt die von letzterem durch Hindurchsaugen von Luft befreite Flüssigkeit durch Tierkohle. Das im Wasserbad konzentrierte Filtrat sättigt man mit Kochsalz und schüttelt das Veronal mit Äther aus. Aufbewahrung.

Vorsichtig aufzubewahren.

Neuronal. $\begin{array}{l}C_2H_5 \\ C_2H_5\end{array}\bigg\rangle C \bigg\langle \begin{array}{l} Br \\ CONH_2\end{array} = C_6H_{12}ONBr.$

Neuronalum. Diäthylbromazetamid.

Ähnliche Erwägungen, wie sie beim Veronal geschildert wurden, haben auch zur Herstellung des 1904 von E. SCHULTZE zuerst angewendeten Neuronals geführt. Man wollte auch hier einen Körper schaffen, in welchem Äthylgruppen an ein quarternäres Kohlenstoffatom gebunden sind. Zur Erhöhung der hypnotischen Wirkung führte man noch Brom in das Molekül ein. Das Neuronal leitet sich, wie aus seiner chemischen Bezeichnung hervorgeht, vom Azetamid, dem Säureamid (s. S. 23) der Essigsäure ab. Allgemeines.

$$CH_3COOH \qquad\qquad CH_3CONH_2$$
Essigsäure.   Azetamid.

Werden im Azetamid von den drei H-Atomen der CH_3-Gruppe zwei durch Äthylgruppen und eines durch Brom ersetzt, so gelangt man

zum Diäthylbromacetamid = Neuronal. Über die Darstellung von Säure-
amiden war bereits beim Chloralformamid (s. S. 23) die Rede.

Darstellung. Die Darstellung des Neuronals geht von der Diäthylmalonsäure
aus, oder vielmehr von der Diäthylessigsäure, die aus jener beim Erhitzen entsteht (s. S. 37). Die Diäthylessigsäure wird durch Phosphorpentachlorid in das zugehörige Säurechlorid[1]), das Diäthylazetylchlorid,
verwandelt.

$$\underset{\text{Diäthylessigsäure}}{\overset{C_2H_5}{\underset{C_2H_5}{>}}C\overset{H}{\underset{COOH}{<}}} + PCl_5 = \underset{\text{Diäthylazetylchlorid.}}{\overset{C_2H_5}{\underset{C_2H_5}{>}}C\overset{H}{\underset{COCl}{<}}} + POCl_3 + HCl$$

Diäthylazetylchlorid geht durch Bromierung in Diäthylbromazetyl-
chlorid über und letzteres durch Ammoniak in Diäthylbromazetamid.

$$\underset{\text{Diäthylazetylchlorid.}}{\overset{C_2H_5}{\underset{C_2H_5}{>}}C\overset{H}{\underset{COCl}{<}}} + 2\,Br = \underset{\text{Diäthylbromazetylchlorid.}}{\overset{C_2H_5}{\underset{C_2H_5}{>}}C\overset{Br}{\underset{COCl}{<}}} + HBr$$

$$\underset{\text{Diäthylbromazetylchlorid}}{\overset{C_2H_5}{\underset{C_2H_5}{>}}C\overset{Br}{\underset{COCl}{<}}} + 2\,NH_3 = \underset{\text{Diäthylbromazetamid.}}{\overset{C_2H_5}{\underset{C_2H_5}{>}}C\overset{Br}{\underset{CONH_2}{<}}} + NH_4Cl$$

Eigenschaften. Das Neuronal ist ein weisses kristallinisches Pulver (Smp. 66—67°)
mit bitter-kühlendem Geschmack und eigenartigem, an Kampfer oder
Menthol erinnerndem Geruch. In kaltem Wasser schwer (1:115) mit
saurer Reaktion löslich (mit heissem zersetzt es sich), leicht in Alkohol
und dergl., auch in fetten Ölen. Neuronal teilt nicht alle Eigenschaften
der Säureamide, zu denen es zu rechnen ist. Die Säureamide haben
weder ausgeprägte saure noch starke basische Eigenschaften, da in
ihnen der basische NH_2-Rest und der Rest der Säure sich paralysieren.
Sie geben infolgedessen mit Säuren nur unbeständige Salze. Andererseits kann der Amidowasserstoff gegen Metalle, besonders Quecksilber
umgetauscht werden und so gibt auch Neuronal eine Quecksilberverbindung, wenn man 0,2 g Neuronal mit 0,1 g gelben Quecksilberoxyd
und 5 ccm Wasser einige Minuten lang kocht. Giesst man die Flüssigkeit vom Ungelösten noch heiss ab, dann scheidet sich die Quecksilberverbindung als weisser Niederschlag aus. Fügt man zur Flüssigkeit
einige Tropfen Jodkaliumlösung, so bildet sich ein gelber, nach einiger

---

[1]) Anstatt mit Phosphorpentachlorid das Säurechlorid kann man mit Phosphor und Brom das Bromid darstellen und dann weiter verfahren wie oben
geschildert.

Zeit rot und kristallinisch werdender Niederschlag (Zernik). Die gelbe Fällung ist in überschüssigem Jodkalium löslich.

Durch Alkalien werden die Säureamide in der Regel sehr leicht verseift und gehen dadurch in Ammoniak und das Salz der betreffenden Säure über[1]), z. B.

$$CH_3CONH_2 + NaOH = CH_3COONa + NH_3$$

Azetamid   Natriumazetat.

Neuronal verhält sich aber anders. Es spaltet unter dem Einfluss von Alkalien schon in der Kälte Blausäure ab. Erwärmt man 1 g Neuronal mit überschüssiger Natronlauge, so erhält man ca. 0,1 g Blausäure (Zernik). Fügt man zu der alkalischen Flüssigkeit einige Tropfen Ferrosulfat- und Eisenchloridlösung und kocht 1—2 Minuten, so erhält man nach dem Ansäuren mit Salzsäure einen Niederschlag von Berlinerblau. Auch die anderen Blausäurereaktionen kann man mit der alkalischen Flüssigkeit oder mit dem nach dem Ansäuren zu gewinnenden Destillat erhalten.

Ausser der Blausäure wird beim Kochen mit Natronlauge auch das Brom als Bromwasserstoff abgespalten, den man, wie üblich, nach dem Ansäueren durch Chlorwasser und Chloroform nachweisen kann. Eine Abspaltung von Bromwasserstoff erfolgt schon, wenn man Neuronal mit Wasser erhitzt; die Flüssigkeit gibt dann mit Silbernitrat einen gelblichweissen Niederschlag, während sie vor dem Kochen damit höchstens opalisierend getrübt werden darf. Dagegen wird kein Brom frei, wenn man Chlorwasser unmittelbar zu Neuronal gibt.

Setzt man zu der durch Erwärmen von Neuronal mit Natronlauge erhaltenen Flüssigkeit Jodjodkalium, so tritt Trübung und Jodoformbildung ein.

Eine Neuronal-Lösung gibt mit Nesslerschem Reagens sofort einen weissen, beim Erhitzen gelblich werdenden Niederschlag, der nicht eintritt, wenn man das Neuronal vorher mit Natronlauge erwärmt hatte.

Als Schlafmittel wird Neuronal in Gaben von 0,5—1,0 g gebraucht. Anwendung. Seine Wirkung soll so stark sein, wie die des Trionals und somit schwächer als die des Veronals. Da Neuronal durch heisses Wasser zersetzt wird, so darf es nicht, wie die Körper der Sulfonalgruppe, in warmen Getränken genommen werden. Doch empfiehlt es sich, nachträglich solche zu geniessen.

---

[1]) Sie unterscheiden sich dadurch von den Aminen, wie Methylamin $CH_3 . NH_2$, die sich von den Alkoholen dadurch ableiten, dass die OH-Gruppe durch NH_2 ersetzt wird und die gegen Alkalien sehr beständig sind.

<table>
<tr><td>Ausscheidung.</td><td>Wie der Abbau des Neuronals im Organismus verläuft, ist nicht bekannt; doch weiss man, dass Blausäure nicht dabei gebildet wird.</td></tr>
<tr><td>Aufbewahrung.</td><td>Vorsichtig und vor Licht geschützt aufzubewahren.</td></tr>
</table>

C. Die lokalen Anästhetika

zerfallen in zwei grosse, in der Art ihrer Wirkung voneinander abweichende Gruppen.

a) Die Kälteanästhetika. Sie wirken nur dadurch, dass sie die Temperatur der Stelle herabsetzen, auf welche sie appliziert werden.

b) Das Kokain und seine Ersatzmittel. Sie lähmen in spezifischer Weise die Endigungen der sensibeln Nerven.

a) Kälteanästhetika.

Unter den Kälteanästheticis finden wir nur Substanzen, deren chemischer Bau ein sehr einfacher ist. Denn nur solche besitzen einen relativ niederen Siedepunkt, der die Vorbedingung für ihre Anwendung als Kälteanästhetikum ist. Im übrigen ist die Wirkung dieser Gruppe nicht abhängig von ihrer Zusammensetzung. Von den beiden wichtigsten Körpern dieser Gruppe, dem Methyl- und dem Äthylchlorid sei das letztere besprochen.

Äthylchlorid. C_2H_5Cl.

Aether chloratus. Chloräthyl.

<table>
<tr><td>Allgemeines.</td><td>Wie so manches der neuen Arzneimittel war auch das Äthylchlorid längst bekannt, ehe man es als Arzneimittel verwendete. Gewöhnlich wird RUELLE seine Erfindung zugeschrieben, doch kannte schon „BASILIUS VALENTINUS" die Einwirkung von Salzsäure auf Weingeist. 1891 wurde es von mehreren Forschern (FERRAND, RÉDARD u. A.) zur Erzielung lokaler Anästhesie empfohlen.</td></tr>
</table>

Das Äthylchlorid kann sowohl als Monochlorsubstitutionsderivat des Äthans (C_2H_6) wie als Salzsäureester des Äthylalkohols aufgefasst werden. Demnach entsteht es

<table>
<tr><td>Darstellung.</td><td>1. bei der Einwirkung von Chlor auf Äthan</td></tr>
</table>

$$C_2H_6 + 2\,Cl = C_2H_5Cl + HCl$$

Äthan   Äthylchlorid.

2. Durch Einwirkung der Chlorverbindungen des Phosphors (PCl_5, PCl_3, $POCl_3$) auf Alkohol, z. B.

$$C_2H_5OH + PCl_5 = C_2H_5Cl + HCl + POCl_3$$

Äthylalkohol   Äthylchlorid.

3. Durch direkte Einwirkung von Salzsäure oder Chlorwasserstoffgas auf Alkohol

$$C_2H_5OH + HCl = C_2H_5Cl + H_2O$$
Äthylalkohol   Äthylchlorid.

Da das Wasser wie bei allen derartigen Esterifizierungen einen in umgekehrter Weise verlaufenden Vorgang (Verseifung) herbeiführen kann, so wird gewöhnlich ein wasserentziehendes Mittel hinzugefügt, wofür auch sehr konzentrierte Salzsäure selbst verwendet werden kann. Diesem Prinzip entsprechen folgende Darstellungsmethoden:

a) Man erhitzt Alkohol mit Kochsalz und Schwefelsäure.

b) Man sättigt Alkohol bei Gegenwart von Zinkchlorid mit Chlorwasserstoffgas.

c) Man lässt Alkohol und rauchende Salzsäure unter Druck bei 150° aufeinander einwirken.

4. Als Nebenprodukt entsteht Äthylchlorid, wenn man zur Darstellung von Chloral Chlor in Alkohol einleitet

Als technische Darstellungsmethode kommt besonders 3c in Betracht. In allen Fällen muss man zur Reindarstellung des Äthylchlorids dieses abdestillieren und es durch Waschen mit wenig Soda enthaltendem Wasser von der mit übergegangenen Salzsäure und dem Weingeist befreien. Schliesslich wird mit Chlorkalzium entwässert und dann nochmals destilliert.

Das Äthylchlorid ist eine farblose, in Wasser kaum lösliche Flüssig- *Eigenschaften.* keit, die angezündet mit grüngesäumter Flamme brennt. Spez. Gew. 0,9214 bei 0°; Sdp. 12,5°.

Das Äthylchlorid kommt in Röhrchen in den Handel, deren eines Ende entweder in eine zugeschmolzene Kapillare ausläuft oder aber mit Schraubenverschluss versehen ist. Letztere Art des Verschlusses ist für den das Äthylchlorid benutzenden Arzt bequemer und ökonomischer, ist aber oft weniger dicht als der erstere.

Öffnet man den Verschluss der meist nach dem Spritzflaschen- *Anwendung.* prinzip eingerichteten Röhrchen bei einer 12,5° übersteigenden Temperatur, wie man sie am besten durch die Wärme der Hand erzielt, so wird durch den Druck des gebildeten Äthylchloriddampfes das flüssig gebliebene Äthylchlorid herausgespritzt. Kommt es so auf eine Stelle des menschlichen Körpers, so verdunstet es rasch. Die zur Überführung des flüssigen Äthylchlorids in den gasförmigen Zustand nötige Wärme wird der getroffenen Körperstelle und den zunächst darunter gelegenen Partieen entzogen. Dadurch wird die Empfindlichkeit (Sensibilität) der peripherischen Nerven herabgesetzt oder aufgehoben: es tritt lokale Anästhesie für kurze Zeit ein, und diese benützt der Arzt, um die vorzunehmende Operation auszuführen. Wegen der Entzündlichkeit des Äthylchlorids ist die Nähe offener Flammen zu vermeiden. Die grösste mit Äthylchlorid erreichbare Temperaturerniedrigung beträgt -35^0 C.

Aufbewahrung. Vorsichtig, kühl und vor Licht geschützt aufzubewahren.

b) Kokainersatzmittel.

Das Kokain, im allgemeinen ein vorzügliches lokales Anästhetikum, ist nicht frei von Nachteilen: Es ist giftig; seine Lösungen lassen sich nicht sterilisieren, weil das Kokain sich dabei zersetzt und schliesslich steht auch sein hoher Preis seiner allgemeinen Anwendung im Wege. Man ist bei dem Bestreben, Ersatzmittel des Kokains zu finden, in systematischer Weise vorgegangen. Die Grundlage aller darauf hinzielender Erwägungen war die Konstitution des Kokains:

$$
\begin{array}{ccccc}
CH_2 & \text{---} & CH & \text{---} & CH \cdot COOCH_3 \\
| & & | & & | \\
 & & N \cdot CH_3 & & CH \cdot O(C_6H_5CO) \\
| & & | & & | \\
CH_2 & \text{---} & CH & \text{---} & CH_2
\end{array}
$$

Kokain.

Das Kokain ist der Benzoylekgoninmethylester, das Ekgonin hat folgende Konstitution:

$$
\begin{array}{ccccc}
CH_2 & \text{---} & CH & \text{---} & CH \cdot COOH \\
| & & | & & | \\
 & & N \cdot CH_3 & & CHOH \\
| & & | & & | \\
CH_2 & \text{---} & CH & \text{---} & CH_2
\end{array}
$$

Ekgonin.

Das Kokain unterscheidet sich somit vom Ekgonin dadurch, dass das H-Atom der Karboxylgruppe (COOH) durch die Methylgruppe CH_3, und das der alkoholischen Hydroxylgruppe durch Benzoyl C_6H_5CO ersetzt ist. Aus Ekgonin lässt sich demgemäss Kokain herstellen, wenn man es z. B. erst mit Benzoylchlorid benzoyliert und das Benzoylekgonin mit Methylalkohol und Salzsäure methyliert.

Dem Ekgonin liegt ein aus der Verkettung von N-Methylpiperidin und N-Methylpyrrolidin hervorgegangenes Ringsystem, das Tropan, zugrunde, dessen Peripherie ein 7 C-Atome enthaltender Ring ist. Zur Veranschaulichung des Gesagten seien die Formeln des N-Methylpyrrolidins und des N-Methylpiperidins in der Lagerung wiedergegeben, in der sie zur Bildung des Tropans zusammentreten könnten. Zum Vergleich ist die Formel des Tropans daneben gesetzt.

$$CH_2 - CH_2 \diagdown N \cdot CH_3 \qquad
\begin{matrix} CH_2 \!-\! CH_2 \\ | \qquad\ | \\ N\cdot CH_3 \quad CH_2 \\ | \qquad\ | \\ CH_2 \!-\! CH_2 \end{matrix} \qquad
\begin{matrix} CH_2 \!-\! CH \!-\! CH_2 \\ | \qquad\quad\ | \\ \quad N\cdot CH_3 \quad CH_2 \\ | \qquad\quad\ | \\ CH_2 \!-\! CH \!-\! CH_2 \end{matrix}$$

N-Methylpyrrolidin[1])   N-Methylpiperidin[2])   Tropan

Angesichts der Zusammensetzung des Kokains musste man sich zunächst fragen: Ist zur Erzielung der anästhetischen Wirkung das ganze Kokain-Molekül nötig oder ist die Wirkung an bestimmte Teile des Moleküls, z. B. an die Methylgruppe oder die Benzoylgruppe oder den Ekgoninrest geknüpft? Man hat zur Beantwortung dieser Frage viele Versuche angestellt. Man hat Ekgonin, Benzoylekgonin und Methylekgonin auf ihre Wirkung untersucht, aber keiner dieser Körper liess sich dem Kokain substituieren. Auch die Ersetzung der Benzoylgruppe durch Säureradikale der Fettreihe (Acetyl u. dgl.) führte nicht zur Herstellung anästhetisch wirkender Körper. Dagegen konnte die mit dem Stickstoff verbundene Methylgruppe entfernt werden (Norkokain) ohne dass die anästhesierende Wirkung schwächer wurde. Wirksame Anästhetika waren auch die Homologen des Kokains, die an Stelle des CH_3 der $COOCH_3$-Gruppe ein anderes Alkoholradikal enthielten. Indes wurden diese Körper nicht in die Praxis eingeführt, weil sie gegenüber dem Kokain keine Vorteile aufwiesen.

Man musste sich zunächst mit der Erkenntnis bescheiden, dass folgende Bestandteile in dem Molekül eines wie Kokain anästhesierenden Körpers vorhanden sein müssen: 1. ein stickstoffhaltiger Kern, 2. eine an Stelle des Wasserstoffes einer OH-Gruppe eintretende Benzoylgruppe, 3. die Gruppe COOR (R = Alkoholradikal).

Welcher Kern den auf Grund dieser Überlegung herzustellenden Körpern zugrunde gelegt werden müsse, war experimentell zu ermitteln. Da das Ekgonin eine Kombination zweier derartiger Kerne, eines Piperidin- und eines Pyrrolidinkerns ist, so kamen zunächst diese beiden Kerne in Frage.

Zuerst wurden solche Körper hergestellt, die den Piperidinring enthielten. Die $O(C_6H_5CO)$-Gruppe und die $COOCH_3$-Gruppe mussten gleichzeitig vorhanden sein. So kam man zur Herstellung des Eukains,

---

[1]) Das Pyrrolidin ist ein Tetrahydropyrrol. Das Pyrrol hat die Zusammensetzung $(CH)_4NH$.

[2]) Das Piperidin ist Hexahydropyridin, leitet sich also vom Pyridin C_5H_5N ab, dem Körper, den man sich aus dem Benzol so entstanden denken kann, dass eine von dessen CH-Gruppen durch N ersetzt wird (s. S. 46).

das später Eukain A genannt wurde, als noch ein Körper von ähnlicher Zusammensetzung, dann Eukain B genannt, in den Handel gebracht wurde.

Das Eukain A führt die wissenschaftliche Bezeichnung: Benzoyl-N-Methyltetramethyl-γ-oxypiperidinkarbonsäuremethylester.

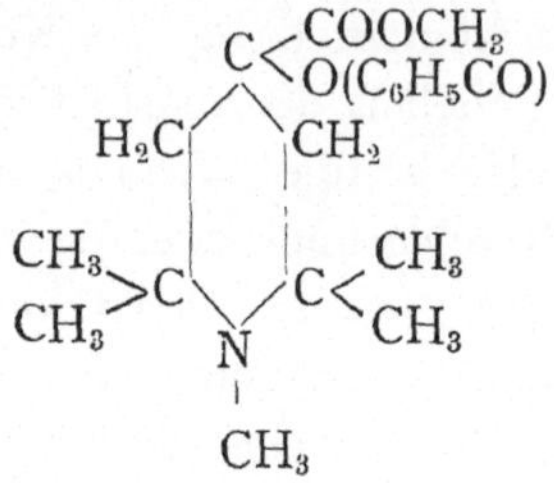

$$
\begin{array}{c}
C{<}^{\text{COOCH}_3}_{\phantom{<}\text{O}(\text{C}_6\text{H}_5\text{CO})} \\
\text{H}_2\text{C}\qquad\text{CH}_2 \\
^{\text{CH}_3}_{\text{CH}_3}{>}C \qquad C{<}^{\text{CH}_3}_{\text{CH}_3} \\
\text{N} \\
\text{CH}_3
\end{array}
$$

Eukain A.

Das Eukain A, eingeführt durch GAETANO VINCI 1896, hat vor dem Kokain den Vorteil, dass seine wässerige Lösung sich beim Erhitzen nicht zersetzt, also sterilisiert werden kann; es hat den Nachteil, dass es ein wenig ätzt und deshalb, auf die Schleimhäute gebracht, Brennen hervorruft. Man hat deshalb als Eukain B einen ähnlich konstituierten Körper hergestellt, der von diesen Nachteilen frei ist.

Eukain B.

Eucainum B. β-Eukain. Benzoylvinyldiazetonalkaminhydrochlorid.
Trimethylbenzoyl γ-oxypiperidinhydrochlorid.

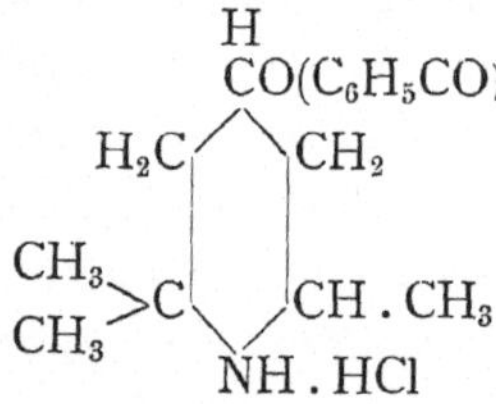

$$
\begin{array}{c}
\text{H} \\
\text{CO}(\text{C}_6\text{H}_5\text{CO}) \\
\text{H}_2\text{C}\qquad\text{CH}_2 \\
^{\text{CH}_3}_{\text{CH}_3}{>}C\qquad\text{CH}.\text{CH}_3 = \text{C}_{15}\text{H}_{21}\text{O}_2\text{N}.\text{HCl} \\
\text{NH}.\text{HCl}
\end{array}
$$

Allgemeines. Das zweite wissenschaftliche Synonym des Eukains B und damit seine Ableitung wird aus folgenden Formeln verständlich:

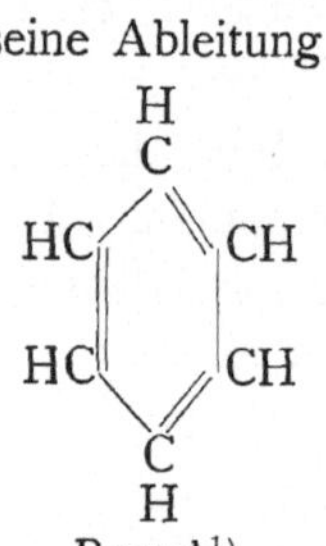

$$
\underset{\text{Benzol}^1)}{
\begin{array}{c}
\text{H} \\ \text{C} \\
\text{HC}\qquad\text{CH} \\
\text{HC}\qquad\text{CH} \\
\text{C} \\ \text{H}
\end{array}}
\qquad
\underset{\text{Pyridin}}{
\begin{array}{c}
\text{H} \\ \text{C} \\
\text{HC}\;^{\gamma}\;\text{CH} \\
\text{HC}\;^{\alpha}\;\text{CH} \\
\text{N}
\end{array}}
\qquad
\underset{\substack{\text{Piperidin}\\\text{(Hexahydropyridin)}}}{
\begin{array}{c}
\text{H}_2 \\ \text{C} \\
\text{H}_2\text{C}\;^{\gamma}\;\text{CH}_2 \\
\text{H}_2\text{C}\;^{\alpha}\;\text{CH}_2 \\
\text{N} \\ \text{H}
\end{array}}
\qquad
\underset{\gamma\text{-Oxypiperidin}}{
\begin{array}{c}
\text{H} \\ \text{COH} \\
\text{H}_2\text{C}\qquad\text{CH}_2 \\
\text{H}_2\text{C}\qquad\text{CH}_2 \\
\text{N} \\ \text{H}
\end{array}}
$$

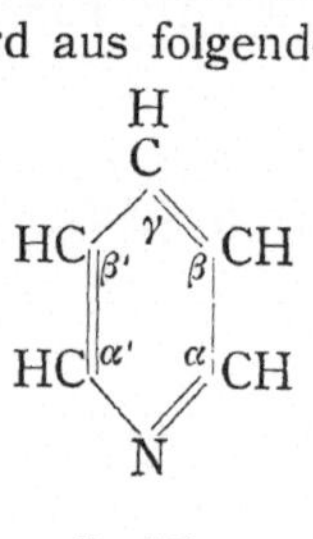

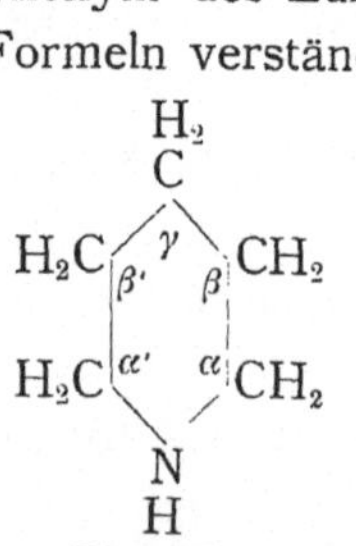

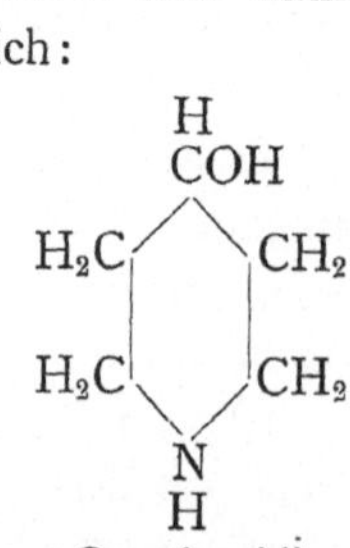

---

[1]) Die Benzolformel wird künftig meist ohne Doppelbindungen oder noch

Der Name Benzoylvinyldiazetonalkamin steht in Zusammenhang mit der Darstellungsweise:

Aus Ammoniak und Azeton entstehen durch Kondensation mehrere Azetonbasen z. B.

$$2\,C_3H_6O + NH_3 = H_2O + C_6H_{13}NO$$

Azeton   Diazetonamin

$$3\,CH_3COCH_3 + NH_3 = 2\,H_2O + NH \underset{C(CH_3)_2-CH_2}{\overset{C(CH_3)_2-CH_2}{<}} \!\!\!> CO$$

Azeton   Triazetonamin.

Letzteres entsteht auch aus Diazetonamin und Azeton. Ist bei dieser Reaktion Aldehyd zugegen, wie schon im käuflichen Azeton, so entsteht auch Vinyldiazetonamin. Im Triazetonamin und dem Vinyl-

diazetonamin $NH \underset{CHCH_3-CH_2}{\overset{C(CH_3)_2-CH_2}{<}} \!\!\!> CO$ hat sich das Molekül durch den

zu ihrer Bildung nötigen Wasseraustritt zu einem Ringe geschlossen, so dass beide Körper dem Piperidin nahe stehen.

Die Darstellung des Vinyldiazetonamins erfolgt, indem man saures Darstellung. oxalsaures Diazetonamin mit Weingeist und Paraldehyd, der den nötigen Aldehyd liefert, zusammen erhitzt.

$$\underset{CH_3COCH_2}{\overset{NH_2}{>}}C\underset{CH_3}{\overset{CH_3}{<}} + CH_3CHO = H_2O + NH\underset{CHCH_3-CH_2}{\overset{C(CH_3)_2-CH_2}{<}}\!\!\!>CO$$

Diazetonamin   Aldehyd   Vinyldiazetonamin.

Bei der Reaktion entsteht das Oxalat des Vinyldiazetonamins, aus dem durch Kalilauge die freie Base gewonnen werden kann. Reduziert man Vinyldiazetonamin $C_8H_{15}NO$ mit Natriumamalgam, so entsteht Vinyldiazetonalkamin $C_8H_{17}NO$ indem die CO-Gruppe in CHOH übergeht.

$$NH\underset{CHCH_3-CH_2}{\overset{C(CH_3)_2-CH_2}{<}}\!\!\!>CO + 2\,H = NH\underset{CHCH_3-CH_2}{\overset{C(CH_3)_2-CH_2}{<}}\!\!\!>CHOH$$

Vinyldiazetonamin   Vinyldiazetonalkamin.

Es entstehen indes gleichzeitig zwei stereoisomere Vinyldiazeton-alkamine, eine stabile α- und eine labile β-Form[1]), die man durch Be-

---

einfacher so: ⬡ wiedergegeben werden. Dann hat man sich in jeder nicht

bezeichneten Ecke die CH-Gruppe zu denken. Auch die Formeln des Pyridins u. a. derartiger Körper können in ähnlicher Weise wiedergegeben werden.

[1]) Man erhält diese Körper auch durch Einwirkung von salpetriger Säure auf α—p-Aminotrimethylpiperidin.

handeln ihrer Hydrochloride mit Alkohol trennen kann, da das Hydrochlorid der α-Form darin unlöslich, das der β-Form darin löslich ist.
Man kann die β-Form auch in die α-Form überführen, wenn man sie
mit Natrium und Amylalkohol kocht.

Im Vinyldiazetonalkamin lässt sich der Wasserstoff der Hydroxylgruppe durch die Benzoylgruppe C_6H_5CO ersetzen z. B. durch Einwirkung von Benzoylchlorid.

$$NH\begin{cases} C(CH_3)_2-CH_2 \\ CHCH_3-CH_2 \end{cases}CHOH + C_6H_5COCl =$$

Vinyldiazetonalkamin   Benzoylchlorid

$$HCl + NH\begin{cases} C(CH_3)_2-CH_2 \\ CHCH_3 - CH_2 \end{cases}CH . O(C_6H_5CO)$$

Benzoylvinyldiazetonalkamin.

Eigenschaften.

Das Hydrochlorid des letzteren Körpers ist das β-Eukain. Es
bildet meist farnkrautähnliche Kristalle, die bei 268° unter Zersetzung
schmelzen. Sie lösen sich in ungefähr 30 Teilen kaltem Wasser. Leichter
sind sie in heissem Wasser und in Weingeist löslich. Unlöslich in
Äther.

Eigentliche Identitätsreaktionen sind nicht bekannt. Das β-Eukain
gibt mit Alkalien weisse Niederschläge (die freie Base); bei Verwendung
von Ammoniak ist der Niederschlag im Überschuss des Fällungsmittels
löslich. Kalomel wird durch Eukain geschwärzt. Die Lösung des Eukains
gibt mit Jodjodkalium einen braunen, mit Kaliumbichromat einen gelben,
mit Kaliumpermanganat einen violetten Niederschlag. Letzterer wird
rasch braun.

Anwendung.

Das β-Eukain dient in 2%iger Lösung zu Augentropfen, auch zu
subkutanen Injektionen und Salben. Es ist weniger giftig als das α-Eukain.

Aufbewahrung.

Vorsichtig aufzubewahren.

An Stelle des Hydrochlorids wird auch das in Wasser leichter
lösliche Azetat verwendet; ebenso das Laktat.

Euphthalmin.

Von Interesse ist, dass wenn man im Molekül des β-Eukains den
Wasserstoff am Stickstoff durch CH_3 ersetzt und an Stelle der Benzoylgruppe den Rest der Mandelsäure (Phenylglykolsäure $C_6H_5.CHOH.COOH$)
einführt, man einen Körper erhält, der nicht mehr anästhetisch,
sondern wie das Atropin pupillenerweiternd wirkt. Dieser Körper
Phenylglykolyl-N-methyl-β-vinyldiazetonalkamin kommt als Hydrochlorid
unter dem Namen Euphthalmin in den Handel. Es ist ein farbloses,

wasserlösliches, kristallinisches Pulver von der Zusammensetzung $C_{17}H_{25}NO_3HCl$ und dem Smp. 183°.

Es war dann des weiteren noch zu versuchen, ob man nicht gleichfalls zu Anästheticis gelangen konnte, wenn man von der zweiten Hälfte des Ekgoninmoleküls, dem Pyrrolring, ausging. Allein man versuchte es gar nicht mit Pyrrolderivaten, sondern griff zu Benzolderivaten, weil ohnedies unter diesen eine grössere Anzahl von Anästheticis zu finden ist. So werden z. B. Kreosot und Nelkenöl wegen ihrer anästhetischen Eigenschaften, die durch ihre aromatischen Bestandteile bedingt sind, als Zahnschmerzmittel gebraucht und auch die Ester der aromatischen Säuren wirken anästhetisch.

Wollte man unter Verwendung des Benzolkerns zu Verbindungen kommen, die dem Kokain einigermassen analog zusammengesetzt sind, so mussten sie, wie aus dem bereits Erörterten hervorgeht, Stickstoff enthalten, ausserdem $O(C_6H_5CO)$ und $COOCH_3$. Diesen Anforderungen entsprach der Benzoyloxyamidobenzoesäuremethylester $C_6H_3{\Large<}\begin{smallmatrix}NH_2\\O(C_6H_5CO)\\COOCH_3\end{smallmatrix}$ der, ein Beweis für die Theorie, anästhetische Wirkung besitzt. Weitere Versuche ergaben aber bald, dass die Benzoylgruppe überflüssig ist, da bereits ein Benzolring im Molekül vorhanden ist, ja dass die benzoylfreien Körper eine stärkere Wirkung entfalten, als die benzoylierten. Auch die phenolische Hydroxylgruppe erwies sich für die anästhetische Wirkung nicht unbedingt erforderlich. Die mit ihr versehenen Körper haben aber immerhin antiseptische Wirkung, eine Eigenschaft, die sich neben der anästhetischen, die sie gleichfalls besitzen, verwerten lässt. Diese Versuche, deren chemischer Teil von 1897 ab durch EINHORN und seine Schüler, deren pharmakologischer Teil von HEINZ ausgeführt wurde, führten somit zu der allgemeinen Regel: „Die Ester aromatischer Amido- und Oxyamidosäuren besitzen lokalanästhetische Wirkung."

Der erste Körper, der von diesen aromatischen Estern zur Anwendung kam, war das Orthoform oder p-Amido-m-oxybenzoesäuremethylester (Smp. 120°—121°). Orthoform, ein wirksames Anästhetikum, ist wasserunlöslich und lässt sich deshalb nicht allgemein an Stelle des Kokains zur Anwendung bringen. Sein Hydrochlorid ist zwar löslich, die Lösung reagiert jedoch sauer und kann weder zu subkutanen Injektionen, noch zu Augentropfen verwendet werden. Dieselben Eigenschaften zeigt auch das

Orthoform-neu, das sich, von der Zusammensetzung abgesehen, im wesentlichen nur durch seinen billigeren Preis vor dem Orthoform aus-zeichnet.

Orthoform-neu.

$$H_2N-C_6H_3\left(\begin{array}{l}OH\\ NH_2\\ COOCH_3\end{array}\right) = C_8H_9O_3N$$

Orthoformium novum. m-Amido-p-oxybenzoesäuremethylester.

Darstellung.   Die Darstellung des Orthoform-neu ist aus folgenden Formelbildern ersichtlich:

p-Oxybenzoe-säure → m-Nitro-p-Oxybenzoe-säure → m-Nitro-p-Oxy-benzoesäure-methylester → m-Amido-p-Oxy-benzoesäure-methylester

Das Ausgangsprodukt, die p-Oxybenzoesäure, ein Isomeres der Salizylsäure wird gewonnen, indem man entweder Kohlensäure über Phenolkalium leitet, das auf 200—220° erhitzt wird, oder indem man Kaliumsalizylat auf 210° erhitzt. Aus der p-Oxybenzoesäure erhält man durch Erwärmen mit verdünnter Salpetersäure (oder Natriumnitrit und Schwefelsäure) die Nitroverbindung. Erwärmt man letztere mit kon-zentrierter Schwefelsäure und Methylalkohol auf dem Wasserbade, so tritt die Esterbildung ein. Der Ester wird durch Zinnchlorür und alkoholische Salzsäure reduziert: aus dem Nitroester wird der Amido-ester. Der Weingeist wird dann abgedunstet, der Rückstand in Wasser aufgelöst, das Zinn mit Schwefelwasserstoff ausgefällt und aus dem Filtrat durch Natriumbikarbonat das Orthoform ausgeschieden[1]).

Eigenschaften.   Das Orthoform-neu ist dimorph. Aus Chloroform kristallisiert es manchmal in weissen Kristallen vom Smp. 110°—111°, meist aber eben-so wie aus anderen Lösungsmitteln in glänzenden Nadeln vom Smp. 142°, den auch das in den Handel gebrachte pulverförmige Präparat

---

[1]) Statt des geschilderten Verfahrens kann man auch in anderer Weise vorgehen. 1. Man kann schon die p-Oxybenzoesäure verestern oder aber erst die Amidosäure. 2. Man erhält den Amidoester, wenn man die Kuppelungs-produkte von p-Oxybenzoesäureester und Diazoverbindungen reduziert.

besitzt. Wird das bei 110° schmelzende Orthoform geschmolzen, so geht es in den Körper vom Smp. 142° über.

Orthoform-neu ist schwer löslich in Wasser, leichter löslich in Weingeist und dergl., auch in Benzol, Eisessig und Natronlauge.

Die wässerige Lösung des Orthoform-neu färbt sich mit Eisenchlorid grün und gibt einen schmutziggrünen Niederschlag; die weingeistige Lösung färbt sich mit wenig Eisenchlorid rot oder rotviolett, mit mehr braun.

Die Lösung des Orthoform-neu in Eisessig gibt mit Bleisuperoxyd sofort eine schöne grüne Färbung. Verreibt man Orthoform-neu mit konzentrierter Schwefelsäure und fügt einen Tropfen Salpetersäure hinzu, so färbt sich die Flüssigkeit rot- oder blauviolett; verdünnt man mit Wasser und macht mit Natronlauge alkalisch, so tritt Rotfärbung ein.

Wenn man Orthoform-neu zu erhitztem Dénigèsschem Reagens gibt, so erfolgt erst eine braunrote Färbung, später Abscheidung eines kristallinischen Niederschlags. Erwärmt man Orthoform-neu mit Kalomel und Wasser, so färbt sich die Flüssigkeit braun.

Orthoform-neu verbindet sich mit Säuren zu Salzen, so mit Salzsäure zu dem in Wasser mit saurer Reaktion löslichen, bei 225° unter Zersetzung schmelzenden Hydrochlorid. Von anderen Verbindungen des Orthoform-neu seien die mit Sublimat, Antipyrin und Pyramidon genannt.

Gegen Verwechslung mit dem alten Orthoform schützt Bestimmung Prüfung. des Schmelzpunktes und das Verhalten gegen konzentrierte Salpetersäure, mit der Orthoform eine dunkelgrüne, Orthoform-neu eine rote Lösung gibt.

„Die 2%ige Lösung des Orthoform-neu in Alkohol soll klar, farblos und neutral sein, ebenso die Lösung in Äther. Schüttelt man 1,0 g Orthoform-neu mit 10 ccm Wasser, so soll das Filtrat nach dem Ansäuern mit Salpetersäure durch Silbernitratlösung nicht verändert werden. 1,0 g Orthoform-neu in überschüssiger 7%iger Salzsäure gelöst und nach Gutzeit auf Arsen geprüft, soll sich nach zweistündiger Versuchsdauer frei von diesem Element erweisen. Löst man 5,0 g Orthoform-neu mit Hilfe von Salzsäure in 50 ccm Wasser und leitet Schwefelwasserstoff in die Lösung, so dürfen sich wägbare Mengen Schwefelzinn nicht abscheiden" (Höchst) [1].

Orthoform und Orthoform-neu können, da sie in Wasser sehr Anwendung. schwer löslich sind, nur als Streupulver bei Verletzungen, Brandwunden

---

[1] Aus dem „Prüfungsverfahren für die pharmazeutischen Produkte" der Farbwerke vorm. Meister Lucius & Brüning, Höchst a. M.

und dergl. angewendet werden. Sie gehen dann in geringer Menge allmählich in Lösung, so dass die Wirkung, die stärker ist als die des Kokains, eine lang andauernde ist.

Die Hydrochloride sind wegen der saueren Reaktion ihrer Lösung weder zu ophthalmologischen Zwecken noch zu subkutanen Injektionen verwendbar.

$$\textbf{Anästhesin.}\quad \underset{NH_2}{\overset{COOC_2H_5}{\bigcirc}} = C_6H_4\!\!\underset{NH_2}{\overset{COOC_2H_5}{\diagdown}} = C_9H_{11}O_2N$$

Anästhesinum. p-Amidobenzoesäureäthylester.

Allgemeines. Zuerst dargestellt von LIMPRICHT 1898, empfohlen 1902 durch v. NOORDEN u. A. Das Anästhesin, der Äthylester der p-Amidobenzoe-säure $C_6H_4\!\!\underset{NH_2\ (4)}{\overset{COOH\,(1)}{\diagdown}}$ ist der einfachste Körper dieser Gruppe. Seine

Darstellung. Darstellung ist der der Orthoforme analog. Man kann z. B. die p-Nitro-benzoesäure, die man durch Oxydation des p-Nitrotoluols mit Salpeter-säure oder anderen kräftigen Oxydationsmitteln erhält, durch Erwärmen mit Schwefelsäure und Weingeist äthylieren und den dadurch ent-standenen p-Nitrobenzoesäureäthylester mit Zinn und Salzsäure zu der Amidoverbindung reduzieren. Die Darstellung nimmt den folgenden Weg:

$$C_6H_5 . CH_3 \rightarrow C_6H_4\!\!\underset{NO_2\,(4)}{\overset{CH_3\,(1)}{\diagdown}} \rightarrow C_6H_4\!\!\underset{NO_2\quad(4)}{\overset{COOH\,(1)}{\diagdown}} \rightarrow C_6H_4\!\!\underset{NO_2\qquad(4)}{\overset{COOC_2H_5\,(1)}{\diagdown}}$$

Toluol   p-Nitrotoluol   p-Nitrobenzoesäure   p-Nitrobenzoesäure-äthylester

$$\rightarrow C_6H_4\!\!\underset{NH_2\qquad(4)}{\overset{COOC_2H_5\,(1)}{\diagdown}}$$

p-Amidobenzoesäureäthylester

Denselben Körper erhält man natürlich auch, wenn man die Nitro-benzoesäure reduziert und die Amidosäure verestert.

Eigenschaften. Anästhesin (Smp. 90—91°) ist schwer in Wasser, leicht in Wein-geist und Eisessig löslich; auch in fetten Ölen löst es sich; dagegen ist es in Natronlauge unlöslich (Unterschied gegen Orthoform). Anästhesin gibt weder in wässeriger noch in weingeistiger Lösung eine Färbung mit Eisenchlorid; DÉNIGÈS Reagens ist ohne Einwirkung.

Zerreibt man Anästhesin mit konzentrierter Schwefelsäure, so tritt auf Zusatz von Salpetersäure eine gelbgrüne Färbung auf, die, wenn man mit Wasser verdünnt und mit Natronlauge übersättigt, in Rot übergeht.

Seine Lösung in Eisessig gibt mit Bleisuperoxyd Rotfärbung.

Die Prüfung des Anästhesins wird in derselben Weise vorgenommen, Prüfung. wie die des Orthoform-neu.

Anästhesin ist ungiftig und kann in Gaben von 0,3—0,5 g zwei Anwendung. bis dreimal täglich innerlich gegeben werden. Das Kokain kann es nur in den Fällen ersetzen, in denen seine Unlöslichkeit in Wasser nicht hinderlich ist. Sein Hydrochlorid ist zwar wasserlöslich, jedoch reagiert die Lösung sauer.

Eine nach den Literaturangaben zu subkutanen Injektionen ver-wendbares Anästhesinsalz ist das p-phenolsulfosaure Anästhesin

$$C_6H_4\!\!<\!\!\begin{array}{l}COOC_2H_5\\NH_2\end{array}\ .\ SO_3HC_6H_4OH\ (Smp.\ 195,6^0),$$

„Subkutin", das in rund 100 Teilen kaltem Wasser löslich ist und dessen Subkutin. Lösungen sich sterilisieren lassen, ohne Zersetzung zu erleiden.

Dem Bestreben, ein künstliches Anästhetikum zu finden, das, den Orthoformen chemisch nahestehend, Salze liefern sollte, die in Wasser mit neutraler Reaktion löslich und demgemäss zu subkutanen Injektionen und dergl. verwendbar sind, ist das Nirvanin entsprungen.

$$\textbf{Nirvanin.}\quad C_6H_3\!\!<\!\!\begin{array}{ll}NHCOCH_2\ .\ N(C_2H_5)_2 & (5)\\OH & (2)\\COOCH_3 & (1)\end{array}$$

Diäthylglykokoll-p-Amidosalizylsäuremethylester.

Das salzsaure Nirvanin, feine weisse Nadeln, die bei 185^0 unter Zersetzung schmelzen, entspricht den oben erwähnten Anforderungen. Allgemeine Anwendung hat es sich nicht verschaffen können. Es ist zwar weniger giftig als Kokain, wirkt aber nicht wie das Kokain durch die unversehrten Schleimhäute hindurch in die Tiefe und reizt die Augen.

Auch zwei andere neuere Anästhetika, das Holokain und das Akoin haben sich nicht an Stelle des Kokains setzen können.

$$\textbf{Holokain.}\quad CH_3C\!\!<\!\!\begin{array}{l}N\ .\ C_6H_4OC_2H_5\\NH\ .\ C_6H_4OC_2H_5\ .\ HCl\end{array}$$

p-Diäthoxyäthenyldiphenylaminhydrochlorid.

Holokain (Smp. der freien Base 121^0, des Hydrochlorids 189^0) ist als Kondensationsprodukt von p-Phenetidin und Phenazetin sehr giftig und eignet sich deshalb nicht zu subkutanen Injektionen.

$$\textbf{Akoin.} \qquad C{\Large\Longleftarrow}\begin{array}{l} NH.C_6H_4OCH_3 \\ N.C_6H_4OC_2H_5 \\ NH.C_6H_4OCH_3.HCl \end{array}$$

Di-p-anisylmonophenetylguanidinhydrochlorid.

Konzentrierte Lösungen des Akoins (Smp. 176⁰) wirken ätzend. Man soll sie so darstellen, dass man das Akoin in die erforderliche Menge kalten destillierten Wassers schüttet und dann kurze Zeit bei gewöhnlicher Temperatur schüttelt. Wenn durch das Alkali des Glases die in Wasser schwer lösliche Base frei wird, so kann die Lösung opalisieren.

Stovain.   Unter den neuesten Kokainersatzmitteln sind zu nennen: Stovain (Smp. 175⁰).

$$\begin{array}{l} CH_3 \\ | \\ C-O(C_6H_5CO) \\ \diagup\diagdown \\ C_2H_5CH_2-N-(CH_3)_2HCl \end{array} \qquad = \text{Benzoyldimethylamidoäthyldimethylkarbinol-hydrochlorid.}$$

Die zugrunde liegende Base ist der Benzoesäureester des tertiären Amylalkohols (s. S. 26) oder Amylenhydrats, in dem an Stelle des Wasserstoffs einer Methylgruppe die Dimethylamidogruppe $N(CH_3)_2$ eingetreten ist. Die offizielle Bezeichnung ist: Äthyldimethylamidopropanolbenzoesäureesterhydrochlorid.

Alypin.   Alypin (Smp. 169⁰) = Benzoyltetramethyldiamidoäthylidimethyl-karbinolhydrochlorid.

$$\begin{array}{l} CH_2 - N(CH_3)_2 \\ | \\ C - O(C_6H_5CO) \\ \diagup\diagdown \\ C_2H_5CH_2 - N(CH_3)_2 . HCl \end{array}$$

Alle diese Körper haben das Kokain, zu dessen Ersatz sie bestimmt waren, nicht zu verdrängen vermocht. Im einzelnen haben sie zwar einige Vorzüge vor dem Kokain, immer aber den einen oder den anderen Nachteil, der ihre allgemeine Anwendung verhindert. Das Kokainersatzmittel ist also immer noch aufzufinden. Man wird es vielleicht herstellen können, wenn man seine Konstitution mehr als es bisher geschah, der des Kokains wieder näher bringt.

II. Antiseptika.

Unter den Antisepticis, d. h. den Substanzen, welche die Entwickelung von Mikroorganismen verhindern oder sie töten, finden wir Körper aus den allerverschiedensten Gebieten der Chemie. Von den rein anorganischen sei indes hier nicht die Rede. Unter den organischen ist vor allem zwischen jodfreien und jodhaltigen zu unterscheiden. Letztere sind ohne Ausnahme als Ersatzmittel des Jodoforms gedacht und sind zum grossen Teil Benzolderivate. Auch die jodfreien rekrutieren sich zumeist aus dem Gebiete der aromatischen Körper, die, soweit sie löslich sind oder in lösliche Form gebracht werden können, vielfach stark antiseptische Wirkungen entfalten.

Im Gegensatz hierzu finden wir unter den Körpern der aliphatischen Reihe nur wenige, die antibakterielle Kraft besitzen und auch in Wirklichkeit als Antiseptika Verwendung finden.

Von solchen sind zu nennen:

1. Alkohole, wie Äthylalkohol und Glyzerin, deren antibakterielle Wirkung eine Folge ihrer physikalischen (wasserentziehenden) Wirkung ist.

2. Säuren, z. B. Essigsäure. Ihre antiseptischen Eigenschaften hängen mit ihrem Charakter als Säuren zusammen, da Bakterien in sauren Nährböden schlecht gedeihen.

3. Aldehyde; darunter als das stärkste und vielseitigste Desinfiziens unter den aliphatischen Körpern: der Formaldehyd. Auch andere Aldehyde z. B. Azetaldehyd und Akrolein wirken in ähnlicher Weise.

A. Jodfreie Antiseptika.

a) Aliphatische.

Formaldehyd. $HCHO = CH_2O$

Formaldehydum. Oxymethylen. Methylaldehyd. Ameisensäurealdehyd.

Allgemeines.   Auch Formaldehyd gehört zu den Substanzen, die obgleich sie schon lange bekannt sind, doch erst in neuester Zeit eine grössere Bedeutung in der Medizin und damit in der Pharmazie erlangt haben. Seine Entdeckung gelang A. W. Hofmann im Jahre 1868; die technische Darstellung in grösserem Massstab erfolgte zuerst (1890) in der Fabrik Mercklin und Lösekann in Hannover. Die Entdeckung der antibakteriellen Eigenschaften des Formaldehyds ist Löw zuzuschreiben.

Formaldehyd, der in sehr kleinen Mengen in der Luft vorkommen soll, entsteht

1. durch Oxydation von Methylalkohol

$$HCH_2OH + O = HCHO + H_2O$$

Methylalkohol   Formaldehyd.

2. Aus Methylal und Schwefelsäure (Methylal oder Methylendimethyläther bildet sich wenn Methylalkohol durch Braunstein und Schwefelsäure oxydiert wird).

$$CH_2(OCH_3)_2 + 2\,H_2SO_4 = 2\,HCHO + 2\,CH_3HSO_4$$

Methylal   Formaldehyd Methylschwefelsäure.

3. Durch trockene Destillation von ameisensaurem Kalzium

$$(HCOO)_2Ca = CaCO_3 + HCHO$$

Kalziumformiat   Formaldehyd.

4. Wenn Mischungen von Kohlenoxyd und Wasserstoff mit oder ohne Wasserdampf, ferner von Kohlenoxyd und Wasserdampf oder Kohlensäure und Wasserstoff über erhitzten Platindraht geleitet werden.

Darstellung.   Die Darstellung des Formaldehyds hatte schon Hofmann so vorgenommen, dass er ein Gemenge von Luft und Methylalkohol über eine glühende Platinspirale leitete, und auf der Oxydation des Methylalkohols beruhen auch heute noch die wichtigsten Verfahren, nur dass man die Oxydation statt durch Platin durch andere Kontaktsubstanzen, wie Ziegelmehl, Koks und dgl. vermitteln lässt. So in dem Verfahren von Trillat: Die Methylalkoholdämpfe, welche dem in einem Kupferkessel siedenden Methylalkohol entstammen, werden durch eine Brause fein verteilt, dann mit Luft gemischt und schliesslich über ein Rohr geleitet, das in einer Ausbuchtung die glühende Kontaktmasse enthält.

Eine bessere Ausbeute (Verfahren von Klar und Schulze) wird erzielt, wenn man nach dem Gegenstromprinzip die Luft mit dem

Methylalkohol sättigt, die anzuwendende Luft aber erst mit Stickstoff verdünnt, der bei dem Verfahren selbst gewonnen wird, da ja der Sauerstoff der Luft zur Oxydation des Methylalkohols verbraucht wird. Durch dieses Verfahren wird eine gleichmässigere Mischung von Luft und Methylalkohol erzielt, und besonders wird die Gefahr vermieden, dass der Methylalkohol durch allzu heftige Oxydation sich entzündet.

Nach einem vor einigen Jahren erteilten Patente soll man zur Darstellung des Formaldehyds auch vom Methan ausgehen können. Danach soll sich Formaldehyd neben Methylalkohol bilden, wenn man eine Mischung gleicher Raumteile Methan und Luft durch eine auf 600^0 erhitzte Kupferoxyd enthaltende Röhre leitet.

In allen geschilderten Fällen lässt man das gasförmige Reaktions- produkt von Wasser absorbieren, das dann neben Formaldehyd noch den Methylalkohol enthält, welcher der Oxydation entging und der übrigens auf die Haltbarkeit der Formaldehydlösung von günstigem Einfluss ist.

Formaldehyd ist ein Gas. Man kann ihn jedoch in fester Form als Eigenschaften. weisse Kristallmasse erhalten, wenn man ihn durch flüssige Luft abkühlt. Bei -92^0 schmelzen diese Kristalle zu einer Flüssigkeit, welche in jedem Verhältnis mit Äther gemischt werden kann und bei -21^0 siedet. Wasser kann bis $52\,^0/_0$ gasförmigen Formaldehyd aufnehmen. Derartige konzen- trierte Lösungen[1]) sind jedoch nicht unverändert haltbar, weil der Form- aldehyd unter diesen Umständen polymerisiert wird. Sie enthalten nach neueren Anschauungen vor Eintritt der Polymerisation nicht Formaldehyd, sondern dessen Hydrat $HCH{<}^{OH}_{OH}$ (Methylenglykol). In gut aufbe- wahrten verdünnten wässerigen Lösungen tritt eine Polymerisation des Formaldehyds nicht ein; sie enthalten den Körper HCHO. Sucht man die Lösung durch Eindampfen zu konzentrieren, so scheiden sich amorphe weisse Flocken von der Zusammensetzung $(HCHO)\,6{-}8+H_2O$ ab, die nach Formaldehyd riechen und als Paraformaldehyd oder Paraform bezeichnet werden. Wird Paraformaldehyd vorsichtig erwärmt, dann gibt er Wasser ab und geht in den Körper (HCHO), Oxymethylen oder Metaformaldehyd[2]) genannt, über. Offizinell ist

---

[1]) Bemerkenswert ist, dass konzentrierte Lösungen sich beim Verdünnen mit Wasser erwärmen.

[2]) Paraformaldehyd und Metaformaldehyd wurden früher auch schon als Trioxymethylen bezeichnet.

Formaldehydlösung.

Formaldehydum solutum. Formalin. Formal.

Eigenschaften.   Die etwa 35%ige Lösung soll neutral oder nur sehr schwach sauer reagieren. Eine sauere Reaktion würde auf die durch Oxydation des Formaldehyds entstehende Ameisensäure hinweisen. Der zulässige Maximalgehalt an Säure ist durch die Vorschrift festgelegt, dass 1 ccm Formaldehydlösung nach Zusatz eines Tropfens Normal-Kalilauge nicht sauer reagieren darf.

Als Identitätsreaktionen gibt das D. A. B. folgende an:

1. 5 ccm Formaldehydlösung hinterlassen beim Eindampfen im Wasserbade eine weisse, amorphe, in Wasser unlösliche Masse, welche bei Luftzutritt erhitzt, ohne wägbaren Rückstand verbrennt.

2. Wird Formaldehydlösung zuvor mit Ammoniakflüssigkeit alkalisch gemacht und hierauf im Wasserbade verdunstet, so verbleibt ein weisser, kristallinischer, in Wasser sehr leicht löslicher Rückstand.

3. Aus Silbernitratlösung scheidet Formaldehydlösung nach Zusatz von Ammoniakflüssigkeit allmählich metallisches Silber ab.

4. Alkalische Kupfertartratlösung wird beim Erhitzen mit Formaldehydlösung unter Abscheidung eines roten Niederschlages entfärbt.

Die erste Reaktion beruht auf der bereits erörterten Polymerisierung des Formaldehyds, die zweite darauf, dass Formaldehyd sich mit Ammoniak zu Hexamethylentetramin verbindet.

$$6HCHO + 4\,NH_3 = (CH_2)_6N_4 + 6H_2O$$
$$\text{Formaldehyd} \qquad \text{Hexamethylen-}$$
$$\text{tetramin.}$$

3. und 4. sind als Reduktionsreaktionen allgemeine Aldehydreaktionen, die aber ausser mit den Aldehyden auch noch mit anderen Körpern eintreten. Ausser diesen Reduktionsreaktionen gibt Formaldehyd auch noch die andern für die Aldehyde charakteristischen Reaktionen: er verbindet sich mit saurem schwefligsaurem Natrium, Hydroxylamin u. dgl. m. Daneben gibt es aber noch mehrere für Formaldehyd speziell charakteristische Reaktionen [1]).

1. Formaldehydhaltige Flüssigkeiten geben, wenn sie mit Natronlauge und Resorzin erwärmt werden, eine Rotfärbung (LEBBIN).

---

[1]) Dieser Reaktionen, besonders der sehr empfindlichen 1 und 3, bedient man sich, wenn es gilt, Formaldehyd in Nahrungsmitteln, z. B. Milch nachzuweisen. Man destilliert, am besten unter Zusatz einiger Tropfen Schwefelsäure, um etwa entstandene Formaldehyd-Eiweissverbindungen zu zersetzen, und nimmt mit dem Destillat die Reaktionen vor.

2. Mit Anilinlösung tritt ein weisser Niederschlag oder Trübung ein.

3. Wird eine mit Formaldehyd gemischte verdünnte Phenollösung auf konzentrierte Schwefelsäure geschichtet, so bildet sich eine karmoisinrote Zone (HEHNER).

4. Formaldehyd gibt mit Pyrogallol und starker Salzsäure in der Kälte oder bei ganz gelindem Erwärmen eine Rotfärbung.

5. Mit Morphin und konzentrierter Schwefelsäure tritt violette Färbung ein.

Diese Reaktionen zeigen bereits, dass Formaldehyd ein sehr reaktionsfähiger Körper ist. Von seinem sonstigen chemischen Verhalten sei folgendes erwähnt:

Oxydationsmittel führen Formaldehyd entweder in Ameisensäure, oder, wenn diese sofort weiter oxydiert wird, in Kohlendioxyd und Wasser über.

$$\text{I.} \quad HCHO + O = HCOOH$$
Formaldehyd   Ameisensäure.

$$\text{II.} \quad HCOOH + O = H_2O + CO_2$$
Ameisensäure.

Erwärmt man Formaldehyd mit Natronlauge, so entstehen Ameisensäure und Methylalkohol.

$$2\,HCHO + H_2O = HCOOH + CH_3OH$$
Formaldehyd   Ameisensäure   Methylalkohol.

Mit Kalkwasser geht Formaldehyd in Formose, ein Gemenge von Zuckern der Formel $C_6H_{12}O_6$ über. Man hat daraus geschlossen, dass auch in der Pflanze eine ähnliche Reaktion vor sich gehe und dass somit der Aufbau der Kohlenhydrate über Formaldehyd erfolgt (BAEYER).

Die quantitative Bestimmung des Formaldehyds erfolgt nach dem D. A. B. auf Grund der bereits angeführten Reaktion zwischen Formaldehyd und Ammoniak: „Trägt man 5 ccm Formaldehydlösung in ein Gemisch von 20 ccm Wasser und 10 ccm Ammoniakflüssigkeit ein und lässt diese Flüssigkeit in einem verschlossenen Gefäss eine Stunde lang stehen, so sollen, nach Zusatz von 20 ccm Normal-Salzsäure und wenigen Tropfen Rosolsäurelösung, bis zum Eintritt der Rosafärbung wenigstens 4 ccm Normal-Kalilauge erforderlich sein." Zu dieser Bestimmung ist folgendes zu bemerken: Rosolsäure wird als Indikator genommen, weil das aus Formaldehyd und Ammoniak sich bildende Hexamethylentetramin, obgleich eine Base, doch auf Rosolsäure ohne Einfluss ist, so dass die Titration gerade so vor sich geht, als ob kein Hexamethylentetramin in der Lösung wäre.

Die Formel

$$6\,HCHO + 4\,NH_3 = (CH_2)N_4 + 6\,H_2O$$
180   68   140   108

muss der Ausrechnung zugrunde gelegt werden.

Nach dem angegebenen Verfahren bestimmt man, wieviel Ammoniak sich nicht mit dem Formaldehyd verbunden hat. Zu diesem Zwecke muss man aber zunächst wissen, wieviel Ammoniak in der zur Bestimmung angewandten Ammoniakflüssigkeit enthalten war und man hat zuerst eine Ammoniaktitration vorzunehmen. Angenommen aber, die Ammoniakflüssigkeit hätte gerade die vom D. A. B. verlangte Stärke gehabt, wäre also gerade 10 %ig gewesen, so gestaltet sich die Berechnung so:

Die 10 ccm Ammoniakflüssigkeit (spez. Gew. 0,96) wiegen 9,6 g und enthalten demgemäss 0,96 g NH_3.

Da auf die zuzusetzenden 20 ccm Normal-Salzsäure wenigstens 4 ccm Normal-Kalilauge zum Zurücktitrieren erforderlich sein sollen, so dürfen nicht mehr als 16 ccm Normal-Salzsäure zur Neutralisation des nicht gebundenen Ammoniaks verbraucht worden sein. Diese 16 ccm Normal-Salzsäure entsprechen $16 \times 0,017$ g $NH_3 = 0,272$ g. Zur Bindung des Formaldehyds waren dann verbraucht $0,96 - 0,272 = 0,688$ g NH_3. Da 180 g Formaldehyd mit 68 g Ammoniak in Verbindung treten, so entsprechen den 0,688 g Ammoniak nach der Gleichung

$$180 : 68 = x : 0,688$$

1,82 g Formaldehyd, die somit in 5 ccm Formaldehydlösung enthalten waren. 100 ccm Lösung enthalten dann $20 \times 1,82 = 36,4$ g. Das spez. Gewicht der Lösung ist aber 1,08; 100 ccm wiegen demnach 108 g. Die in 100 g Formaldehydlösung vorhandene Formaldehydlösung ist also $= \dfrac{36,4 \cdot 100}{108} = 33,7$ g.

Die offizinelle Formaldehydlösung soll mindestens 33,7 Gewichtsprozente Formaldehyd enthalten.

Man hat gegen diese von LEGLER herrührende Bestimmungsweise eine Reihe von Einwendungen erhoben, u. a. den, dass Formaldehyd stets einen kleinen Gehalt an freier Säure hat und dass diese als Formaldehyd mit berechnet wird. Dagegen kann man sich immerhin dadurch schützen, dass man den Säuregehalt durch Titration ermittelt und die zur Neutralisation erforderliche Kalilauge bei der Bestimmung in Anrechnung bringt. Den gleichen, übrigens meist unbedeutenden Nachteil besitzt auch eine andere viel benützte Bestimmungsmethode, die von BLANK und FINKENBEINER. Sie beruht darauf, dass Formaldehyd in alkalischer Lösung (man wendet Doppel-Normal-Natronlauge an) mit Wasserstoffsuperoxyd zu Ameisensäure oxydiert wird. Die überschüssige Natronlauge wird mit Doppel-Normal-Schwefelsäure unter Anwendung von Lackmus als Indikator zurücktitriert. Aus der Formel

$$\underset{60}{2\,HCHO} + \underset{80}{2\,NaOH} + H_2O_2 = 2\,HCOONa + H_2 + 2\,H_2O$$

ergibt es sich, dass je 1 ccm verbrauchter Doppel-Normal-Natronlauge 0,06 g Formaldehyd entspricht.

Während das Verfahren von BLANK und FINKENBEINER sich besonders für konzentrierte Lösungen eignet, wird für verdünnte Lösungen eine jodometrische Methode, das ROMIJNsche Verfahren, empfohlen, bei dem Formaldehyd in alkalischer Lösung mit überschüssigem Jod zu Ameisensäure oxydiert wird.

$$HCHO + J_2 + H_2O = HCOOH + 2\,HJ.$$
$$\underset{30}{} \quad \underset{254}{}$$

Das nicht verbrauchte Jod wird mit Thiosulfatlösung zurücktitriert; 1 ccm verbrauchter Normaljodlösung entspricht 0,015 g Formaldehyd.

Die ROMIJN'sche Methode ist sehr genau, wenn keine Verunreinigungen vorhanden sind, welche Jod absorbieren.

Die Verwendbarkeit des Formaldehyds ist eine ungemein vielseitige, Anwendung. so dass allein in Deutschland schon vor einigen Jahren 400 000 Kilogramm jährlich verbraucht wurden. Ungefähr die Hälfte davon wurde zur Herstellung von Anilinfarben benötigt, die andere Hälfte wurde zu mehreren gewerblichen Zwecken und zur Desinfektion verwendet. Die Mengen von Formaldehyd, welche die Apotheken passieren, kommen daneben so gut wie nicht in Betracht.

Von den Verwendungsweisen des Formaldehyds interessiert uns die als Desinfektionsmittel in erster Linie. Sein Vorzug gegenüber anderen derartigen Mitteln beruht hauptsächlich auf seiner Flüchtigkeit, wodurch er befähigt ist, in die Gegenstände, soweit es deren Beschaffenheit erlaubt, einzudringen.

Wenn Formaldehyd in gasförmigem Zustand zugleich mit Wasserdampf von $70-80^0$ auf Bakterien einwirkt, so werden diese und auch die widerstandsfähigsten Sporen vernichtet, ohne dass die zu desinfizierenden Gegenstände, wie Pelz, Leder, Seide u. dgl. bei dieser Temperatur geschädigt werden.

Für die praktische Ausführung der Desinfektion sind viele Apparate konstruiert worden, die vom Methylalkohol, Formaldehydlösung oder dem festen Paraformaldehyd ausgehen.

Soll die Desinfektion in grösseren Räumen (Zimmern und Wohnungen) vorgenommen werden, so müssen diese nach einer amtlichen Vorschrift vollständig dicht abgeschlossen sein. Dann müssen mindestens 5,0 g Formaldehyd auf 1 cbm Luftraum verdunstet, und gleichzeitig muss soviel Wasserdampf entwickelt werden, dass die Luft damit gesättigt ist (auf 100 cbm Luft 3 l Wasser). Nach der Entwickelung des Formaldehyds müssen die Räume mindestens 7 Stunden verschlossen bleiben; bei Anwendung von grösseren Mengen Formaldehyd können sie jedoch nach kürzerer Zeit wieder geöffnet werden.

Ausserdem kann der flüssige Formaldehyd ganz allgemein als Desinfektionsmittel Verwendung finden. Die Medizin macht davon vielfach Gebrauch. Auch das Nahrungsmittelgewerbe sucht seine gärungshemmenden Eigenschaften zu verwerten und BEHRING hat ja sogar den Vorschlag gemacht, die für Säuglinge bestimmte Milch durch Zusatz von Formaldehyd keimfrei (besonders frei von Tuberkelbazillen) zu machen, ein Vorschlag, der aber keine allgemeine Billigung gefunden hat.

Formaldehyd härtet die Haut und wirkt gleichzeitig desodorierend; daher seine Anwendung gegen Schweissfüsse, auf welche die konzentrierte Lösung aufgepinselt werden kann.

Als Desodorans wird Formaldehyd auch im grossen, z. B. zur Geruchlosmachung von Aborten verwertet, da er sich nicht nur mit Ammoniak, sondern auch mit Schwefelwasserstoff verbindet.

Von den gewerblichen Anwendungen des Formaldehyds seien nur einige erwähnt. Seine Eigenschaft, sich mit Gelatine zu verbinden, wird sowohl in der Gerberei (Sohllederfabrikation) als in der Photographie verwertet. In letzterer dient er zur Herstellung von Gelatineplatten und ganz besonders von Films, die Verbindung von Formaldehyd mit $NaHSO_3$ ausserdem als Entwickler. Die Seidenindustrie verwendet Formaldehyd zum Bleichen von Seide und zusammen mit Eiweiss oder Gelatine zu ihrer Beschwerung.

Ein sehr grosses Wirkungsgebiet hat sich der Formaldehyd auch in der chemischen Technik erobert. So hat man ihn auf anorganischem Gebiete zur Darstellung von rauchender Salpetersäure und Stickstoffdioxyd vorgeschlagen; auf organischem Gebiete wird er für theoretische Arbeiten vielfach herangezogen, seine grosse Reaktionsfähigkeit wird aber ganz besonders zur Herstellung künstlicher Farbstoffe ausgenützt.

Die Art und Weise der Formaldehydreaktionen soll hier nur an wenigen Beispielen gezeigt werden. Mit Körpern, welche mehrere OH-Gruppen enthalten, reagiert Formaldehyd so, dass sein O-Atom sich mit den H-Atomen der OH-Gruppen verbindet, z. B.

$$
\begin{array}{ccc}
\mathrm{CH_2O\!\cdot\!H} & \quad \mathrm{H} & \mathrm{CH_2O} \\
| & \quad \mathrm{C} & \diagdown \\
\mathrm{CHO\ \ H} + & = & \mathrm{CHO}\diagup\!\!\!\diagup \mathrm{CH_2} \\
| & \quad \mathrm{H} & | \\
\mathrm{CH_2OH} & \quad \mathrm{O} & \mathrm{CH_2OH}
\end{array}
$$

Glyzerin   Form-
aldehyd

---

[1]) Von derartigen Reaktionen geht auch PICTET aus, um zu erklären, dass die Pflanzenalkaloide so oft die Gruppen OCH_3, NCH_3 oder auch die Methylengruppe besitzen. Der chemische Vorgang verläuft danach in der Pflanze folgendermassen, wenn R den Rest des Moleküls bedeutet:

$$R - OH + CH_2O = R - OCH_3 + O$$
$$R - NH + CH_2O = R - NCH_3 + O$$
$$R\!\!\diagup^{\mathrm{OH}}_{\diagdown\mathrm{OH}} + CH_2O = R\!\!\diagup^{\mathrm{O}}_{\diagdown\mathrm{O}}\!\!\diagdown^{}_{\diagup}CH_2 + H_2O.$$

Aus Phenolen und Formaldehyd können sich aromatische Oxyalkohole bilden, z. B. Saligenin (Salizylalkohol)

$$C_6H_5OH + HCHO = C_6H_4 \begin{cases} OH \\ CH_2OH \end{cases}$$

Phenol Formaldehyd   Saligenin

Mit Anilin entsteht Anhydroformaldehydanilin oder bei anderen Reaktions-bedingungen das zur Herstellung von Farbstoffen wichtige Diamidodiphenyl-methan.

$$C_6H_5NH_2 + HCHO = C_6H_5 - N = CH_2 + H_2O$$

Anilin   Form-   Anhydroformaldehyd-
aldehyd   anilin

$$\begin{matrix} C_6H_5NH_2 \\ + HCHO = CH_2 \begin{cases} C_6H_4NH_2 \\ C_6H_4NH_2 \end{cases} + H_2O \\ C_6H_5NH_2 \text{ Formaldehyd} \end{matrix}$$

Anilin   Diamidodiphenylmethan

In der pharmazeutisch-chemischen Industrie werden ebenfalls viele Formaldehydderivate hergestellt. In diese Kategorie gehören Präparate wie Hexamethylentetramin und seine Verbindungen, Tannoform, Forman, Citarin u. a. mehr, auch wenn zu ihrer Herstellung (und das gilt für einige unter ihnen) nicht Formaldehyd selbst, sondern die an seiner Stelle vielfach verwendeten Additionsprodukte von Formaldehyd und

Salzsäure der Chlormethylalkohol $CH_2 \begin{cases} OH \\ Cl \end{cases}$ und der Oxychlormethyläther

$O \begin{cases} CH_2Cl \\ CH_2OH \end{cases}$ benützt wurde.

Ebenso vielseitig sind die Anwendungen, welche Formaldehyd in der analytischen Chemie gefunden hat. In der anorganisch-chemischen Analyse kann er ausser zur quantitativen Bestimmung einiger Schwer-metalle wie Silber und Gold u. a. zum Nachweis der Chlorsäure dienen, die durch ihn zu Chlorwasserstoff reduziert wird. Während die Lösungen der chlorsauren Salze mit Silbernitrat keinen Niederschlag geben, erhält man einen solchen (Chlorsilber), wenn man die mit Sal-petersäure und Silbernitrat versetzte Lösung mit Formaldehyd erwärmt.

Von organischen Körpern können besonders Anilin und Phenole mit Formaldehyd nachgewiesen werden (Umkehrung der S. 58 und 59 auf-geführten Reaktionen). Wenn man Phenole (oder phenolische OH-Gruppen enthaltende Körper) mit starker Salzsäure und Formaldehyd erwärmt, so erhält man Niederschläge, die fast immer besondere Färbungen auf-weisen. Häufig sind sie rot gefärbt. Manchmal treten die Färbungen schon in der Kälte oder bei ganz gelindem Erwärmen auf, so beim

Pyrogallol, das sich dadurch von der ihm nahestehenden Gallussäure unterscheiden lässt, bei der man längere Zeit erhitzen muss, wenn die Rotfärbung eintreten soll.

In die Reihe der Phenolreaktionen gehören wohl auch die Färbungen, welche durch Formaldehyd + konzentrierte Schwefelsäure bei dem eine phenolische OH-Gruppe besitzenden Morphin und seinen Derivaten eintreten.

In der physiologischen Chemie endlich wird Formaldehyd in dem SPIEGLER-POLACCIschen Reagens (1,0 Weinsäure 5,0 Sublimat, 10,0 Kochsalz, 100 ccm Wasser, 5 ccm Formalin) als äusserst empfindliches Eiweissreagens verwendet.

Von unangenehmen Eigenschaften des Formaldehyds machen sich in der Praxis seine Einwirkung auf die Haut (Härtung) und die Schleimhäute (Reizung, besonders der Augen) bemerkbar.

Bei Formaldehydvergiftungen gebe man mit Wasser verdünnten Liquor Ammonii anisatus oder Liquor Ammonii acetici ein.

Rezeptur.   Formaldehyd soll wegen seiner grossen Reagierfähigkeit möglichst nicht mit organischen Substanzen, Alkalien oder reduzierbaren Körpern zusammen verwendet werden.

Ausscheidung.   Im Organismus wird Formaldehyd teilweise zu Ameisensäure oxydiert, die mit dem Harn zur Ausscheidung kommt.

Aufbewahrung.   Vorsichtig und vor Licht geschützt aufzubewahren.

Die spezifischen Gewichte reiner wässeriger Formaldehydlösungen.

Nach F. AUERBACH und H. BARSCHALL.

(Die Zahlen beziehen sich auf Wasser von 4^0 und sind bei 18^0 C $[\pm\ 0,05^0]$ ermittelt.)

g CH_2O in 100 ccm Lösung	g CH_2O in 100 g Lösung	Spez. Gewicht
2,24	2,23	1,0054
4,66	4,60	1,0126
11,08	10,74	1,0311
14,15	13,59	1,0410
19,89	18,82	1,0568
25,44	23,73	1,0719
30,17	27,80	1,0853
37,72	34,11	1,1057
41,87	37,53	1,1158

Es ist eine ganz allgemeine Erscheinung, dass einem neuen Arzneimittel, das sich bewährt hat, sofort andere mit ihm chemisch eng zu-
sammenhängende Körper entgegengestellt werden, denen man eine
noch bessere Wirkung nachsagt. Beim Formaldehyd wurden derartige
Bestrebungen durch seine grosse Reaktionsfähigkeit erleichtert; hervorgerufen wurden sie u. a. durch den Umstand, dass die wässerige
Formaldehydlösung nicht in allen Fällen zu gebrauchen ist, wo man
gerne den Formaldehyd als Antiseptikum benützt hätte, z. B. nicht als
Darmantiseptikum, einmal wegen seiner den Magen schädigenden Wirkung,
dann aber, weil möglicherweise Formaldehyd völlig gebunden werden
konnte, ehe er in den Darm gelangt. Selbstverständlich kann Formalin
auch nicht auf Wunden als Trockenantiseptikum verwendet werden.
Man war deshalb bestrebt, den Formaldehyd in Verbindungen zu bringen,
welche solche Anwendungen gestatteten. Brauchbar hierfür erwiesen
sich besonders solche wasserunlösliche Verbindungen, die auf Wunden
gebracht, allmählich wieder Formaldehyd abspalteten. Derartige Verbindungen sind z. B. das Amyloform, das durch Einwirkung von Form- Amyloform.
aldehyd auf Stärke entsteht und das Glutol, der in Gelatinelösung durch Glutol.
Formaldehyd sich bildende Niederschlag. Auch Formaldehydkasein Formaldehyd-
kann als Trockenantiseptikum verwendet werden. In ähnlicher Weise kasein.
hat man auch die Verbindungen zu verwerten gesucht, welche durch
Kondensation aus Phenolen und Formaldehyd entstehen und diesen
Körpern schliesst sich auch in chemischer Beziehung das Tannoform
an, ein Kondensationsprodukt von Gerbstoff und Formaldehyd, von dem
erst später ausführlich die Rede sein soll. Dagegen soll zunächst ein
anderes Formaldehydderivat mit antiseptischen Eigenschaften besprochen
werden, das Hexamethylentetramin.

Hexamethylentetramin. $(CH_2)_6N_4$[1]) $= C_6H_{12}N_4$

Hexamethylentetraminum. Urotropin. Formin. Hexamethylenamin.

Entdeckt von BUTLEROW 1860; zuerst von BARDET 1894 und NICO- Allgemeines.
LAIER 1895 medizinisch verwendet.

Man gewinnt das Hexamethylentetramin, indem man entweder Darstellung.
Formaldehydgas in konzentrierte Ammoniakflüssigkeit leitet oder indem
man Oxymethylen darin auflöst. Die in beiden Fällen entstandenen

---

[1]) Von einer Wiedergabe der Konstitutionsformel sehe ich ab, da die
jetzt geltende nur räumlich in richtiger Weise zur Anschauung gebracht werden kann.

Lösungen werden unter bisweiligem Zusatz von Ammoniak auf dem Wasserbade eingedampft, und der Rückstand zuletzt aus kochendem absolutem Weingeist umkristallisiert. Die Formel dieses Vorgangs s. S. 58.

Ferner entsteht Hexamethylentetramin, wenn man Methylenchlorid und weingeistigen Ammoniak bei 125° erhitzt.

Eigenschaften.   Das in den Handel gebrachte Hexamethylentetramin ist ein kristallinisches Pulver, das in kleinem Maßstab bei 100° zur Sublimation gebracht werden kann und auf freier Flamme erhitzt, einen aminartigen Geruch entwickelt.

Es ist in Weingeist schwer, in Wasser leicht löslich. 100 Teile Wasser lösen in der Kälte ca. 80 Teile Hexamethylentetramin. Bei der Auflösung wird Wärme frei. Die in der Kälte gesättigte Lösung zeigt das auch bei einigen anderen Körpern zu beobachtende Verhalten, dass sie beim Erwärmen den gelösten Körper ausscheidet. Beim Erkalten löst sich der Niederschlag wieder. Lässt man die Lösung sehr langsam verdunsten, so entstehen hohle, sechsseitige Pyramiden in ähnlicher Weise wie beim Kochsalz.

Die Lösung reagiert alkalisch, aber nicht auf alle Indikatoren z. B. nicht auf Rosolsäure, was man bei der Titration des Formaldehyds benützt, auch nicht auf Phenolphtalein, wohl aber auf Lackmus und Jodeosin. Schon daraus geht hervor, dass Hexamethylentetramin eine wahre Base ist, die sich in mancher Beziehung wie Ammoniak oder wie eines der stärker basischen Alkaloide verhält. So fällt es aus einigen Metallsalzlösungen Metallhydroxyde oder basische Metallsalze z. B. aus Lösungen von Eisenchlorid, Kupfersulfat und Zinksulfat. Andere durch Hexamethylentetramin in Lösungen von Salzen der Schwermetalle erzeugte Niederschläge enthalten es, z. B. der mit Sublimat entstehende weisse Niederschlag. Solche Reaktionen können bereits als Identitätsreaktionen herangezogen werden. Dazu kommen noch eine Anzahl von Niederschlägen, welche mit einigen der sog. allgemeinen Alkaloidreagentien eintreten. Mit Pikrinsäure z. B. entsteht ein gelber, mit Jodjodkalium ein zunächst rotbrauner, dann gelblich oder bräunlich werdender Niederschlag. Weiter kann noch zur Identifizierung des Hexamethylentetramins sein Verhalten gegen MILLONsches Reagens und ganz besonders gegen Bromwasser herangezogen werden. Ersteres gibt in stark salpetersaurer Lösung unter Gasentwickelung allmählich einen weissen Niederschlag, letzteres eine gelbliche, anfangs sich wieder lösende Fällung.

Hexamethylentetramin spaltet, mit starker Salzsäure erhitzt, leicht Formaldehyd ab. Lässt man die sich entwickelnden Dämpfe auf ein mit Resorzin- oder Pyrogallol-Lösung befeuchtetes Papier einwirken, so färbt sich das Papier rot.

Mit Nesslerschem Reagens darf weder eine Reduktion (Paraform- Prüfung. aldehyd) noch braunrote Färbung (Ammoniak) noch Niederschlag eintreten.

Im Organismus wird aus Hexamethylentetramin, soweit es nicht Ausscheidung. unzersetzt passiert, gleichfalls Formaldehyd abgespalten, so dass letz-terer im Harne nachweisbar ist[1]). Es dürfte darauf ein Teil der ihm zugeschriebenen Wirkungen, z. B. die bei Blasenkatarrh zurückzuführen Anwendung. sein. Ausserdem verwendet man Hexamethylentetramin noch als Di-uretikum und bei Gicht, weil es wie noch einige andere basische Körper die Eigenschaft besitzt, Harnsäure (wenigstens im Reagensglase), ver-hältnismässig leicht zu lösen.

Gaben: Ein- bis dreimal täglich 0,5—1,0 g.

Auch zur Konservierung von Nahrungsmitteln sollte es seiner antiseptischen Eigenschaften wegen verwendet werden. So genügt nach Marpmann der Zusatz von 0,01 %/o Hexamethylentetramin zu Milch, um sie für 24 Stunden haltbar zu machen. Doch ist ein solcher Zusatz für die Handelsmilch nicht gestattet und auch fürs Haus nicht anzuraten, da nicht festgestellt ist, ob Hexamethylentetramin nicht auf die Dauer gesundheitsschädlich wirkt.

In der analytischen Chemie dient Hexamethylentetramin mit kon-zentrierter Schwefelsäure zusammen als Reagens auf Morphin und seine Derivate, mit denen es ähnliche Farbenreaktionen gibt, wie Formaldehyd (s. S. 59).

Ähnlich wie sein Stammvater Formaldehyd, wenn auch nicht in eben so grossem Maßstab, besitzt Hexamethylentetramin die Eigen-schaft, sich mit vielen Körpern zu verbinden und zwar nicht allein mit Säuren, wozu es als Base befähigt ist, sondern auch mit indifferenten Substanzen wie Äthylbromid, Chloral, Phenolen u. a. m. Einige von diesen Substanzen werden oder wurden medizinisch verwendet:

Jodoformin $CHJ_3(CH_2)_6N_4$, ein Additionsprodukt von Hexa- Jodoformin. methylentetramin mit Jodoform, ein gelbliches, schwach aber deutlich nach Jodoform riechendes Pulver vom Smp. 178°, das mit Wasser leicht

---

1) Der Nachweis des Formaldehyds etwa mit Hilfe der Resorzinreaktion (s. S. 58) muss in dem möglichst frischen Harn erfolgen, weil später eine Bin-dung des Formaldehyds stattfindet.

5*

wieder in seine Komponenten zerfällt. Es sollte als Jodoformersatzmittel Verwendung finden.

Hetralin. Hetralin $(CH_2)_6N_4 \cdot C_6H_4(OH)_2$, ein Additionsprodukt des Hexamethylentetramins mit Resorzin, mit dessen wässeriger Lösung man die Reaktionen beider Komponenten erhalten kann. Ist in Gaben von 0,5 g (3—4 mal täglich) gegen Blasenentzündungen bestimmt.

Von medizinisch verwendeten Salzen des Hexamethylentetramins **Chinotropin.** seien erwähnt: das Chinotropin (chinasaures Hexamethylentetramin) und das Helmitol oder Neu-Urotropin, das Salz des Hexamethylentetramins mit der Anhydromethylenzitronensäure. Letztere, ebenfalls ein Formaldehydderivat, spaltet im Organismus Formaldehyd ab und kann somit antiseptische Wirkungen ausüben. Sie soll deshalb an dieser Stelle besprochen werden, obgleich sie oder richtiger ihr Natriumsalz, das Citarin, als Mittel gegen Gicht dienen soll.

$$\textbf{Citarin.} \quad \begin{matrix} CH_2COONa \\ | \\ CO \\ | \\ CH_2COONa \end{matrix} \!\! \underset{\diagdown CO \diagup}{\overset{\diagup CH_2 \diagdown}{<}} \!\! O = C_7H_6O_7Na_2$$

Citarinum. Anhydromethylenzitronensaures Natrium.

Darstellung. Die Herstellung der Anhydromethylenzitronensäure erfolgt aus der Zitronensäure mit Hilfe des Chlormethylalkohols (s. S. 63), CH_2ClOH, der als farbloses Öl erhalten wird, wenn man eine konzentrierte Formaldehydlösung mit Chlorwasserstoff sättigt.

$$\text{I.} \quad HCHO + HCl = CH_2 \!\! \underset{OH}{\overset{Cl}{<}}$$

Formaldehyd $\qquad$ Chlormethylalkohol

$$\text{II.} \quad \begin{matrix} CH_2COOH \\ | \\ C(OH)COOH \\ | \\ CH_2COOH \end{matrix} + CH_2 \!\! \underset{OH}{\overset{Cl}{<}} = \begin{matrix} CH_2COOH \\ | \\ CO \\ | \\ CH_2COOH \end{matrix} \!\! \underset{\diagdown CO \diagup}{\overset{\diagup CH_2 \diagdown}{<}} \!\! O + H_2O + HCl$$

Zitronensäure $\qquad$ Chlormethylalkohol $\qquad$ Anhydromethylenzitronensäure

Eigenschaften. Citarin, das neutrale (oder Di-) Natriumsalz der Anhydromethylenzitronensäure, ist ein weisses kristallinisches hygroskopisches Pulver, das in kaltem Wasser gut, besser noch in heissem löslich ist; doch dürfen die Lösungen nicht heiss bereitet werden, weil sich sonst Formaldehyd abspaltet. Letzteres erfolgt auch, wenn man Citarin mit Natronlauge erwärmt; denn setzt man dann Resorzin hinzu, so tritt eine Rotfärbung auf (s. S. 58). Ausser dieser Reaktion können folgende als Identitätsreaktionen dienen:

Versetzt man die Lösung des Citarins mit Säuren, so scheidet sich die Anhydromethylenzitronensäure allmählich in Form weisser Nadeln (Smp. 206 bis 208°) aus.

Nesslers Reagens gibt Gelbfärbung und Trübung; dann erfolgt Abscheidung eines braunroten, schliesslich grau werdenden Niederschlags.

Mit Millons Reagens bildet sich ein weisser, in Salpetersäure und beim Erwärmen sich lösender Niederschlag.

Fällungen treten u. a. noch ein mit Baryumchlorid, Bleiazetat und Eisenchlorid, erstere beide weiss, letzterer Niederschlag charakteristisch gallertig, hellbraun. Mit Silbernitrat entsteht ein weisser Niederschlag, der auf Zusatz von Natriumkarbonat beim Erwärmen reduziert wird. Häufig entsteht dabei ein Silberspiegel.

Als weitere Reaktion lässt sich der Nachweis der Zitronensäure verwerten: Erhitzt man z. B. Citarin mit Déniges' Reagens und Kaliumpermanganat, so tritt nach einiger Zeit ein weisser Niederschlag auf.

Citarin gibt in der Kälte weder mit Chlorkalzium, noch mit Kalk- Prüfung. wasser allein eine Fällung (Unterschied von Salzen anderer Säuren, wie Weinsteinsäure und Oxalsäure), wohl aber mit einem Gemenge von beiden. Erhitzt man Citarin mit Chlorkalzium, so darf beim ersten Aufkochen sich noch kein Niederschlag bilden (Prüfung auf Zitronensäure).

Citarin dient in mehrmals täglich wiederholten Gaben von je 2,0 g Anwendung. als Gichtmittel, da ihm die Eigenschaft zugeschrieben wird, auf Harnsäure unter Bildung leicht löslicher Verbindungen einzuwirken.

Das Helmitol oder Urotropin-neu (anhydromethylenzitronen- Helmitol. saures Hexamethylentetramin) ist ein in Wasser schwer, in Weingeist fast gar nicht lösliches weisses Kristallpulver, das sich bei 163° zersetzt und langsam mit Säuren, rascher durch Alkalien Formaldehyd abspaltet. Im Organismus erfolgt dasselbe, so dass es als ein die Harnwege desinfizierendes Mittel innerlich in mehrmaligen Gaben von 1,0 — 2,0 g oder in 1—2 %iger Lösung als Einspritzung in die Blase zur Anwendung kommt.

b) Aromatische Antiseptika.

Während die Verwendung des Formaldehyds und seiner Derivate erst neueren Datums ist, hatte man schon lange vorher Derivate des

Benzols als Antiseptika benützt, da sehr viele unter ihnen eigenartige antibakterielle Wirkung zeigen. Diese ist nicht durch solche Vorgänge bedingt, die als chemische Reaktionen in gewöhnlichem Sinne aufzufassen wären. Die aromatischen Antiseptika werden durch den zur Desinfektion führenden Vorgang nicht verbraucht. Darin liegt einer der Vorteile, den sie gegenüber anderen Desinfektionsmitteln, besonders denen anorganischer Natur aufweisen. Denn unter diesen wird z. B. der Sublimat an Eiweisskörper gebunden; das Chlor wird in Salzsäure übergeführt oder tritt bei organischen Körpern an Stelle von Wasserstoff in das Molekül ein. Beide kommen dann nicht mehr weiter für die Desinfektionswirkung in Betracht.

Die antiseptische Wirkung so vieler Benzolderivate beruht in letzter Linie darauf, dass sie die Lebensenergie des pflanzlichen und tierischen Protoplasmas herabzusetzen oder ganz aufzuheben vermögen. Dieser Einfluss führt schon bei Anwendung sehr kleiner Mengen zur Abtötung der niederen Organismen, bei höheren, wie bei dem Menschen, kann er in grösseren Gaben ebenfalls den Tod bedingen; entsprechend kleine Gaben bewirken aber, als Folge der angegebenen Grundwirkung, eine Erniedrigung der Temperatur. Antiseptisch wirkende Benzolderivate, z. B. das Resorzin können somit, wenn auch nicht in allen Fällen, als Antipyretika Verwendung finden und umgekehrt hat auch das Chinin, ein typisches Fiebermittel, antibakterielle Eigenschaften.

Kresole und Kresolpräparate.

Das 1832 von REICHENBACH hergestellte Kreosot und die die 1834 von RUNGE aus dem Steinkohlenteer isolierte Karbolsäure waren die ersten wegen ihrer fäulniswidrigen Eigenschaften verwendeten Benzolderivate. Die Karbolsäure, das Phenol, war dank ihrer durch LISTER erfolgten Einführung lange Zeit das einzige Wundenantiseptikum.

Die antiseptische Kraft des Phenols kann verstärkt werden, wenn man ein H-Atom des Benzols durch eine Alkylgruppe ersetzt und so sind die Homologen des Phenols stärker antiseptisch als dieses selbst. Die nächsten Homologen des Phenols sind die Kresole, die als Methylphenole oder Phenole des Toluols aufzufassen sind.

$$C_6H_6 \qquad\qquad C_6H_5OH$$
$$\text{Benzol} \qquad\qquad \text{Phenol}$$

$$C_6H_5CH_3 \qquad\qquad C_6H_4{<}^{OH}_{CH_3}$$
$$\text{Toluol} \qquad\qquad \text{Kresole.}$$

Während es nur ein Phenol gibt, existieren der Theorie gemäss drei Kresole, die o-, m- und p-Form

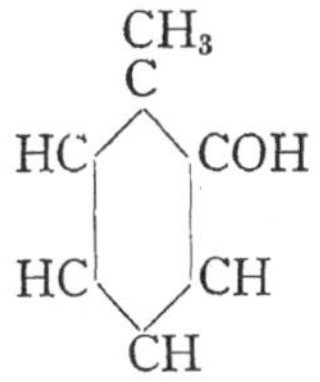

o-Kresol

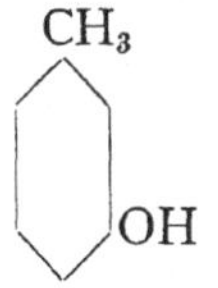

m-Kresol

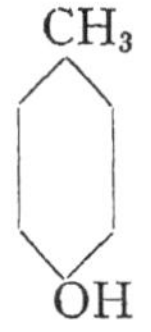

p-Kresol

o-Kresol	Kristalle	Smp. 31°—31,5°	Sdp. 185°—186°
m-Kresol	Flüssigkeit		Sdp. 201°
p-Kresol	Kristallinische Masse	Smp. 35°—36°	Sdp. 197°—199°

Alle drei Kresole kommen in dem käuflichen Kresol vor, das gegenüber Reagentien sich ähnlich wie das Phenol verhält. Wässerige Kresollösungen geben mit Eisenchlorid blauviolette Färbung, die aber im Gegensatz zu der des Phenols rasch in ein schmutziges Grün übergeht (in weingeistiger Lösung tritt die Reaktion nicht ein). Mit MILLONS Reagens tritt Rotfärbung ein, ebenso mit Formaldehyd enthaltender Schwefelsäure. Auf Zusatz von Bromwasser fällt ein Niederschlag von Tribromkresol $C_7H_4Br_3OH$ (und wohl auch Tribromkresolbromid $C_7H_4Br_3OBr$) aus.

Die Kresole werden wie das Phenol aus dem Steinkohlenteer dargestellt. Als Ausgangspunkt der Darstellung dienen die bei dessen fraktionierter Destillation zwischen 180° und 210° übergehenden Anteile, das sog. Kreosot- oder Mittelöl. Man entzieht ihm durch Schütteln mit Natronlauge die Phenole (Phenol und seine Homologen) und unterwirft die alkalische Lösung einer fraktionierten Säurefällung. Zuerst fallen die am schwersten löslichen Körper aus, die Kohlenwasserstoffe und Harze, die in der alkalischen Phenollösung in geringer Menge sich mit aufgelöst hatten, die zweite Fraktion besteht in der Hauptsache aus Kresolen, die dritte aus Phenol.

Die zweite, nicht weiter gereinigte Fraktion, „rohe Karbolsäure", enthält ausser den Kresolen noch Kohlenwasserstoffe und Phenol; da dieses aber als der wertvollste Bestandteil anderweitige Verwendung findet, so wird es durch Wiederholung der angegebenen Operationen und ganz besonders durch sorgfältige in besonderen Apparaten vorgenommene fraktionierte Destillation daraus entfernt, so dass das resultierende Produkt trotz seiner Bezeichnung „rohe Karbolsäure" nahezu frei von Karbolsäure ist.

Ein derartiges an Karbolsäure armes oder davon gänzlich freies Präparat ist auch das offizinelle Roh-Kresol.

Roh-Kresol.

Cresolum crudum. Rohe Karbolsäure.

Das rohe Kresol ist eine „klare, gelbliche bis gelbbraune, brenzlich riechende neutrale Flüssigkeit, in Wasser nicht völlig, in Weingeist und Äther leicht löslich." Das spezifische Gewicht des Rohkresols ist wechselnd, es ist immer aber grösser als das des Wassers.

Prüfung.   Als Prüfung gibt das D. A. B. folgendes an: 10 ccm rohes Kresol, mit 50 ccm Wasser in einem 200 ccm fassenden Messzylinder mit Stöpsel geschüttelt, dürfen nach längerem Stehen nur wenige Flocken abscheiden. Setzt man alsdann 30 ccm Salzsäure und 10 g Natriumchlorid hinzu, schüttelt und lässt darauf ruhig stehen, so sammelt sich die ölartige Kresolschicht oben an; diese soll 8,5—9 ccm betragen". Diese Prüfung beruht darauf, dass die Kresole durch Natronlauge in wasserlösliches Kresolnatrium übergeführt werden.   In Natronlauge unter diesen Umständen unlösliche Verunreinigungen des Kresols wie Kohlenwasserstoffe, besonders Naphthalin, würden sich abscheiden.   Durch Säuren wird das Kresol wieder aus seiner Alkaliverbindung frei.   Da es in Salzlösung weniger löslich ist als in Wasser, so scheidet es sich nach Zusatz von Kochsalz zum allergrössten Teile ab.

Das Cresolum crudum des D. A. B. besteht übrigens durchaus nicht lediglich aus Kresolen, wie aus einer von FISCHER und KOSKE im Kaiserl. Gesundheitsamt ausgeführten Analyse hervorgeht.   Das von ihnen mit Hilfe der fraktionierten Destillation untersuchte Rohkresol hatte folgende Zusammensetzung:

		Siedepunkt
1. Wasser	0,35 % C.	
2. Phenole des Vorlaufs	2,34 „	bis 188 ⁰
(Gemisch von Phenol mit Kresolen)		
3. Gemische der 3 isomeren Kresole	94,5 „	188—202 ⁰
4. Gemisch der Kresole mit wenig		
Xylenolen[1])	1,23 „	200—202 ⁰
5. Gemisch der Kresole mit mehr		
Xylenolen	1,45 „	202—210 ⁰
6. Höhere Phenole (Xylenole) . .	0,06 „	210—225 ⁰
7. Rückstand	0,07 „	
	100,00	

Daneben wurden noch geringe Mengen Pyridinbasen gefunden.

---

[1]) Die Xylenole $C_6H_3(CH_3)_2OH$ sind die zu den Xylolen $C_6H_4(CH_3)_2$ gehörigen Phenole.

Die Kresole sind schwer in Wasser löslich; ein Teil Kresol braucht etwa 40—50 Teile Wasser zur Lösung. Es gibt aber auch Kresole im Handel, die schwerer löslich sind. $1\frac{1}{2}\%$ ige Kresollösungen wirken aber nicht mehr genügend antiseptisch und wenn die Kresole in grossem Maßstab als Desinfektionsmittel Verwendung finden sollten, so musste man stärkere wässerige Kresollösungen zur Verfügung haben. Es ist indes nicht möglich, grössere Mengen von ca. 2% iger wässeriger Kresollösung durch einfaches Auflösen rasch herzustellen, und man musste nach Mitteln suchen, mit denen man mehr Kresol leicht in wässerige Lösung überführen konnte. Das Problem, die Kresole „wasserlöslich" zu machen, hat verschiedene Lösungen gefunden.

Man kann z. B. die Kresole in lösliche Substanzen überführen, wenn man sie sulfuriert, d. h. durch konzentrierte Schwefelsäure in Sulfosäuren überführt. Ein derartiges Präparat, das aber mit Wasser sich emulgiert, also nicht völlig löslich ist, weil es ausser den Kresolen noch aus dem Teer stammende Kohlenwasserstoffe oder Harze enthält, ist das Kreolin Artmann. Zur Herstellung wasserlöslicher Kresol- präparate hat man aber ganz besonders die Eigenschaft der Kresole benützt, in Lösungen mancher organischer Salze löslich zu sein. In diese Kategorie gehören Präparate wie Kreolin Pearson, das harz- saure Alkalien, sog. Harzseifen enthält, ferner das zum innerlichen Ge- brauch als Kreosot-Ersatz bestimmte Solveol, in dem die Kresole durch kresotinsaures[1] Natrium in Lösung gehalten werden und alle diejenigen Präparate, welche zu diesem Zwecke Seifen, d. h. fettsaure Alkalien enthalten, z. B. Lysol und die jenem nachgebildete offizinelle Kresolseifenlösung.

Kresolseifenlösung.

Liquor Cresoli saponatus.

Die Herstellung dieses Präparates ist eine so einfache, dass kein Apotheker es versäumen sollte, es sich selbst zu bereiten: Man ver- flüssigt einen Teil Kaliseife durch Erwärmen auf dem Dampfbad und fügt allmählich unter Umrühren ebensoviel rohes Kresol hinzu.

---

[1] Die Kresotinsäuren $C_6H_3 {\displaystyle <{{CH_3}\atop{OH}\atop{COOH}}}$ sind Homologe der Oxybenzoesäuren wie Salizylsäure. Sie stehen zu den Kresolen in demselben Verhältnis, wie die Oxybenzoesäuren zum Phenol.

Prüfung.   Jedenfalls ist es leichter, die Kresolseifenlösung selbst herzustellen, als die Prüfung der käuflichen Ware vorzunehmen. Von den dafür aufgestellten Vorschriften seien zwei wiedergegeben: eine einfache, von CLESSLER herrührende, und eine kompliziertere, im Kaiserlichen Gesundheitsamt ausgearbeitete.

CLESSLER geht davon aus, dass aus 10 ccm Rohkresol sich nach dem D. A. B. 8,5—9 ccm Kresole und aus 10,0 Kaliseife ca. 4,7 ccm Fettsäuren abscheiden lassen.

Aus 20 ccm Kresolseifenlösung müssen sich somit durch Säuren ungefähr 13,7 ccm wasserunlösliche Substanzen gewinnen lassen. Da während der Ausführung des Versuchs etwas Wasser verdunstet, so wird die abgeschiedene Flüssigkeitsmenge ein wenig grösser sein. Demzufolge lautet die CLESSLERsche Vorschrift: 10 ccm des Liquors werden im graduierten Reagierrohr mit 6 ccm offizineller Salzsäure geschüttelt und bis zur völligen Abscheidung der öligen Schicht im Wasserbad erhitzt. Nach der Abkühlung auf 15° wird die abgeschiedene Flüssigkeitssäule abgelesen, die mindestens 7, höchstens 8,5— 9 ccm betragen soll.

Die Vorschrift des Kaiserlichen Gesundheitsamtes lautet: 20 ccm Kresolseifenlösung werden in einem Destillationskolben mit Wasser verdünnt, mit Methylorange versetzt und mit Schwefelsäure bis zur kräftigen Rotfärbung angesäuert. Dann wird mit Wasserdampf destilliert. Sobald das Destillat, welches anfangs milchig getrübt übergeht, klar geworden ist, wird die Kühlung abgestellt, damit der Dampfstrom alle noch im Kühler verbliebenen Kresoltröpfchen mitreissen kann. Sobald aber Dampf aus dem Kühlrohr austritt, wird die Kühlung wieder eingestellt; man lässt dann noch 5 Minuten lang destillieren. Das Destillat wird mit 20,0 g Kochsalz versetzt und dann mit 100 ccm Äther einmal gehörig ausgeschüttelt. Der Äther wird abdestilliert und das zurückbleibende Kresol in aufrechtstehendem Kolben 40 Minuten lang bei 100° getrocknet.

Anwendung.   Die Kresolseifenlösung und das durch Verdünnen mit Wasser daraus bereitete 5% Kresol enthaltende Kresolwasser sollen als Ersatz der Karbolsäure und des Karbolwassers dienen, vor dem sie einige Vorzüge voraus haben. Die Desinfektionskraft der Kresole ist eine grössere als die der Karbolsäure; dabei sollte ihre Giftigkeit nach früheren Angaben eine geringere sein. Nach neueren Untersuchungen trifft dies bei Warmblütlern nur für das m-Kresol zu, das o-Kresol ist etwa so giftig wie die Karbolsäure, die p-Verbindung noch giftiger.

Auch in Beziehung auf die Desinfektionskraft sind sich die einzelnen Kresole durchaus nicht gleichwertig. Das m-Kresol[1] scheint stärker zu sein als das p-Kresol; jedenfalls aber ist das o-Kresol das

---

[1] Frei von o- und p-Kresol soll das Metakalin sein, das aus 80 T. einer festen Verbindung von 3 Mol. m-Kresol und 1 Mol. m-Kresolkalium und 20 T. Natronseife besteht.

schwächste Desinfiziens unter den drei Kresolen. Man wird somit künftig darauf bedacht sein müssen, in dem Cresolum crudum einen zulässigen Maximalgehalt von o-Kresol oder, was leichter festzustellen ist, einen Mindestgehalt an m-Kresol vorzuschreiben.

Ein weiterer Vorteil, den die Kresole vor der Karbolsäure voraus haben, ist der, billiger zu sein. Denn die Kresole waren ursprünglich nur ein Abfallprodukt der Karbolsäurefabrikation, für das man eine lukrative Verwertung nicht hatte.

Als Nachteil der Kresolseifenlösung muss, in manchen Fällen wenigstens, ihr Seifengehalt gelten, da die Seife mit Wasser freies Alkali abspaltet und dieses dann z. B. die Hände angreift.

Beim Übertritt in den Harn verhalten sich die einzelnen Kresole Ausscheidung. verschieden: p-Kresol geht in p-Oxybenzoesäure über, o-Kresol in Hydrotoluchinon; m-Kresol wird lediglich an Schwefelsäure gebunden und findet sich dann als Ätherschwefelsäure im Harn. Mit diesen der Literatur entnommenen Angaben würde es allerdings nicht ganz übereinstimmen, dass im menschlichen Harn, normalerweise nicht m-Kresol, sondern hauptsächlich p-Kresol vorkommen soll.

Sicher ist, dass Kresole ein regelmässiger Harnbestandteil sind und die Ironie des Schicksals hat es sogar gewollt, dass sie daraus, obgleich sie nur in ganz geringen Mengen im Harne vorkommen, durch STÄDELER im Jahre 1851 zuerst dargestellt wurden. Erst drei Jahre später gelang es, die Kresole aus dem daran unvergleichlich reicheren Steinkohlenteer zu isolieren.

Die Anwendung der Kresole als Desinfektionsmittel, durch Untersuchungen von C. FRÄNKEL eingeleitet, hat sich so bewährt, dass sie bei künftigen Epidemien in der Desinfektionspraxis zweifellos eine bedeutend grössere Rolle spielen werden, als die Karbolsäure, die aber zum mindesten in der Geschichte der Desinfektionsmittel immer genannt werden wird, weil sie in den Händen LISTERS das erste zielbewusst angewendete Antiseptikum gewesen ist.

---

m-Kresol hat auch technische Bedeutung. Mit Salpetersäure behandelt, geht es, wie Phenol in Trinitrophenol (Pikrinsäure) in ein Trinitroderivat über, das unter dem Namen Kresylit Anwendung in der Geschossfabrikation als Ersatz der Pikrinsäure gefunden hat. Auf dem Verhalten des m-Kresols zu Salpetersäure beruht auch die RASCHIGsche Methode zur Bestimmung des m-Kresols in Kresolgemengen. Die anderen Kresole werden bei der Behandlung mit Salpetersäure bis zu Oxalsäure oxydiert.

Eine andere Reihe antiseptisch wirkender Körper erhält man, wenn man zwei oder mehr Wasserstoffatome des Benzols durch Hydroxylgruppen ersetzt

$$C_6H_5OH \qquad C_6H_4(OH)_2 \qquad C_6H_3(OH)_3$$
Oxybenzol (Phenol)   Dioxybenzole   Trioxybenzole

Nach FRÄNKEL steigt in dieser Reihe mit der Anzahl der eintretenden Hydroxylgruppen sowohl die Giftigkeit als die antiseptische Wirkung; SCHMIEDEBERG hingegen ist der Ansicht, dass eines der Dioxybenzole, das Resorzin, als Gift und Desinfektionsmittel weniger wirksam als Phenol ist. Das Pyrogallol ist allerdings sicher giftiger als das Resorzin. Unter den theoretisch möglichen und bekannten Dioxybenzolen ist das o-Derivat, das Brenzkatechin, am giftigsten, dann folgt das Hydrochinon, die p-Verbindung, und am wenigsten giftig ist das Resorzin, das m-Dioxybenzol. Es hat deshalb nur das Resorzin medizinische Verwendung gefunden.

Resorzin. $\qquad = C_6H_4(OH)_2 = C_6H_6O_2$

Resorcinum. (1,3)Dioxybenzol.

Allgemeines.   Das Resorzin (= Orcinum resinae) hat seinen Namen davon, dass es (1864) von HLASIWETZ und BARTH gewonnen wurde, als sie einige Harze wie Asa foetida und Galbanum mit Ätzkali zusammenschmolzen.

Darstellung.   Die technische Darstellung des Resorzins geht vom Benzol aus. Bringt man dieses mit rauchender Schwefelsäure zusammen und erhitzt schliesslich auf 200° C. so bildet sich unter diesen Bedingungen vorwiegend die m-Benzoldisulfolsäure[1]).

$$C_6H_6 + 2\,H_2SO_4 = C_6H_4(SO_3H)_2 + 2\,H_2O$$
Benzol   Benzoldifulfosäure.

Die überschüssige Schwefelsäure trennt man durch Kalk (als Gips) ab und führt das gleichzeitig entstandene Kalksalz der Benzoldisulfosäure durch Soda in die Natriumverbindung über, welche dann mit Ätznatron zusammengeschmolzen Resorzinnatrium[2]) gibt

$$C_6H_4(SO_3Na)_2 + 4\,NaOH = 2\,Na_2SO_3 + C_6H_4(ONa)_2 + 2\,H_2O$$
Benzoldisulfosaures Natrium   Resorzinnatrium

---

[1]) Bei niederer Temperatur entsteht nur Benzolsulfosäure $C_6H_6 + H_2SO_4 = C_6H_5SO_3H + H_2O$.

[2]) War vorher neben der m-Benzoldisulfosäure auch die p-Säure vorhanden gewesen, so geht auch diese bei dem Schmelzprozess in das Resorzin, das stabiler als die p-Verbindung ist, über.

Schliesslich wird aus dem Resorzinnatrium durch Salzsäure das Resorzin freigemacht, mit Äther ausgezogen und zuletzt durch Destillation und Umkristallisieren aus Benzol gereinigt.

„Farblose oder schwach gefärbte Kristalle von kaum merklichem Eigenschaften. eigenartigem Geruche und süsslichem kratzendem Geschmacke, in etwa 1 T. Wasser, etwa 1 T. Weingeist, in Äther und in Glyzerin leicht löslich, in Chloroform und in Schwefelkohlenstoff schwer löslich. Resorzin verflüchtigt sich beim Erwärmen. Schmelzp. 110°—111°, Sdp. 277°.“

Die wässerige, schwach sauer reagierende Resorzinlösung gibt mit Eisenchlorid eine blauviolette, die weingeistige eine grüne Färbung. Mit Bleiessig, nicht mit Bleiazetat entsteht ein weisser Niederschlag. Mit Bromwasser entsteht nach vorübergehender violetter Färbung ein weisslicher Niederschlag von Tribromresorzin.

Resorzin neigt sehr leicht zur Farbstoffbildung; es gibt eine grosse Anzahl von Farbreaktionen und wird auch in der Technik zur Herstellung einiger wichtiger Farbstoffe, z. B. des Fluoreszeins benützt.

Rote Färbungen treten ein, wenn man Resorzin mit Natronlauge und Chloroform (oder Chloral) gelinde erwärmt, wenn man es mit Salzsäure und Rohrzucker oder mit Weinsäure und konzentrierter Schwefelsäure erhitzt, ebenso schon in der Kälte mit Formaldehyd enthaltender Schwefelsäure.

Erwärmt man Resorzin mit konzentrierter Schwefelsäure, in die man vorher etwas Natriumnitrit eingetragen hatte, auf dem Dampfbad, verdünnt mit Wasser und übersättigt mit Ammoniak, so kann man aus der Flüssigkeit mit Amylalkohol einen karmoisinroten, zinnoberrot fluoreszierenden Farbstoff ausschütteln (BINDSCHEDLER).

Erwärmt man Resorzin mit sehr wenig Wasserstoffsuperoxyd und Ammoniak, so bildet sich allmählich ein blauer Farbstoff, der durch Säuren in rot übergeht. Auf Zusatz von Alkalien tritt dann wieder Blaufärbung ein. Er verhält sich also wie Lackmus; man hat ihn deshalb Lackmoid genannt und verwendet ihn wie Lackmus als Indikator.

Resorzin wird hauptsächlich als äusserliches Mittel bei Hautkrank- Anwendung. heiten, Haarausfall und als leichtes Ätzmittel benutzt, innerlich gegen Magen- und Darmkatarrh, früher auch als Antipyretikum.

Gemäss den oben erwähnten Reaktionen kann Resorzin als Reagens auf Chloral und Chloroform, Rohrzucker und Weinsteinsäure dienen.

Aus dem dunklen Harn eines Kranken, der Resorzin erhalten hat, Ausscheidung. kann sich mit Eintritt der ammoniakalischen Gärung ein blauer Farb-

stoff abscheiden. Im sauren Harn ist ein Teil des Resorzins an Schwefelsäure gebunden.

Aufbewahrung. Vor Licht geschützt aufzubewahren.

Von den Derivaten des Resorzins, genannt seien Hetralin (s. S. 68)
Euresol. und Euresol = Monoazetylresorzin, hat keines grössere Bedeutung
erlangt.

Pyrogallol. $= C_6H_3(OH)_3 = C_6H_6O_3$

Pyrogallolum.   Pyrogallussäure v-(1, 2, 3) Trioxybenzol.

Allgemeines. Ebenso wie die anderen Phenole hat auch das 1878 durch von
Jacksch zuerst zur Anwendung gebrachte Pyrogallol, das einzige der
drei Trioxybenzole, das medizinisch verwendet wird, antiseptische
Eigenschaften, die aber nicht in erster Linie seine Einführung in die
Therapie veranlasst haben. Verwendet wird es hauptsächlich seiner
reduzierenden Eigenschaften wegen. Pyrogallol ist nämlich ausser·
ordentlich leicht oxydierbar, kann also anderen Körpern Sauerstoff
entziehen, sie reduzieren. Und da man erkannt zu haben glaubte,
dass die Wirkungen, welche das Chrysarobin bei Hautkrankheiten
ausübt, auf dessen reduzierende Eigenschaften zurückzuführen seien,
so suchte man auch andere reduzierende Körper, darunter Pyrogallol,
in derselben Weise anzuwenden.

Das Pyrogallol bildet sich beim Erhitzen von Gerbsäure und Gallussäure (daher auch sein Namen) und aus letzterer hatte es bereits
Scheele 1786 dargestellt. Doch zeigte erst Bbaconnot im Jahre 1831
endgültig, dass Gallussäure und Pyrogallol nicht identisch sind.

Darstellung. Aus der Gallussäure stellt man das Pyrogallol her, indem man
sie mit Wasser zusammen in Autoklaven auf 210°—220° erhitzt. Dabei
wird aus der Gallussäure Kohlendioxyd abgespalten.

$$C_6H_2(OH)_3COOH = CO_2 + C_6H_3(OH)_3$$
Gallussäure (Trioxybenzoesäure)   Pyrogallol

Die Abspaltung des Kohlendioxyds erfolgt schon bei 120°, wenn
man die Gallussäure mit Anilin zusammen erhitzt.

Ausserdem erhält man Pyrogallol, wenn man p-Chlorphenoldisulfo-
säure mit Ätzkali zusammenschmilzt.

Eigenschaften. „Sehr leichte, weisse, glänzende Blättchen oder Nadeln von bitterem
Geschmacke, die sich in 1,7 T. Wasser zu einer klaren, farblosen und
neutralen Flüssigkeit, welche an der Luft allmählich braune Färbung

und saure Reaktion annimmt, auflösen. Pyrogallol löst sich ferner in 1 T. Weingeist und in 1,2 T. Äther. Smp. 131^0—132^0. Pyrogallol sublimiert bei vorsichtigen Erhitzen ohne Rückstand".

Die Braunfärbung, welche in Pyrogallollösungen, die der Luft ausgesetzt sind, entsteht und die vielleicht durch die kleine, in der Luft vorhandene Menge von Ammoniak und die Alkaleszenz des Glases beschleunigt wird, ist eine Oxydationserscheinung und auf der leichten Oxydierbarkeit des Pyrogallols beruhen auch die Reduktionsreaktionen, welche Pyrogallol mit einigen Schwermetallsalzen gibt: Es scheidet aus Lösungen von Salzen des Quecksilbers, Silbers und Golds die Metalle ab.

Die wässerige Lösung des Pyrogallols wird durch teilweise oxydiertes Forrosulfat blau, durch Eisenchlorid rot, dann aber auf Zusatz von wenig Kalziumkarbonat gleichfalls blau. In weingeistiger Lösung gibt Pyrogallol mit Eisenchlorid eine dunkelgrüne Färbung.

Mit Formaldehyd und starker Salzsäure tritt schon in der Kälte oder bei ganz gelindem Erwärmen ein rubinrote Färbung auf.

Ausser seiner schon erwähnten Anwendung in der Medizin dient Anwendung. Pyrogallol als Entwickler in der Photographie, mit ammoniakalischem Silbernitrat zusammen als Haarfärbemittel und in Natronlauge gelöst als Sauerstoff-Absorptionsmittel in der Gasanalyse.

Vor Licht geschützt aufzubewahren. Aufbewahrung.

Das Pyrogallol ist ein ziemlich giftiger Körper, der bei kräftiger Einreibung einer 5—10 $^0/_0$ davon enthaltenden Salbe bereits Vergiftungserscheinungen hervorrufen kann und der ausserdem die Haut reizt. Es machte sich deshalb der Wunsch nach Ersatzpräparaten geltend, die ohne giftig zu sein und die Haut zu reizen wie das Pyrogallol wirkten. Für die Herstellung solcher Ersatzpräparate griff man zu dem vorher und nachher so oft angewandten Mittel der Azetylierung. In dem Molekül des Pyrogallols lassen sich sämtliche drei Wasserstoff-Atome der OH-Gruppen durch Essigsäure-Reste oder Azetylgruppen CH_3CO ersetzen. Der so entstehende Körper ist das 1898 zuerst zur Anwendung gebrachte Triazetylpyrogallol oder Lenigallol.

Lenigallol. $= C_6H_3(OCH_3CO)_3 = C_{12}H_{12}O_6.$

Lenigallolum. Triazetylpyrogallol.

Das Lenigallol wird durch Erhitzen von Pyrogallol mit Essigsäure- Darstellung. anhydrid und Natriumazetat erhalten.

Eigenschaften.   Es ist ein weissliches, in Wasser unlösliches, schwer in Weingeist, leichter in Chloroform lösliches Pulver. Smp. 165°.

Gegen Eisenchlorid verhält es sich im Gegensatz zu Pyrogallol negativ, weil die dort an der Reaktion beteiligten OH-Gruppen nicht mehr vorhanden sind. Ebenso tritt mit Alkalien, nicht sofort, wie bei Pyrogallol, eine Braunfärbung ein, wohl aber, wenn man es mit Natronlauge erhitzt. Den Essigsäurerest weist man nach, indem man mit konzentrierter Schwefelsäure und Weingeist erhitzt. Es tritt dann der Geruch nach Essigäther auf.

Anwendung.   Lenigallol wird, wie das Pyrogallol, in 1—10%igen Salben besonders mit Zinkpaste zusammen angewendet, wirkt aber, wie es auch der Name besagen soll, weit milder als das Pyrogallol und reizt die Haut erst bei mehrwöchigem Gebrauch.

Aufbewahrung.   Vor Licht geschützt aufzubewahren.

Auch das Monoazetat des Pyrogallols hat man unter dem Namen Eugallol, Smp. 131°, als Pyrogallol-Ersatzmittel einzuführen gesucht. Es entsteht, wenn man Pyrogallol mit Azetylchlorid auf dem Wasserbad erwärmt.

Ein anderes Pyrogallolderivat entsteht, wenn man Pyrogallol mit Eisessig und Zinkchlorid zusammen erhitzt. Hier tritt aber die Azetylgruppe nicht an Stelle eines H-Atoms einer OH-Gruppe sondern in den Benzolkern ein und es entsteht das Methylketo-Trioxybenzol oder Gallazetophenon, $CH_3COC_6H_2(OH)_3$, Smp. bei 170°, das stark antiseptisch wirkt und wie Pyrogallol, vor dem es den Vorzug hat weniger giftig zu sein, angewendet werden kann.

Die Einführung von Azetylgruppen in ein Molekül, wie sie bei der Umwandlung von Pyrogallol in Lenigallol statthat, ist eine bei der Herstellung neuer Arzneimittel sehr oft ausgeübte Operation. Man suchte, wie eben beim Pyrogallol, Arzneimittel, die in irgend einer Weise Nachteile zeigten, durch Einführung von Azetylgruppen zu verbessern. Vielfach ging man aber dabei in völlig mechanischer und geistloser Weise vor und viele der berufsmässigen Erfinder von neuen Arzneimitteln azetylierten lediglich aus Mangel an anderen Ideen.

Die ganze Azetylierungsmanie, von einer solchen darf man wohl sprechen, hat ihren Ausgang vom Azetanilid genommen, weil dieses bessere medizinische Eigenschaften aufwies als das Anilin, aus dem es durch Eintritt einer Azetylgruppe an Stelle eines Wasserstoffatoms der Amidogruppe entsteht.

Und es hat sich allgemein gezeigt, dass derartige azetylierte Basen weniger giftig sind als ihre Ausgangsprodukte, weil sie im Organismus nur langsam gespalten werden. Anders liegt aber der Fall, wenn die Azetylgruppe an Stelle des H einer OH-Gruppe in eine Base eintritt; dann können sogar giftigere Körper entstehen. In diesem Verhältnis steht z. B. das Heroïn zum Morphin. Und ebenso liegen die Dinge beim Akonitin, das als Benzoyl-Azetylakonin zu betrachten ist. Das Benzoylakonin ist kein übermässig giftiger Körper; führt man aber noch die Azetylgruppe ein, so erhält man das furchtbar giftige Akonitin.

Die Ursache für diese eigenartige Wirkung der Azetylgruppe, die durch ihren Eintritt in ein Molekül es bald giftiger, bald weniger giftig macht, kann nicht in der Azetylgruppe selbst gesucht werden, die, wie aus Erfahrungen an anderen Körpern hervorgeht, nahezu wirkungslos ist. Man muss sich die Sache so vorstellen, dass die azetylierten Verbindungen in anderer Weise mit dem Organismus reagieren, als die nicht azetylierten, d. h. an anderen Stellen zur Wirkung gelangen.

Ausser der Azetylgruppe hat man auch andere Säureradikale eingeführt, auch solche der aromatischen Reihe, z. B. das Benzoyl (C_6H_5CO), das Radikal der Benzoësäure. Solche Körper wirken nicht selten anders als die azetylierten.

Die Azetylierung kann nach verschiedenen Verfahren erfolgen:

1. Durch Kochen mit Essigsäure, wie beim Azetanilid

$$R^1) - NH_2 + CH_3COOH = R - NHCH_3CO + H_2O$$
$$\text{Essigsäure}$$

2. mit Essigsäureanhydrid in der Kälte oder bei erhöhter Temperatur

$$R - OH + {CH_3CO \atop CH_3CO}{>}O = R - O(CH_3CO) + CH_3COOH$$
$$\text{Essigsäureanhydrid}$$

3.[2]) mit Azetylchlorid

$$R - OH + CH_3COCl = R - O(CH_3CO) + HCl$$
$$\text{Azetylchlorid}$$

Die angeführten Methoden wirken durchaus nicht in einer und derselben Weise, besonders nicht bei Körpern mit mehreren Hydroxyl-

---

[1]) R = Rest des Moleküls.

[2]) Bei 2 und 3 wendet man in der Regel noch wasserentziehende Mittel an, bei Verwendung von Essigsäureanhydrid gewöhnlich wasserfreies Natriumazetat, bei Azetylchlorid Zinkchlorid.

gruppen, wie u. a. schon aus den Darstellungsweisen von Eugallol, Lenigallol und Gallazetophenon hervorgeht.

Die Verbindungen mit anderen Säureradikalen werden in ähnlicher
Weise wie die Azetylderivate hergestellt.

β·Naphthol. $\qquad = C_{10}H_7OH = C_{10}H_8O.$

β-Naphtholum.   Iso-Naphthol.

Allgemeines.   Wie aus dem Benzol das stark antiseptische Phenol entsteht, wenn
man in ihm ein H-Atom durch die OH-Gruppe ersetzt, so bilden sich
auf demselben Wege aus dem Naphthalin die antiseptischen Naphthole.
Im Gegensatz zum Phenol können hier nämlich zwei isomere Mono-
oxyderivate existieren, das α- und β-Naphthol, wie aus folgender Formel
des Naphthalins hervorgeht.

Die Körper, bei denen die Substitution an einer der Verbindungs-
stelle der beiden Kerne unmittelbar benachbarten CH-Gruppe (in der
α-Stellung) vor sich geht, haben andere Eigenschaften als die in β-Stellung
substituierten.

Die beiden Naphthole besitzen verschieden grosse Giftigkeit: das
von GRIESS 1866 gefundene α-Naphthol ist das giftigere und wird deshalb nicht medizinisch verwendet. Beide Naphthole finden sich im
Steinkohlenteer.

Darstellung.   Die Darstellung des von SCHÄFFER 1869 entdeckten und 1881 von
KAPOSI eingeführten β-Naphthols erfolgt vom Naphthalin aus nach der
allgemeinen Darstellungsmethode für Phenole, die bereits beim Resorzin
(s. S. 76) geschildert wurde. Man führt auch hier das Naphthalin $C_{10}H_8$
in die Sulfosäure, hier $C_{10}H_7SO_3H$, über und schmilzt deren Natriumsalz
mit Ätznatron zusammen, wodurch man das Naphthol-Natrium $C_{10}H_7ONa$
und aus diesem Naphthol $C_{10}H_7OH$ erhält. Wenn man bei der Sulfurierung eine Temperatur von ca. 160° einhält, dann bildet sich vorzugsweise die stabilere β-Naphthalinsulfosäure, die man ausserdem vermittelst
ihres schwerlöslichen Kalksalzes von der α-Säure trennen kann.

„Farblose glänzende Kristallblättchen oder ein weisses kristallinisches Eigenschaften. Pulver von schwach phenolartigem Geruche und brennend scharfem, jedoch nicht lange anhaftendem Geschmacke. Smp. 122°, Sdp. 286°. β-Naphthol gibt mit etwa 1000 T. kaltem und mit etwa 75 T. siedendem Wasser Lösungen, welche Lackmuspapier nicht verändern. In Weingeist, Äther, Chloroform, Kali- und Natronlauge ist es leicht löslich, sowie in fetten Ölen beim gelinden Erwärmen".

Die wässerige Lösung des β-Naphthols gibt mit Eisenchlorid eine grünliche Färbung, die unter Abscheidung weisslicher Flocken von Dinaphthol $C_{20}H_{12}(OH)_2$ verschwindet. Mit Alkalien tritt violette Fluoreszenz ein, mit Chlorwasser ein in überschüssigem Ammoniak sich lösender weisser Niederschlag.

Erwärmt man β-Naphthol mit weingeistiger Kalilauge und Chloroform, so färbt sich die Flüssigkeit blau.

Mit Vanillin und Salzsäure erhitzt, gibt es Rotfärbung.

Diazotiert man Sulfanilsäure mit Natriumnitrit und Salzsäure[1] in der Kälte, so gibt die alkalisch gemachte Flüssigkeit auf Zusatz von alkalischer β-Naphthol-Lösung eine blutrote Färbung (Diazokuppelung).

In ihrem chemischen Verhalten unterscheiden sich die Naphthole, etwas von den vom Benzol sich direkt ableitenden Phenolen dadurch, dass ihre Hydroxylgruppe reaktionsfähiger ist. Sie geben z. B. mit Ammoniak leicht die Amidonaphthaline.

Die wichtigste Verunreinigung des β-Naphthols ist das giftigere Prüfung. α-Naphthol, das aber durch so viele Reaktionen charakterisiert ist, dass es nicht schwer ist, es nachzuweisen, wenn sich auch nicht alle seine Reaktionen für seinen Nachweis in β-Naphthol eignen. Die im folgenden für α-Naphthol aufgeführten Reaktionen darf also das β-Naphthol nicht geben:

α-Naphthol gibt mit alkalischer Jodlösung (auch Chlorkalk) stark violette Färbung (β-Naphthol farblos).

Erhitzt man α-Naphthol mit wenig Formaldehyd und Salzsäure, so bildet sich ein rötliches Kondensationsprodukt, das in Natronlauge mit schwach blauer, allmählich stärker werdender Farbe löslich ist, die mit Säuren wieder in Rot übergeht.

---

[1] Die drei Körper bilden zusammen die auch in der Harnanalyse verwendete Diazomischung. Man hält sie am besten in Form zweier Lösungen vorrätig:

I. Sulfanilsäure 0,5, Salzsäure 5,0, Wasser 100,0 ccm.

II. Natriumnitritlösung $^{1}/_{2}$ %ig.

Auf 10 ccm der Lösung I kommen zwei Tropfen der Lösung II.

W.enn man konzentrierte Schwefelsäure mit einer s e h r verdünnten
Zuckerlösung überschichtet, der man einige Tropfen einer weingeistigen
Lösung von α-Naphthol zugesetzt hatte, so entsteht ein violetter Ring,
beim Umschütteln färbt sich die ganze Flüssigkeit violett[1] (β-Naphthol
auch hier negativ).

Rezeptur.   Wenn „Naphthol" schlechtweg verschrieben ist, so ist immer β-
Naphthol abzugeben, da die α-Verbindung weder offizinell ist noch medizinisch verwendet wird.

Anwendung.   Naphthol findet äusserlich in weingeistiger Lösung oder in Salben
bei Krätze u. a. Hautkrankheiten Verwendung, weniger innerlich als
Darmdesinfiziens, da es wie andere Phenole auch im Magen ätzend
wirkt und auch nicht ungiftig ist[2].

Ausscheidung.   In den Harn geht Naphthol vorzugsweise als Glykuronsäureverbindung über. Man kann es nachweisen, wenn man den Harn stark
mit Salzsäure ansäuert und dann destilliert. Das Destillat schüttelt man
mit Äther aus, letzteren mit Kalilauge. Die alkalische Flüssigkeit gibt
mit Chloroform erhitzt blaugrüne oder grüne Färbung.

Aufbewahrung.   Vor Licht geschützt aufzubewahren.

Eine Aufhebung der Ätzwirkung und Verminderung der Giftigkeit
des Naphthols erreichte man, indem man es mit Säuren veresterte oder
(was dasselbe ist) Säureradikale in sein Molekül einführte. So ent-
Betol. standen Körper wie der Salizylsäurenaphthylester, genannt B e t o l
(Smp. 95°) $C_{10}H_7O \cdot (C_6H_4(OH)CO)$ und das Benzonaphthol.

Benzonaphthol. $C_{10}H_7O(C_6H_5CO) = C_{17}H_{12}O_2$

Benzonaphtholum.   Benzoesäure-β-naphthylester, Benzoyl-β-naphthol.

Allgemeines.   Zuerst von Yvon und Berlioz 1891 angewendet.

Wie aus der Formel hervorgeht, kann man sich das Benzonaphthol
so entstanden denken, dass im β-Naphthol (vgl. Lenigallol) an die Stelle
des H-Atom der OH-Gruppe der Rest der Benzoësäure, die Benzoylgruppe C_6H_5CO, eingetreten ist. Gleichwertig ist die entgegengesetzte

---

[1] Die Reaktion tritt mit allen Kohlehydraten ein. α-Naphthol ist deshalb
ein in der analytischen Chemie vielgebrauchtes Reagens auf Kohlenhydrate.

[2] Weit grösser als die medizinische Verwendung des β-Naphthols ist
sein Verbrauch in der chemischen Industrie, wo es zur Herstellung vieler wertvoller Farbstoffe, Brillantschwarz, Echtrot C, Orange II u. a. gebraucht wird.

Vorstellung, dass das Naphthyl $C_{10}H_7$, das Radikal des Naphthols die Stelle des Karboxyl-H der Benzoesäure eingenommen hat.

Das Benzonaphthol wird durch Erhitzen von β-Naphthol mit Benzoyl- Darstellung. chlorid hergestellt:

$$C_{10}H_7OH + C_6H_5COCl = C_{10}H_7O(C_6H_5CO) + HCl$$
Naphthol   Benzoylchlorid   Benzonaphthol

Die farblosen bei 110^0 schmelzenden Nadeln des Benzonaphthols Eigenschaften. sind unlöslich in Wasser und verdünnter Natronlauge, schwer löslich in Äther und kaltem Weingeist, leicht löslich in Chloroform und Eisessig.

Erhitzt man mit Natronlauge, so zerfällt das Benzonaphtol in β- Naphthol und Benzoesäure (Verseifung).

$$C_{10}H_7O(C_6H_5CO) + 2\,NaOH = C_{10}H_7ONa + C_6H_5COONa + H_2O$$
Benzonaphthol   Naphtholnatrium   Natriumbenzoat

Die alkalische Flüssigkeit gibt dann die Naphtholreaktionen, z. B. die Diazokuppelung, die man unmittelbar mit dem Benzonaphthol aus demselben Grunde nicht erhalten kann, aus dem das Lenigallol (s. S. 80) nicht die Pyrogallol-Reaktionen gibt.

Mit Chlorkalk oder alkalischer Jodlösung darf sich die Flüssigkeit Prüfung. nicht violett färben (Prüfung auf α-Naphthol und seine Ester).

Zur Prüfung des Benzonaphthols auf β-Naphthol schüttelt man es einigemal mit verdünnter Natronlauge (1:10) und filtriert sofort. War β-Naphthol in einigermassen erheblicher Menge zugegen, so wird es nach dem Ansäuren mit verdünnter Schwefelsäure ausfallen: es wird eine Trübung oder ein Niederschlag entstehen. Bei geringem Gehalt an β-Naphthol tritt dies nicht mehr ein, wohl aber zeigt die alkalische Lösung eine vom β-Naphthol herrührende bläuliche Fluoreszenz und kocht man die alkalische Lösung mit Chloroform zusammen, so färbt sie sich grünlich.

Benzonaphthol findet in mehrmals täglich wiederholten Gaben Anwendung. von 0,2—1,0 g Anwendung als Darmdesinfiziens.

Benzonaphthol wird im Darm in Benzoesäure und Naphthol zer- Ausscheidung. legt. Letzteres soll ausschliesslich als Naphthylschwefelsäure in den Harn übergehen. Um das Naphthol darin nachzuweisen, muss man den Harn mit Salzsäure kochen. Dadurch wird die Naphthylschwefelsäure zersetzt und das Naphthol kann mit Äther ausgeschüttelt werden.

Vor Licht geschützt aufzubewahren. Aufbewahrung.

In dem Benzonaphthol besprachen wir zum ersten Male einen zur innerlichen Anwendung bestimmten Ester eines Phenols mit einer Säure. Derartige Körper finden sich unter den neuen Arzneimitteln in sehr grosser Zahl. Man ging bei ihrer Herstellung von dem Gedanken aus, dass sie den Magen unzersetzt passieren und erst im Darm durch das Enzym der Pankreasdrüse und die Darmbakterien gespalten werden. Es werden demnach beide Komponenten des Esters frei und gelangen im Darme zur Wirkung, falls sie eine solche besitzen. Den Magen können sie aber nicht schädigen, obgleich sowohl die Säure als das Phenol ätzend oder in anderer Weise nachteilig wirken können, weil sie darin noch in Form des Esters sich befinden, dem eine ätzende Wirkung nicht zukommt. Im Darm wird übrigens die Säure wegen der dort stets herrschenden alkalischen Reaktion neutralisiert.

Wie aus dem Gesagten hervorgeht, sind Phenolester besonders als Darmantiseptika geeignet; da aber der Organismus beide Komponenten des Esters vom Darm aus resorbieren kann, so kann auch eine Einwirkung auf den Gesamtorganismus stattfinden.

Der erste derartige Phenolester, der zur Anwendung in der Medizin gelangte, war das 1886 von NENCKI eingeführte Salol und man nennt deshalb kurz die Herstellung und Anwendung solcher Ester das Salolprinzip. Im Salol sind zwei an sich wirksame Körper vereinigt, das Phenol und die Salizylsäure. Man kann indes nach demselben Prinzip Körper herstellen, welche neben einem Phenol eine gar nicht oder wenig wirksame Säure enthalten, wie z. B. die Benzoësäure im Benzonaphthol.

Die Herstellung dieser Phenolester kann nach verschiedenen Methoden erfolgen, wie sie auch teilweise zur Herstellung des Salols gedient haben[1]).

1. Durch Erhitzen von Phenolalkali und einem Alkalisalz der Säure bei Gegenwart von Phosphoroxychlorid (oder Phosgengas)

$$2 C_6H_5ONa + 2 C_6H_4(OH)COONa + POCl_3 =$$

Phenolnatrium   Natriumsalizylat   Phosphoroxychlorid

$$3 NaCl + NaPO_3 + 2 C_6H_4(OH)COOC_6H_5$$

Salizylsäurephenylester (Salol)

2. Aus dem Salol lassen sich Ester der Salizylsäure mit höheren Phenolen herstellen, wenn man es mit diesen, z. B. Hydrochinon, erhitzt.

3. Aus den Phenolen oder ihren Alkalisalzen durch Einwirkung der Säureanhydride oder Säurechloride, z. B. nach der SCHOTTEN-BAUMANNschen Methode durch Säurechlorid und Natronlauge:

---

[1]) Man vergleiche hiezu die zur Azetylierung (s. S. 81) angegebenen Verfahren, da die Azetylierung, wenn auf Phenole angewendet, nur ein Spezialfall der Darstellung von Phenolestern ist.

$$2\ C_6H_5ONa + COCl_2 = 2\ NaCl + CO(OC_6H_5)_2$$

Phenolnatrium   Kohlensäure-   Diphenylkarbonat
chlorid

4. Durch direkte Einwirkung der Säuren bei Gegenwart von wasserentziehenden Mitteln, z. B. Phosphoroxychlorid.

Epikarin. $C_6H_3{<\!\!\begin{array}{l}COOH\\ OH\\ CH_2\,.\,C_{10}H_6OH\end{array}} = C_{18}H_{14}O_4$

Epicarinum. β-Oxynaphthyl-o-oxy-m-toluylsäure.

Ein nur äusserliche Anwendung findendes β-Naphthol-Derivat ist das 1899 aufgetauchte Epikarin. Es leitet sich von einer der Kresotinsäuren, den bereits (s. S. 73) erwähnten Homologen der Salizylsäure, dadurch ab, dass an Stelle eines H der Methylgruppe der Rest des β-Naphthols $C_{10}H_6OH$ eintritt. Allgemeines.

Die Darstellung beruht auf der Einwirkung von Chlormethylsalizylsäure auf β-Naphthol, das in Eisessig gelöst ist. Darstellung.

$$C_6H_3{<\!\!\begin{array}{l}COOH\\ OH\\ CH_2Cl\end{array}} + C_{10}H_7OH = C_6H_3{<\!\!\begin{array}{l}COOH\\ OH\\ CH_2\,.\,C_{10}H_6OH\end{array}} + HCl$$

Chlormethylsalizylsäure   β-Naphthol   Epikarin

Das Epikarin kommt in zwei verschiedenen Formen in den Handel, von denen das eine (Ep. purum Smp. 199°) zum Gebrauch für Menschen bestimmte weiss ist, während das Ep. veterinarium, das, wie der Name besagt, in der Tiermedizin Verwendung finden soll, rötlich gefärbt ist. Das Epikarin neigt nämlich sehr leicht dazu, unter Aufnahme von Sauerstoff einen roten Körper zu bilden, der aber durch kleine Mengen Natriumkarbonat oder Reduktionsmittel wieder zersetzt wird, auch dadurch entfernt werden kann, dass man das Epikarin in Weingeist löst. Er bildet sich aber immer leicht wieder. Eigenschaften.

Auch durch Umkristallisieren aus Eisessig ist das Epikarin farblos zu gewinnen und stellt dann bei 166° schmelzende Blättchen dar, die aber noch Eisessig als Kristalleisessig enthalten. Frei von Eisessig erhält man dieses Präparat, wenn man es entweder auf 120° erhitzt oder aus anderen Lösungsmitteln (Benzol, Wasser) umkristallisiert. Gewöhnlich ist das Epicarin. pur. ein schwach gelb gefärbtes Pulver, das in Weingeist, Äther und Azeton leicht, in den erwähnten Kristallisationsmitteln schwer löslich ist. In Natronlauge löst sich das Epikarin mit schmutzig violetter Farbe, die beim Erhitzen verschwindet, die Flüssigkeit gibt dann mit der Diazomischung (s. S. 83) eine blutrote Färbung.

Wie die Karboxylgruppe der Epikarinformel zeigt, ist das Epikarin eine Säure. Als solche bildet das Epikarin Salze, u. a. ein schwer lösliches Natriumsalz. Die weingeistige Lösung des Epikarins reagiert sauer.

Die wässerige Lösung des Epikarins gibt mit Eisenchlorid Violett-färbung, mit Bromwasser schwache Trübung Gibt man zu der Lösung von Epikarin in konzentrierter Schwefelsäure Formaldehyd, so tritt eine dunkelgrüne Färbung auf.

Prüfung.   Erhitzt man mit Chloroform und Natronlauge, so darf eine blaue Färbung nicht eintreten (Prüfung auf β-Naphthol).

Anwendung.   Das Epikarin wird in etwa $10\,^0/_0$iger Mischung oder Lösung (mit Weingeist, Ölen, Salben) gegen Krätze u. a. Hautkrankheiten wie das β-Naphthol gebraucht.

Rezeptur.   Für die Anfertigung von Salben wird empfohlen, das Epikarin erst in ein wenig Äther zu lösen und dann erst mit der Salbengrundlage zusammenzumischen.

Von anderen Verbindungen des β-Naphthols seien noch erwähnt:

Asaprol.   Asaprol oder Abrastol, das Kalziumsalz der β-Naphthol-α-monosulfosäure $(C_{10}H_6OHSO_3)_2Ca + 3\,H_2O$.

Mikrozidin.   Mikrozidin, die Natriumverbindung des β-Naphthols $(C_{10}H_7ONa)$,

β-Naphthol-karbonat β-Naphtholkarbonat, sein Kohlensäureester $(C_{10}H_7O)_2CO)$ Smp. 176 ",

Naphthion-säure.   Naphthionsäure oder β-Naphthylaminsulfosäure $C_{10}H_6(NH_2SO_3H)$ (gegen Nitritvergiftung und Jodismus).

Antiphthisika.

Kreosot, Guajakol und deren Derivate.

In die Gruppe der antiseptischen Phenole und Phenolderivate ge-hören das Kreosot und die daraus darstellbaren gegen Tuberkulose verwendeten Körper.

Das aus dem Buchenholzteer gewonnene Kreosot ist hauptsächlich ein Gemenge von Phenolen und Phenoläthern. Darin finden sich z. B.

Kresole (s. S. 70), Guajakol $C_6H_4\!\!\begin{smallmatrix}\diagup OCH_3\\ \diagdown OH\end{smallmatrix}$ und das damit homologe

Kreosol $C_6H_3CH_3\!\!\begin{smallmatrix}\diagup OCH_3\\ \diagdown OH\end{smallmatrix}$. Darunter sollen Guajakol und Kreosol die gegen Tuberkulose wirksamen sein; doch nur das Guajakol hat in grossem Maßstabe Anwendung gefunden.

Auf das Kreosot selbst soll hier nicht eingegangen werden; nur einige seiner Derivate seien besprochen. Infolge seines Gehaltes an

Phenolen wirkt Kreosot ähnlich wie Karbolsäure. Es ist antiseptisch, aber auch ätzend und giftig. Letzere Eigenschaften, die der innerlichen Anwendung des Kreosots im Wege sind, hängen mit der Gegenwart der phenolischen OH-Gruppe zusammen und man suchte sie deshalb durch geeignete chemische Umwandlungen zu beseitigen. Die hierfür am häufigsten angewandte Operation war die Esterifizierung (Salolprinzip vgl. S. 86) und man hat dadurch, dass man verschiedene Säuren mit dem Kreosot verband, eine ebenso grosse Anzahl von Estern gewonnen, deren Wirksamkeit allein darauf beruht, dass sie im Darm wieder in ihre Komponenten zerfallen und die vor dem Kreosot selbst somit nur den Vorteil voraus haben, dass sie im Magen nicht ätzend wirken und ihn also nicht schädigen können. Die Methode, welche meist zur Herstellung der Kreosotester dient, ist die der Einwirkung von Säurechloriden auf die Alkaliverbindungen der Phenole (vgl. S. 87).

Der wichtigste Kreosotester ist das

Kreosotkarbonat.

Kreosotum carbonicum. Kreosotal.

Zuerst 1892 durch Chaumier angewendet. Allgemeines.

Kreosotkarbonat ist ebenso wie das Kreosot eine Gemenge mehrerer Körper. Eine Formel lässt sich demgemäss nicht dafür aufstellen.

Kreosotkarbonat entsteht der angegebenen allgemeinen Darstellungs- Darstellung. weise gemäss, wenn man das Säurechlorid der Kohlensäure $COCl_2$ (gewöhnlich Phosgengas genannt) auf die mit Natronlauge bereitete Kreosotlösung einwirken lässt. Das Kreosotkarbonat setzt sich ab, wird zur Entfernung überschüssigen Kreosots mit kalter Natronlauge gewaschen und bei gelinder Wärme getrocknet.

Kreosotkarbonat ist eine fast farb- und geruchlose Flüssigkeit von Eigenschaften. 1,168 sp. G., die nicht in Wasser, wohl aber in Weingeist, Äther, Benzol und dergl. löslich ist. In der Kälte dick-, in der Wärme dünnflüssig.

Erhitzt man Kreosotkarbonat mit weingeistiger Kalilauge[1]), so findet Verseifung statt; es scheidet sich Kaliumkarbonat aus. Setzt man dann zum Filtrat verdünnte Schwefelsäure hinzu, so scheidet sich (ev. nach weiterem Verdünnen mit Wasser) das Kreosot aus und kann durch

---

[1]) Gegen Säuren sind die Phenolester recht resistent; es tritt durchaus keine Entwicklung von Kohlensäure ein, falls man Kreosotkarbonat etwa mit verdünnter Schwefelsäure übergiesst. Eine Zersetzung tritt erst nach längerem Kochen ein.

seine physikalischen und chemischen Reaktionen (durch Eisenchlorid,
Formaldehyd und Schwefelsäure und dgl., vgl. S. 93) identifiziert werden.

Prüfung.　　Kreosotkarbonat darf kaum nach Kreosot schmecken, nicht nach
Phosgengas riechen und mit konzentrierter Schwefelsäure nur hellorange
oder hellbraun, nicht dunkelbraun werden. (Prüfung auf teerige Verunreinigungen).

Anwendung.　　Obgleich Kreosotkarbonat über $90^0/_0$ Kreosot enthält, ist es so ungiftig, dass auf einmal bis zu 20 g ohne Schaden genommen werden
können. Die gewöhnliche Dosis für Erwachsene beträgt zweimal täglich 2,0—5,0 g.

Aufbewahrung.　　Vorsichtig aufzubewahren.

Andere Kreosotester sind das Eosot (Baldriansäureester), Tanno-
Kreosotester. sal (Gerbsäureester), Kreosotphosphat und Salokreol (Salizylsäure-
ester).

Kalium
sulfo-
kreosoticum.　　Über ein wasserlösliches Kreostopräparat, Kalium sulfokreoso-
ticum vgl. das unter Kalium sulfoguajacolicum (S. 95) Gesagte.

Nachdem die von SOMMERBRODT u. A. eingeführte Kreosot-Therapie
von einigem Erfolg begleitet war, lag es nahe, den in erster Linie
wirksamen Bestandteil des Kreosots, das Guajakol, daraus zu isolieren
und es therapeutisch anzuwenden.

$$\textbf{Guajakol.} \qquad C_6H_4 \begin{cases} OCH_3 \\ OH \end{cases} = C_7H_8O_2.$$

Guajacolum. Brenzkatechinmonomethyläther.

Allgemeines.　　Entdeckt 1826 von UNVERDORBEN, in die Therapie eingeführt von
SAHLI 1887.

Wie die wissenschaftliche Bezeichnung des Guajakols zeigt, ist es
als ein Methyläther des Benzkatechins, also des o-(1,2)Dioxybenzols
aufzufassen. Ersetzt man im Brenzkatechin den Wasserstoff einer
OH-Gruppe durch Methyl (CH_3), was, wie später zu erörtern, auch
praktisch ausführbar ist, so erhält man das Guajakol, das somit in die
chemische Gruppe der Phenoläther[1]) gehört. Der einfachste Phenol-

---

[1]) Die Phenoläther, die Verbindungen der Phenole mit den Alkoholradi-
kalen, sind nicht mit den Phenolestern, z. B. Salol und Benzonaphthol, zu verwechseln, die man als Verbindungen der Phenole mit den Säureradikalen betrachten kann.

äther, das Anisol ($C_6H_5OCH_3$) oder Phenolmethyläther ist, da das Phenol (C_6H_5OH) nur eine OH-Gruppe besitzt, zugleich auch der einzige Methyläther des Phenols. Im Brenzkatechin $\left(C_6H_4\!\!\begin{array}{c}\diagup OH\\\diagdown OH\end{array}\right)$ lässt sich der Wasserstoff beider OH-Gruppen durch Methyl ersetzen. Dadurch entsteht der Brenzkatechindimethyläther $\left(C_6H_4\!\!\begin{array}{c}\diagup OCH_3\\\diagdown OCH_3\end{array}\right)$, das Veratrol, das indes nicht medizinisch verwendet wird.

Das (auch bei der trockenen Destillation des Guajakholzes entstehende und im Nadelholzteer vorkommende) Guajakol findet sich im Kreosot zu 60—90°/₀ und wird nach verschiedenen Methoden daraus dargestellt.

Man unterwirft Kreosot der fraktionierten Destillation und fängt Darstellung. das bei 200°—205° Übergehende als Rohguajakol auf. Dieses löst man in Äther und versetzt die Lösung mit weingeistiger Kalilauge. Das in Äther unlösliche Guajakol-Kalium scheidet sich ab, wird wiederholt aus Alkohol umkristallisiert und schliesslich durch verdünnte Schwefelsäure zersetzt. Das Guajakol wird frei und kann durch Rektifikation gereinigt werden. Auch mit Magnesium und Baryum, mit Chlorkalzium und Natriumazetat, gibt das Guajakol Verbindungen, die zu seiner Abscheidung benützt werden.

Verestert man das Kreosot, so kann man aus dem Estergemisch den Guajakolester durch Kristallisation gewinnen und daraus durch Verseifung Guajakol herstellen.

Eine weitere Reinigung des durch eine dieser Methoden erhaltenen Guajakols kann man erzielen, wenn man es niedrigen Temperaturen aussetzt. Das Guajakol gefriert bei einer Temperatur aus, bei der seine Verunreinigungen noch flüssig bleiben.

Das im Handel vorkommende Guajakol ist kein chemisch reiner Körper, da es, wenn man vom Kreosot ausgeht, äusserst schwierig und umständlich ist, das Guajakol völlig von seinen Verunreinigungen zu befreien. Es ist ausserdem nicht über jeden Zweifel erhaben, ob nicht gerade diese Verunreinigungen einen wesentlichen Anteil an der Wirkung des Guajakols haben.

Chemisch reines Guajakol erhält man durch die synthetische Darstellung.

1. Man methyliert Brenzkatechin mit Methyljodid oder Dimethylsulfat und Kalilauge oder methylschwefelsaurem Kalium.

Als Nebenprodukt entsteht dabei Veratrol. Man kann indes auch dieses in Guajakol überführen, wenn man es mit Ätzkali und Weingeist auf 180^0-200^0 erhitzt.

Wichtiger und technisch besser ausführbar ist die Gewinnung des Guajakols aus o-Anisidin[1]) $C_6H_4\!\!<^{OCH_3\ (1)}_{NH_2\ \ (2)}$, der Amidoverbindung des Anisols oder Phenylmethyläthers $C_6H_5OCH_3$. Der Gang der Darstellung ist der folgende:

$$C_6H_4\!\!<^{OCH_3}_{NH_2} \quad\longrightarrow\quad C_6H_4\!\!<^{OCH_3}_{N=NOH} \quad\longrightarrow\quad C_6H_4\!\!<^{OCH_3}_{OH}$$

Anisidin   Diazoanisol   Guajakol

Aus dem Anisidin entsteht durch Einwirkung der salpetrigen Säure die Diazoverbindung, die mit Schwefelsäure gekocht wie alle Diazoverbindungen Stickstoff ausscheidet und in das entsprechende Phenol, hier das Guajakol, übergeht, das mit den Wasserdämpfen über-destilliert wird.

 Das reine synthetische Guajakol ist ein in farblosen Prismen kristallisierender Körper, der bei 33^0 schmilzt, bei 205^0 siedet und (bei 0^0) das spez. Gew. 1,1534 besitzt.

Das reinste Guajakol des Handels, sog. Guajacolum absolutum, ist eine farblose oder fast farblose Flüssigkeit, die in Wasser schwer $(1:60)$, leicht in Weingeist und dgl. löslich ist.

In seinem chemischen Verhalten stimmt Guajakol, da es noch eine freie OH-Gruppe besitzt, mit den Phenolen überein. U. a. gibt es mit Alkalien wenig beständige Verbindungen. Mit Jodwasserstoff behandelt zerfällt es in Brenzkatechin und Methyljodid. Mit Zinkstaub geglüht liefert es Anisol $C_6H_5OCH_3$.

Als Identitätsreaktionen können folgende betrachtet werden, die aber auch mit anderen Phenolen und Phenolderivaten in ähnlicher Weise eintreten können:

Die weingeistige Lösung wird mit wenig Eisenchlorid blau, mit mehr smaragdgrün.

---

[1]) Das Anisidin wird aus dem o-Nitrophenol auf folgendem Wege hergestellt:

$$C_6H_4(OH)NO_2 \quad\longrightarrow\quad C_6H_4(OCH_3)NO_2 \quad\longrightarrow\quad C_6H_4(OCH_3)NH_2$$

Nitrophenol   Methylierung   Nitroanisol   Reduktion   Anisidin
                                            $(Sn + HCl)$ (Amidoanisol)

Ein Tropfen der gesättigten wässrigen Lösung gibt mit Formaldehyd und konzentrierter Schwefelsäure Violettfärbung. Mit MILLONS Reagens tritt Rotfärbung, mit Bromwasser ein brauner Niederschlag ein.

Für die Prüfung des Guajakols ist die Feststellung seines spezi- Prüfung. fischen Gewichtes von Wichtigkeit, das nicht unter 1,117 liegen soll. Da das spezifische Gewicht des reinen Guajakols 1,1534 ist, so wird, normale Verhältnisse vorausgesetzt, ein Handelspräparat umsomehr reines Guajakol enthalten, somit desto wertvoller sein, je höher sein spez. Gew. ist. Einen guten Anhaltspunkt für die Güte des Guajakols gibt auch die sog. Natronprobe: 2 ccm Guajakol müssen mit 2 ccm Natronlauge (sp. Gew. 1,3) geschüttelt, nach dem Abkühlen auf Zimmertemperatur zu einer festen Masse von Guajakol-Natrium erstarren. Eine dritte leicht auszuführende Probe ist die Benzinprobe. Reines Guajakol bleibt nicht in Petroleumbenzin gelöst, wenn man es mit der doppelten Menge desselben zusammenschüttelt; schlechte Ware bleibt gelöst.

Von den Farbenreaktionen kann man die mit Eisenchlorid sowohl als die mit Formaldehyd und Schwefelsäure zur Prüfung heranziehen. Die weingeistige Lösung des reinen Guajakols gibt mit Eisenchlorid nur schwache Grünfärbung, während beim Kreosot die blaue Farbe vorwiegt. Je stärker die Färbung nach Blau neigt, desto unreiner wird das Guajakol sein.

Bei der Formaldehyd-Schwefelsäure-Reaktion darf nur Färbung, kein Niederschlag eintreten, der wiederum für Kreosot charakteristisch ist.

Zur Prüfung des Guajakols und der es enthaltenden Präparate lässt sich auch die Methoxylbestimmung heranziehen. Sie beruht darauf, dass das durch Einwirkung von Jodwasserstoff auf Guajakol entstehende Jodmethyl, durch eine weingeistige Silbernitratlösung geleitet, daraus Jodsilber, das dann zur Wägung gebracht wird, abscheidet. Die Methoxylbestimmung dürfte für die Einführung in die Untersuchungspraxis der Apotheke noch nicht einfach genug sein.

Bei Lungentuberkulose in Gaben von mehrmals täglich 0,1—0,2 g Anwendung. allmählich ansteigend bis 6,0 g pro Tag in extremen Fällen. Höchste Einzelgabe 0,5, Tagesgabe 2,0 g.

Guajakol geht, wie andere Phenole an Schwefelsäure oder Gly- Ausscheidung. kuronsäure gebunden, in den Harn über. Zum Nachweis destilliert man mit Salzsäure ab, schüttelt aus dem Destillat das Guajakol mit Äther aus und identifiziert es durch seine oben angegebenen Reaktionen.

Vorsichtig und vor Licht geschützt aufzubewahren. Aufbewahrung.

Wie beim Kreosot und aus denselben Gründen hat man beim Guajakol eine Anzahl von Estern dargestellt, von denen der wichtigste der Kohlensäureester ist.

$$\textbf{Guajakolkarbonat.}\quad CO\Big\langle{}^{OC_6H_4OCH_3}_{OC_6H_4OCH_3} = C_{15}H_{14}O_5$$

Guajacolum carbonicum. Duotal.

Darstellung.　Die Darstellung des Guajakolkarbonats erfolgt nach dem bei Kreosotkarbonat angegebenen Verfahren.

$$2\,C_6H_4\Big\langle{}^{OCH_3}_{ONa} + COCl_2 = 2\,NaCl + CO(OC_6H_4 . OCH_3)_2$$

Guajakolnatrium　　　　　　　　Guajakolkarbonat.

Anstelle des Kohlensäurechlorids kann auch der Chlorkohlensäureäthylester $(COClOC_2H_5)$ genommen werden.

Eigenschaften.　Guajakolkarbonat ist ein weisses, geruch- und geschmackloses, bei ca. 80^0 schmelzendes Pulver, das gegen Lösungsmittel sich fast völlig so verhält wie das Kreosotkarbonat. Sein Gehalt an Guajakol beträgt $91,5^0{}_0$.

Über sein Verhalten gegen Alkalien und Säuren gilt das bei Kreosotkarbonat Gesagte.

Die weingeistige Lösung wird durch Eisenchlorid nicht gefärbt.

Fügt man einen Tropfen einer 0.5%igen Natriumnitritlösung zu der Lösung des Guajakolkarbonats in konzentrierter Schwefelsäure, so entsteht eine rotviolette Färbung.

Anwendung.　Gebräuchliche Gabe für Erwachsene: Zweimal täglich $0{,}5$—$1{,}0$ g steigend bis zu $3{,}0$ g.

Aufbewahrung.　Vorsichtig und vor Licht geschützt aufzubewahren.

Guajakolester.　Andere Guajakolester:

Benzoat (Benzosol) $C_6H_5CO . OC_6H_4OCH_3$ Smp. 61^0.

Phosphat $PO(OC_6H_4 . OCH_3)_3$ Smp. 98^0.

Salizylat (Guajakolsalol) $C_6H_4OHCO(O.C_6H_4OCH_3)$ Smp. 65^0.

Valerianat (Geosot) $C_4H_9CO(OC_6H_4OCH_3)$ Flüssigkeit Sdp. 240—260^0.

Sowohl Guajakol als seine Ester sind in Wasser unlöslich; man ging deshalb weiter darauf hinaus, wasserlösliche Verbindungen des Guajakols herzustellen. Der einfachste Weg hierzu bot sich in der Darstellung einer Sulfosäure und das Kaliumsalz einer Guajakolsulfosäure wurde unter der Bezeichnung Thiokol zur Anwendung gebracht.

Es ist aber eine allgemeine Regel, dass die Sulfosäuren schwächer wirken, als ihre Ausgangsprodukte und davon macht auch Thiokol keine Ausnahme.

$$\textbf{o-Guajakolsulfosaures Kalium.} \qquad \begin{array}{c} OCH_3 \\ OH \\ SO_3K \end{array} = C_6H_3\!\!<\!\!\begin{array}{c} OCH_3 \\ OH \\ SO_3K \end{array} = C_7H_7O_5SK.$$

Kalium o-sulfoguajacolicum. Thiokol.

1898 von C. Schwarz als Guajakol-Ersatzmittel empfohlen. Allgemeines

Wenn man Guajakol mit konzentrierter Schwefelsäure behandelt Darstellung. „sulfuriert", dann entsteht Guajakolsulfosäure[1]).

$$C_6H_4\!\!<\!\!\begin{array}{c} OCH_3 \\ OH \end{array} + H_2SO_4 = C_6H_3\!\!<\!\!\begin{array}{c} OCH_3 \\ OH \\ SO_3H \end{array} + H_2O$$

Guajakol   Guajakolsulfosäure

Bei der Sulfurierung darf die Temperatur von 70—80° nicht überstiegen werden, weil sich sonst an Stelle der o-Säure die nicht verwendbare p-Säure bildet.

Neutralisiert man jetzt mit Baryumkarbonat, so entsteht das in Wasser lösliche Baryumsalz der Guajakolsulfosäure, während die überschüssige Schwefelsäure als Baryumsulfat niedergeschlagen wird. Erstere Verbindung setzt man mit schwefelsaurem Kalium um zu Baryumsulfat und guajakolsulfosaurem Kalium.

$$\left(C_6H_3\!\!<\!\!\begin{array}{c} OCH_3 \\ OH \\ SO_3 \end{array}\right)_2 Ba + K_2SO_4 = BaSO_4 + 2\,C_6H_3\!\!<\!\!\begin{array}{c} OCH_3 \\ OH \\ SO_3K \end{array}$$

Guajakolsulfosaures   Guajakolsulfosaures
Baryum   Kalium

Durch die Sulfurierung ist der typische Geruch und der Geschmack Eigenschaften. des Guajakols fast völlig verloren gegangen. Das guajakolsulfosaure Kalium ist ein weisses, geruchloses, anfangs bitterlich, später süsslich schmeckendes Kristallpulver, das in Wasser leicht, in Alkohol und Alkoholderivaten schwer löslich ist. Die wässerige Lösung reagiert neutral oder schwach alkalisch. Sie gibt mit Weinsteinsäure einen Niederschlag von Weinstein. Die konzentrierte wässerige Lösung wird durch wenig

---

[1]) Die aromatischen Sulfosäuren leiten sich vom Benzol und seinen Derivaten, also auch von den Phenolen dadurch ab, dass die Gruppe SO_3H an die Stelle eines Kernwasserstoffes tritt; die Phenolsulfosäuren sind isomer mit den Phenylschwefelsäuren, z. B. $C_6H_5 \cdot OSO_3H$, bei denen die SO_3H-Gruppe an Stelle des H-Atoms der OH-Gruppe sich befindet.

Eisenchlorid blutrot, mit mehr blau; die verdünnte wird sofort mit Eisenchlorid tiefblau; die Färbung verschwindet beim Erwärmen unter Abscheidung brauner Flocken. Die weingeistige Lösung wird durch Eisenchlorid grün, beim Erwärmen gelb.

Konzentrierte wässerige Lösungen werden mit Spuren von Alkalien
rötlichgelb, die Färbung verschwindet beim Ansäuern.

Prüfung. Mit Chlorbaryum darf die wässerige Lösung keine Fällung oder
Trübung geben (Prüfung auf Kaliumsulfat).

Anwendung. Von o-guajakolsulfosaurem Kalium kann 4 mal täglich 0,5 g genommen werden.

Ausscheidung. Guajakolsulfosäure wird im Organismus (im Gegensatz zu Guajakolkarbonat) nicht gespalten.

Aufbewahrung. Vorsichtig aufzubewahren.

Sirolin, Sirosol. Sirolin und Sirosol sind Mixturen mit Thiokol und Pomeranzenschalen-
sirup. BEDALL hat für eine derartige Mischung folgende Vorschrift gegeben:

Kalium sulfoguajacolicum	10 T.
Aqu.	45
Sir. aur. cort.	95

Ester und Sulfosäuren sind nicht die einzigen Arten von Guajakol-
Guajaform. derivaten, die man hergestellt hat. Zu nennen wären noch Guajaform,
ein Formaldehyd-Kondensationsprodukt und eine neue wasserlösliche
Guajasanol. Guajakol-Verbindung, salzsaures Diäthylglykokoll-Guajakol = Guajasanol

$$C_6H_4\!<^{OCH_3}_{OCOCH_2N(C_2H_5)_2} \cdot HCl \quad (Smp.\ 184^0).$$

Synth. zimtsaures Natrium.

$$C_6H_5 \cdot CH:CH \cdot COONa = C_9H_7O_2Na$$

Natrium cinnamylicum syntheticum. Hetol.

Allgemeines. Auf ganz anderen Grundlagen, als die Guajakol-Therapie der
Tuberkulose beruht das von LANDERER etwa 1892 eingeführte sich
der Zimtsäure bedienende Heilverfahren.

LANDERER will durch Injektionen von zimtsaurem Natron in der Lunge
die gleichen Vorgänge hervorrufen, welche die Natur bei der spontanen
Heilung der Tuberkulose verwendet. Das zimtsaure Natron bringt nämlich an den kranken Stellen der Lungen eine von starker Vermehrung der
weissen Blutkörperchen begleitete Entzündung (Leukozytose) hervor, der
Narbenbildung und Unschädlichmachung der Tuberkelbazillen folgt.

LANDERER hatte es zunächst mit intravenösen Einspritzungen von Perubalsamemulsionen versucht. Nachdem er aber erkannt hatte, dass die Wirkung des Perubalsams ausschliesslich seinem Gehalt an Zimtsäure zu verdanken war, ging er dazu über, Lösungen von zimtsaurem Natrium anzuwenden, um so mehr als bei den Perubalsam-Einspritzungen Embolien (Verstopfung von Blutgefässen) zu befürchten waren.

Die aus natürlichem Material (Storax, Sumatrabenzoe u. a.) gewonnene Zimtsäure lässt sich nach LANDERER zur Herstellung eines therapeutisch verwendbaren Natriumsalzes nicht benützen, weil sie von kleinen Mengen schwer zu entfernender Verunreinigungen begleitet sein soll, welche unangenehme Nebenwirkungen hervorrufen. LANDERER verwendet deshalb nur noch ein aus synthetischer Zimtsäure gewonnenes zimtsaures Natrium. Es wird unter dem Namen Hetol in den Handel gebracht.

Die chemische Bezeichnung der Zimtsäure lautet β-Phenylakrylsäure. Sie leitet sich demgemäss von der Akrylsäure (Äthylenkarbonsäure) $CH_2 : CH . COOH$ dadurch ab, dass die Phenylgruppe C_6H_5 an Stelle eines H-Atom der CH_2-Gruppe also in die β-Stellung[1]) tritt.

Die synthetische Darstellung der Zimtsäure erfolgt mit Hilfe der die Einwirkung von aromatischen Aldehyden auf Fettsäuren benützenden PERKINschen Reaktion, welche ganz allgemein dazu dient, ungesättigte aromatische Säuren herzustellen. Zur Zimtsäuresynthese wird Benzaldehyd mit Natriumazetat und Essigsäureanhydrid erhitzt. Dabei entsteht zunächst durch Addition des Aldehyds mit dem Natriumazetat das β-phenylhydrakrylsaure Natrium, aus dem durch Einwirkung des Essigsäureanhydrids Wasser abgespalten wird, so dass zimtsaures Natrium sich bildet.

I. $C_6H_5CHO + CH_3COONa = C_6H_5 . CHOH . CH_2COONa$
    Benzaldehyd   Natriumazetat β-Phenylhydrakryls. Natrium.

II. $C_6H_5 . CHOH . CH_2COONa = H_2O + C_6H_5 . CH : CH . COONa$
    β-Phenylhydrakrylsaures Natrium   Zimtsaures Natrium.

Das zimtsaure Natrium ist ein weisses kristallinisches Pulver dessen wässerige Lösung (es löst sich in kaltem Wasser 1:20) sehr

---

1) Bei substituierten Säuren bedient man sich bekanntlich der griechischen Buchstaben, um die Stelle, an der die Substitution erfolgt ist, zu bezeichnen und zwar das α für die der Karboxylgruppe zunächst gelegene Gruppe, das β für die folgende usw., z. B. $CH_2OH — CH_2 — CH_2 — COOH$.
$$\gamma \qquad \beta \qquad \alpha$$
γ-Oxybuttersäure

schwach alkalisch reagiert; kocht man die Lösung, so wird die Alkali-
nität stärker, weil durch eine Zersetzung der Zimtsäure sich kohlensaures Natrium bildet. Die wässerige Lösung scheidet auf Zusatz von
verdünnter Schwefelsäure Zimtsäure ab, die durch ihren Schmelzpunkt 133° auf Identität und Reinheit geprüft werden kann.

Mit Eisenchlorid tritt in der Kälte ein gelber, mit Bleiazetat oder
Kalziumchlorid ein weisser, mit Kobaltnitrat beim Erhitzen ein schwach
violetter Niederschlag ein. Auf Zusatz von Kaliumpermanganat tritt
schon in der Kälte, stärker beim Erhitzen der Geruch nach Benzaldehyd auf[1]).

$$C_6H_5 . CH : CH . COOH + 4 O = C_6H_5CHO + 2 CO_2 + H_2O$$

Zimsäure   Benzaldehyd

Stärkere Oxydation führt naturgemäss zur Benzoesäure.

$$C_6H_5CHO + O = C_6H_5COOH$$

Benzaldehyd   Benzoesäure

Im übrigen verhält sich die Zimtsäure wie die übrigen ungesättigten Säuren, zu denen sie durch den Besitz einer doppelten Bindung
zu rechnen ist. Sie addiert Wasserstoff, Halogen, Halogenwasserstoff
usw.

Anwendung. Die Anwendung des zimtsauren Natriums erfolgt in Form subkutaner oder intravenöser Injektion, die jeden 2. oder 3. Tag vorgenommen
werden soll. Die anfängliche Dosis beträgt $^1/_2$—1 mg. Die nach all-
mählicher Steigerung erreichte höchste Gabe ist 15 mg (allerhöchstens
25 mg).

Rezeptur. Die Lösungen müssen, wie gewöhnlich, sorgfältig bereitet und
filtriert werden.

Ausscheidung. Im Körper wird die Zimtsäure zu Benzoesäure oxydiert, die
sich wie die Regel mit Glykokoll paart, so dass im Harn Hippursäure
auftritt.

Salizylsäurederivate.

Der Gruppe der antiseptischen Phenole, wie wir sie seither in
dieser Abteilung vorzugsweise besprochen haben, steht die Salizylsäure
$C_6H_4(OH)COOH$ ihrer chemischen Zusammensetzung und ihrer antiseptischen Wirkung nach sehr nahe. In der Medizin wird sie allerdings
nicht so sehr ihrer antiseptischen Eigenschaften wegen angewendet, als
wegen ihrer antipyretischen und ganz besonders auf Grund ihrer spezi-

---

[1]) Es ist dies dieselbe auf der Oxydation der Zimtsäure beruhende Reaktion, mit welcher das D. A. B. Benzoe und Benzoesäure auf Zimtsäure
untersuchen lässt.

fischen Wirkung bei Gelenkrheumatismus. Für diese Anwendungen ist das Natriumsalizylat ebenso befähigt als die Salizylsäure, während es als Antiseptikum nicht zu gebrauchen ist. Antiseptische Wirkungen kommen nur der freien Säure zu. Beide Substanzen äussern bei innerlicher Anwendung unangenehme Nebenwirkungen: Die Salizylsäure belästigt den Magen und ebenso das Natriumsalizylat, weil aus ihm unter dem Einfluss der Salzsäure des Magens wiederum freie Salizylsäure entsteht.

Ausserdem bewirken beide Substanzen Ohrensausen, Schwindel u. a. m. Derartige Nebenwirkungen hoffte man zu vermeiden, wenn man die Salizylsäure in solchen Verbindungen eingab, die im Organismus nur langsam zersetzt werden. Man hat zu diesem Zwecke besonders Ester wie Salol und Betol hergestellt. In ihnen ist der Karboxylwasserstoff der Salizylsäure, durch Reste von Phenolen ersetzt. Dem gleichen Zwecke dienen die Ester der Salizylsäure mit Alkoholen, insofern sie im Organismus leicht zersetzt werden, was nicht bei allen der Fall ist. Zu den innerlich (und äusserlich) verwendbaren Estern, der Salizylsäure mit einem Alkohol gehört das Glykosal.

Glykosal.

$$\text{OH}\underset{}{\overset{}{\bigcirc}}\text{COO} \cdot \text{C}_3\text{H}_5(\text{OH})_2 = \text{C}_6\text{H}_4\text{OH} \cdot \text{COO} \cdot \text{C}_3\text{H}_5(\text{OH})_2 = \text{C}_{10}\text{H}_{12}\text{O}_5$$

Glycosalum. Monosalizylsäureglyzerinester.

Es lag zunächst nahe, den den Fetten analogen Trisalizylsäureglyzerinester herzustellen. Bei seiner pharmakologischen Prüfung stellte es sich jedoch heraus, dass bei innerlicher Darreichung nur ca. 96 $^0/_0$ davon resorbiert werden. Günstiger verhält sich in dieser Beziehung der Mono-Ester.

Allgemeines.

Seine zuerst TÄUBER gelungene Herstellung erfolgt direkt aus Salizylsäure und Glyzerin, die entweder mit 60 % iger Schwefelsäure oder Kaliumbisulfat oder einem anderen geeigneten Kondensationsmittel auf dem Wasserbad erhitzt werden.

Darstellung.

$$\text{C}_6\text{H}_4\text{OHCOOH} + \text{C}_3\text{H}_5(\text{OH})_3 = \text{H}_2\text{O} + \text{C}_6\text{H}_4\text{OH} \cdot \text{COO} \cdot \text{C}_3\text{H}_5(\text{OH})_2$$

Salizylsäure   Glyzerin   Mono-Salizylsäureglyzerinester.

Das Reaktionsprodukt wird mit Wasser verdünnt, mit Soda schwach alkalisch gemacht und daraus nach nochmaliger Verdünnung mit Wasser durch Äther das Glykosal ausgeschüttelt. Wird aus der durch Kochsalz entwässerten Lösung der Äther abdestilliert, so hinterbleibt das Glykosal als farbloser allmählich kristallisierender Sirup. Es wird durch Umkristallisieren aus Äther oder Benzol gereinigt.

Eigenschaften. Weisses kristallinisches Pulver (Smp. 76°), das schwer in kaltem, leicht in heissem Wasser und in Weingeist löslich ist.

Erhitzt man es für sich allein oder mit Kaliumbisulfat, so treten die unangenehm riechenden Akroleindämpfe auf. (Vom Glyzerin herrührend.) Die wässerige und die weingeistige Lösung geben mit Eisenchlorid blauviolette Färbung (Salizylsäurereaktion).

Mit Alkalien erhitzt wird es leicht verseift.

Anwendung. Glykosal findet äusserlich und innerlich Verwendung. Äusserlich in Salben (5—10%ig) oder in 20—30%igen Lösungen in Weingeist oder Kollodium, innerlich 3—4 mal täglich 0,5—1,0 g. Es passiert den Magen unzersetzt und wird im Darm gespalten.

Ausscheidung. Im Harn kann Salizylsäure nachgewiesen werden.

Wie man in der Salizylsäure das H-Atom der Karboxylgruppe durch Alkoholradikale ersetzen kann, so kann man auch dasjenige der phenolischen Hydroxylgruppe durch Alkohol- oder Säurereste ersetzen. Ein derartiger Körper, die Azetylsalizylsäure (Aspirin), hat grössere praktische Bedeutung gewonnen.

Azetylsalizylsäure.

$$= C_6H_4 \begin{cases} O(CH_3CO) \\ COOH \end{cases} = C_9H_8O_4$$

Acidum aceto (acetylo)-salicylicum. Aspirin.

Allgemeines. Die von DRESER 1899 als Ersatz der Salizylsäure und ihrer Salze empfohlene Azetylsalizylsäure leitet sich von der Salizylsäure dadurch ab, dass die Azetylgruppe CH_3CO an Stelle des H-Atoms der phenolischen OH-Gruppe getreten ist.

Darstellung. Ihre Herstellung erfolgt nach einer der gebräuchlichen Azetylierungsmethoden (s. S. 81), z. B. durch Einwirkung von Essigsäureanhydrid und Natriumazetat oder Azetylchlorid auf Salizysäure bei erhöhter Temperatur. Die beim Erkalten sich ausscheidende Azetylsalizylsäure wird aus wasserfreiem Chloroform umkristallisiert.

Die Azetylsalizylsäure kommt in weissen Kristallnädelchen in den Eigenschaften. Handel, deren Schmelzpunkt bei ca. 135° liegt. Zur Schmelzpunktsbestimmung muss rasch erhitzt werden, weil bei langsamem Erhitzen sich Salizylsäure abspaltet und dann ein zu niedriger Schmelzpunkt gefunden wird. (FERNAU).

Azetylsalizylsäure ist in Wasser schwer, in Alkohol und Äther leicht löslich.

Die frisch bereitete wässerige Lösung darf mit Eisenchlorid nur ganz schwache Violettfärbung, von Spuren freier Salizylsäure herrührend, zeigen. Erst allmählich wird die Flüssigkeit stärker violett, weil die Azetylsalizylsäure sich mit Wasser langsam in Salizylsäure und Essigsäure spaltet.

$$C_6H_4O(CH_3CO)COOH + H_2O = C_6H_4(OH)COOH + CH_3COOH$$

Azetylsalizylsäure   Salizylsäure   Essigsäure.

In der Azetylsalizylsäure ist die den Säurecharakter bedingende COOH (Karboxyl-)Gruppe noch vorhanden; die Azetylsalizylsäure kann deshalb z. B. Karbonate zersetzen. Es ist darum selbstverständlich, dass man Azetylsalizylsäure nicht mit Karbonaten oder anderen Alkalien zusammen verschreibt.

Die durch Einwirkung von Natriumkarbonat auf Azetylsalizylsäure bei Gegenwart von Wasser entstandene neutrale oder schwach saure Lösung gibt mit Eisenchlorid einen hellbraunen, mit Bleiazetat einen weissen, mit Kupfersulfat einen blaugrünen Niederschlag; dagegen keine Fällung mit Baryumchlorid und Quecksilberchlorid.

Zur weiteren Identifizierung kann man durch Kochen mit Natronlauge verseifen. Die mit Schwefelsäure wieder angesäuerte Flüssigkeit lässt bei angemessener Konzentration Salizylsäure niederfallen, während gleichzeitig, besonders beim Erwärmen Essigsäure zu riechen ist.

Präparate, die brenzlich oder nach Essigsäure riechen, sind zu- Prüfung. rückzuweisen. Vgl. das oben über das Verhalten gegen Eisenchlorid Gesagte.

Die Zersetzung der Azetylsalizylsäure in Essigsäure und Salizyl- Rezeptur. säure tritt nach UTZ (jedenfalls unter Mitwirkung der Luftfeuchtigkeit) bereits ein, wenn Azetylsalizylsäure im Mörser energisch gerieben wird. Bei Anfertigung von Pulvermischungen, die Azetylsalizylsäure enthalten, wird darum auf gelindes und nicht zu lange erfolgendes Reiben gesehen werden müssen, wenn man nicht eine andere Mischungsart bevorzugt.

Die Anwendung erfolgt in Pulvern oder Tabletten: Mehrmals Anwendung. täglich 0,5 —1,0 g.

Ausscheidung.   Beim Durchgang durch den Organismus dürfte die Azetylsalizylsäure wohl zum grössten Teile erst im Darm verseift werden, so dass der Magen durch freie Salizylsäure nicht belästigt würde.

Salze der Azetylsalizylsäure.   Die Salze der Azetylsalizylsäure kann man aus ihr durch Neutralisation mit Alkalien erhalten. Das Kaliumsalz, z. B. wenn man ihre weingeistige Lösung mit weingeistiger Kalilauge neutralisiert und dann mit Äther ausfällt.

Mesotan. $C_6H_4\!<\!\genfrac{}{}{0pt}{}{OH}{COOCH_2OCH_3} = C_9H_{10}O_4$

Mesotanum.   Salizylsäuremethoxymethylester

Allgemeines.   Das 1902 von FLORET u. A. empfohlene Mesotan ist ein nur äusserlich verwendetes Salizylsäurederivat. Da die Salizylsäure ätzend wirkt, so hatte man in Fällen, in denen die Ätzwirkung unerwünscht ist, z. B. bei Einreibungen gegen Rheumatismus, bereits früher Verbindungen der Salizylsäure angewendet, so das hauptsächlich aus Salizylsäuremethylester bestehende Wintergrünöl oder an dessen Stelle künstlichen Salizylsäuremethylester $C_6H_4(OH)COOCH_3$. Ihn soll wiederum das Mesotan ersetzen, das, wenn die Formel richtig ist, als ein Salizylsäuremethylester zu betrachten wäre, in welchem an Stelle eines H der Methylgruppe die Methoxylgruppe OCH_3 eingetreten wäre.

Darstellung.   Die Darstellung erfolgt durch Einwirkung von Chlormethyläther[1]) auf Salizylate.

$$C_6H_4OHCOONa + CH_2ClOCH_3 = NaCl + C_6H_4OHCOOCH_2OCH_3$$
Natriumsalizylat   Chlormethyläther   Salizylsäuremethoxymethylester.

Eigenschaften.   Aus Mesotan wird sehr leicht Formaldehyd abgespalten (es riecht nach Formaldehyd). Die Abspaltung soll unter Mitwirkung der Luftfeuchtigkeit nach folgender Formel erfolgen.

$$C_6H_4(OH)COOCH_2OCH_3 + H_2O = C_6H_4(OH)COOH + HCHO + CH_3OH$$
Salizylsäuremethoxymethylester   Salizylsäure Formaldehyd Methylalkohol.

Das Mesotan, eine gelbliche Flüssigkeit (spez. Gew. 1,2 bei 15°). von schwach aromatischem Geruch ist in Wasser schwerlöslich. Leichtlöslich in Alkohol und seinen Derivaten, auch mit Öl mischbar.

Die wässerige Lösung des Mesotans gibt mit Eisenchlorid eine allmählich sehr stark werdende Violettfärbung.

---

[1]) Kann durch Einleiten von Chlorwasserstoff in ein Gemisch von Formaldehyd und Methylalkohol hergestellt werden.

Mit konzentrierter Schwefelsäure gibt Mesotan eine starke Rotfärbung (Doppelwirkung von Salizylsäure und Formaldehyd), ebenso
mit Resorzin und Natronlauge (Formaldehyd-Reaktion).

Wenn man die wässerige Lösung mit Silbernitrat und Salpetersäure versetzt, so bleibt auch nach dem Ausschütteln mit Äther eine
geringe Trübung (Gehalt an Chlor, wohl von der Bereitung herrührend).

Früher waren bei der Aufbewahrung Ausscheidungen zu beob-
achten, die von den Beobachtern teils als Paraformaldehyd (s. S. 57),
teils als Salizylsäure erklärt wurden, jedenfalls aber durch eine Zersetzung des Präparates entstanden waren. Infolge Verbesserung der
Darstellungsmethode sollen sie jetzt nicht mehr auftreten.

Mesotan ist zu gleichen Teilen mit Öl verdünnt dreimal täglich *Anwendung.*
einzupinseln. Es darf weder für sich allein noch in Verdünnung mit
Öl eingerieben werden, da es infolge der Abspaltung von Formaldehyd
sonst die Haut zu sehr reizt.

Mesotan ist gut verschlossen und vor Licht geschützt aufzube- *Aufbewahrung.*
wahren.

Gerbsäure-Derivate.

Wie die Salizylsäure, so ist auch die Gerbsäure eine aromatische
Oxysäure[1]) mit antiseptischen Eigenschaften, die allerdings ihre medizinische Anwendung in erster Linie ihrer adstringierenden Wirkung zuzuschreiben hat. Letztere ist dadurch bedingt, dass Gerbsäure mit Eiweiss
und Gelatine unlösliche Verbindungen zu bilden vermag. Gerbsäure hat
indes zwei Eigenschaften, die ihrer Anwendung als Darmantiseptikum
im Wege stehen: 1. Sie schmeckt schlecht, 2. sie entfaltet ihre adstringierenden Eigenschaften schon ehe sie in den Darm gelangt, z. B. im
Magen, wo diese Wirkung meist nicht erwünscht ist. Zur Herstellung
eines Gerbsäureersatzmittels musste man also darauf hinarbeiten, ein
Präparat zu erhalten, das den Magen unzersetzt passiert und erst im
Darm Gerbsäure abspaltet; nebenbei sollte es, wenn möglich, besser
schmecken als die Gerbsäure. Diese Aufgabe hat durch die Herstellung
von Tannigen, Tannalbin, Tannoform u. a., mehrere Lösungen gefunden.

Tannigen.

Tannigenum. Azetylgerbsäure. Acidum aceto (acetylo)-tannicum.

Auch zur Verbesserung der Eigenschaften der Gerbsäure wandte *Allgemeines.*
man das zur Herstellung neuer Arzneimittel so beliebte Azetylierungs-

---

[1]) Gerbsäure liefert bei der Hydrolyse Gallussäure $C_6H_2(OH)_3COOH$.

verfahren (s. S. 81) an. Es sind aber nicht alle Azetylverbindungen der Gerbsäure zur medizinischen Anwendung geeignet, da die Triazetylgerbsäure und die noch höher azetylierten Produkte durch die schwachen Alkalien des Darmes nicht mehr gespalten werden, also auch unwirksam sind. Man durfte daher zur Erzielung eines wirksamen Präparates nur ein bis zwei Azetylgruppen einführen.

Darstellung. Man erhält ein Gemenge von Mono- und Diazetylgerbsäure, wenn man Gerbsäure mit geeigneten Mengen von Eisessig und Essigsäureanhydrid erhitzt. Giesst man die resultierende Flüssigkeit in Wasser, so scheiden sich die Azetylverbindungen, weil in Wasser unlöslich, aus. Sie sind mit dem Namen Tannigen bezeichnet und von H. Meyer und F. Müller 1894 zuerst therapeutisch verwendet worden.

Eigenschaften. Tannigen ist ein gelblich weisses und, weil in Wasser unlöslich, geschmackloses Pulver, das unter Wasser erwärmt bei 50° erweicht und in Alkohol sowohl als in den wässerigen Lösungen alkalisch reagierender Salze wie Soda und Borax löslich ist.

In kalter Natronlauge ist Tannigen mit brauner allmählich dunkel werdender Farbe löslich.

Schüttelt man Tannigen mit Bleiazetatlösung, so tritt auf Zusatz von Natronlauge eine rosarote Färbung auf. (Rührt von der aus der Gerbsäure sich bildenden Tannoxylsäure her.) Gleichfalls eine Gerbsäurereaktion ist die bei gelindem Erwärmen mit konzentrierter Schwefelsäure eintretende Grünfärbung. Gibt man gleichzeitig Weingeist hinzu, so tritt bei stärkerem Erwärmen der Geruch nach Essigäther auf (Nachweis der Azetylgruppe).

Schüttelt man Tannigen mit Wasser an, so färben sich die Tannigenpartikelchen auf Zusatz von Eisenchlorid blau. Das Filtrat der Anschüttelung gibt aber weder mit Eisenchlorid noch mit saurem chromsaurem Kalium eine Reaktion. Etwa vorhandene freie Gerbsäure würde mit Eisenchlorid Blaufärbung, mit saurem chromsaurem Kalium eine braune Fällung geben.

Prüfung.

Tannigen darf nicht nach Essigsäure riechen.

Anwendung. Erwachsene erhalten zwei- bis dreimal täglich 0,5 g bis 1,0 g Tannigen.

Ausscheidung. Nach dem Einnehmen von Tannigen tritt in den Fäces Gerbsäure und Gallussäure auf.

Tannalbin.

Tannalbinum. Tanninum albuminatum.

Allgemeines. 1896 von Gottlieb, Vierordt u. A. in die Therapie eingeführt. Der Azetylgerbsäure reihen sich als ebenso wichtige Präparate die Verbindungen der Gerbsäure mit Eiweiss an. Verbindungen beider Körper Darstellung. entstehen, wenn Eiweisslösungen durch Gerbsäure gefällt werden. Die so entstandenen Niederschläge sind aber nicht ohne weiteres medizinisch zu verwenden, da sie im Magen schon zersetzt werden. Erhitzt man sie aber 6—10 Stunden auf 110°, dann haben sie die Eigenschaft erlangt, den Magen unzersetzt zu passieren und erst im Darme zersetzt zu werden. Es scheint, dass der Gerbsäure-Eiweiss-Niederschlag auch durch Behandeln mit Weingeist oder Salzsäure die Eigenschaft verliert, im Magen angegriffen zu werden.

Diesen verschiedenen Darstellungsmethoden entsprechend besitzen die im Handel erhältlichen Gerbsäureeiweissverbindungen nicht durchweg ganz dieselben Eigenschaften. Die nachfolgend beschriebenen beziehen sich auf das Tannalbin von Knoll & Co.

Tannalbin ist ein bräunliches etwa 50% Gerbsäure enthaltendes Eigenschaften. Pulver, das zwar in Wasser sehr wenig löslich ist, immerhin aber soviel, dass das Filtrat mit Eisenchlorid eine blaugrüne Färbung, mit Kaliumbichromat einen braunen Niederschlag gibt.

Schüttelt man Tannalbin mit Natronlauge, so wird die Flüssigkeit rasch dunkelbraun. Erhitzt man zum Sieden und übersättigt nach dem Erkalten mit Salzsäure, so wird Schwefelwasserstoff frei, den man durch Einwirkung auf mit Bleiazetat getränktes Papier (Schwärzung) nachweisen kann. Diese Reaktion ist auf das Eiweiss zurückzuführen.

Mit Natronlauge und Bleiazetat gibt Tannalbin eine Rosa-Färbung (s. oben).

Für die Prüfung des Tannalbins ist sein Verhalten gegen künst- Prüfung. lichen Magensaft (Pepsin und Salzsäure) wichtig. Es soll bei 35°—40° darin zum grössten Teile unverändert bleiben. In schwachen Alkalien dagegen, z. B. in 1%iger Sodalösung, soll es sich fast völlig lösen.

Die Anwendung erfolgt in ähnlicher Weise wie die der Azetyl- Anwendung. gerbsäure.

Im Harn und in den Fäces finden sich Gallussäure und andere Ausscheidung. nicht näher bekannte Umwandlungsprodukte.

$$\textbf{Tannoform.}\quad CH_2 \!\! \begin{array}{c} \diagup \; C_{14}H_9O_9 \\[2pt] \diagdown \; C_{14}H_9O_9 \end{array} = C_{29}H_{20}O_{18}$$

Tannoformium. Methylendigerbsäure. Methylenditannin.

1894—95 durch FRANK, v. ÖFELE u. A. zur therapeutischen Anwen- Allgemeines. dung gebracht.

Einen dem Tannalbin und dem Azetyltannin an Wirksamkeit über-
legenen Körper hoffte man zu erhalten, wenn man mit der Gerbsäure
einen zweiten antiseptisch wirkenden Körper kombinierte. Als solcher
war der Formaldehyd geeignet, da er sich mit der Gerbsäure zu einem
in Wasser unlöslichen Körper, dem Tannoform, kondensieren lässt, wie
E. MERCK fand.

Darstellung. Die Darstellung des Tannoforms erfolgte zunächst so, dass man
der wässerigen Gerbsäurelösung Formaldehyd und dann soviel Salzsäure zufügte, als noch ein Niederschlag entstand[1]. Dieselbe Verbindung
bildet sich auch, wenn man die Komponenten unter Druck zusammen-
bringt. Der zur Bildung des Tannoforms führende chemische Vorgang
ist der folgende, wenn man, wie seither üblich, $C_{14}H_{10}O_9$ als die Formel
der Gerbsäure betrachtet:

$$2\,C_{14}H_{10}O_9 + HCHO = CH_2 \Big\langle {\begin{array}{c} C_{14}H_9O_9 \\ C_{14}H_9O_9 \end{array}} + H_2O$$

Gerbsäure Formaldehyd Methylendigerbsäure

Eigenschaften. Das Tannoform ist ein leichtes, weisslich-bräunliches Pulver, das
in Wasser und organischen Lösungsmitteln schwer oder nicht löslich ist.

Die wässerige Lösung des Tannoforms gibt mit Eisenchlorid sofort
eine blaugrüne Färbung, mit saurem chromsaurem Kalium eine braune
Trübung. Tannoform ist in kalter Natronlauge mit roter Farbe löslich.
Wird eine Anschüttelung von Tannoform und Wasser mit konzentrierter
Schwefelsäure unterschichtet, so tritt an der Berührungsstelle eine blau-
grüne Zone auf.

Anwendung. Tannoform wird sowohl innerlich in derselben Gabe wie die andern
Gerbstoffersatzmittel als Darmantiseptikum wie auch äusserlich als
Wundpulver und Trockenantiseptikum benützt.

Tannokol. Ausser diesen Präparaten seien noch erwähnt: das Tannokol, der
Niederschlag, der durch Fällen einer Gelatinelösung mit Gerbsäure er-
Tannopin. halten wird, und das Tannopin, eine Verbindung von Gerbsäure mit
Hexamethylentetramin.

---

[1] Die Fähigkeit der Gerbsäuren, sich mit Formaldehyd leicht zu kondensieren, ist neuerdings von GLÜCKSMANN zur Charakterisierung und Wertbestimmung von Drogen und galenischen Präparaten (Extrakte, Tinkturen) herangezogen worden. Er hat zu diesem Zweck den Begriff der Formaldehydzahl
aufgestellt und versteht darunter die Menge der unter bestimmten Bedingungen
mit Formaldehyd auftretenden Kondensationsprodukte auf 100,0 g des zu untersuchenden Materials berechnet.

B. Jodhaltige Antiseptika.

(Jodoformersatzmittel.)

Eine an Gliedern reiche Gruppe von Antisepticis sind die jodhaltigen. Sie sind sämtlich als Ersatzmitttel des Jodoforms gedacht. Das Jodoform ist zwar ein ganz vorzügliches Trockenantiseptikum, hat aber zwei grosse Nachteile: 1. es riecht unangenehm; 2. es kann von den Wunden aus resorbiert werden und dann im Organismus Vergiftungserscheinungen veranlassen.

Den ersten Nachteil suchte man zunächst dadurch zu umgehen, dass man dem Jodoform stark absorbierende Mittel wie Kumarin oder geruchabsorbierende wie Kaffeepulver zusetzte. Ein anderes Verfahren, das bezweckte, um den Geruch des Jodoforms herumzukommen, ging dahin, es mit anderen Körpern zu verbinden, so dass erst unter dem Einflusse der Wundsekrete wieder Jodoform frei wurde. Zu diesen Körpern gehört das Jodoformin (s. S. 67), ein Additionsprodukt von Hexamethylentetramin und Jodoform, das aber immer schwach nach Jodoform riecht, weil die Zersetzung schon durch die Feuchtigkeit der Luft erfolgt.

Das einzige radikale Mittel, den Jodoformgeruch zu vermeiden, bestand aber doch schliesslich darin, dass man zur Benützung anderer Körper überging, die sich dem Organismus gegenüber wie Jodoform verhielten.

Das Jodoform wirkt nämlich dadurch, dass es in den Wunden durch Einwirkung des Wundsekrets allmählich Jod abspaltet und dem Jod kommt eigentlich die antiseptische Wirkung zu.

Als Jodoformersatzmittel hat man meistens Jodderivate von Phenolen angewendet und unter diesen hat man zwei verschiedene Abteilungen zu unterscheiden:

1. solche, bei denen die OJ-Gruppe vorhanden, bei denen also das Jod an die Stelle des Hydroxylwasserstoffs getreten ist;

2. solche, bei denen das Jod nur an den Benzolkern getreten ist und die demgemäss die Gruppe CJ besitzen.

Nur aus den Körpern der ersten Abteilung wird in den Wunden Jod abgeschieden. Sie können als Jodoformersatzmittel im strengen Sinn gelten, nicht dagegen die der zweiten Abteilung, bei denen das Jod viel zu fest gebunden ist, um in den Wunden abgespalten werden zu können (FRÄNKEL). Ihre antiseptische Wirkung kann aber trotzdem eine stärkere sein, als die ihres phenolischen Ausgangsproduktes, weil als allgemeine Regel gilt, dass die antiseptische Wirkung der Phenole gesteigert wird, wenn Halogen in ihr Molekül eintritt. Die Steigerung erfolgt auch durch Chlor und Brom.

$$\text{Jodol.} \quad \begin{array}{c} NH \\ JC \diagup\diagdown CJ \\ | \quad | \\ JC \underline{\quad} CJ \end{array} = C_4J_4NH$$

Jodolum. Tetrajodpyrrol.

Allgemeines Entdeckt 1885 von CIAMICIAN und SILBER und im selben Jahr von MAZZONI empfohlen.

Obgleich das Jodol das zuerst aufgetauchte Jodoformersatzmittel ist, so hat es sich doch bis heute in der Gunst der Ärzte erhalten, wenn es auch dem Jodoform an Wirksamkeit weit nachsteht.

Das Jodol leitet sich vom Pyrrol[1]) $\begin{array}{c} NH \\ HC \diagup\diagdown CH \\ | \quad | \\ HC \underline{\quad} CH \end{array}$ dadurch ab, dass Jod an Stelle der 4 H-Atome der CH-Gruppen eintritt.

Darstellung. Aus dem Pyrrol entsteht das Jodol schon einfach, wenn man Jod in weingeistiger Lösung auf Pyrrol einwirken lässt.

$$\underset{\text{Pyrrol}}{C_4H_4NH} + 8\,J \rightleftarrows 4\,HJ + \underset{\text{Jodol.}}{C_4J_4NH}$$

Die Reaktion ist eine umkehrbare; man muss deshalb entweder den dabei sich bildenden Jodwasserstoff durch Oxydationsmittel beseitigen oder einfacher, man arbeitet in alkalischer Lösung, so dass man z. B. Jod auf Pyrrolkalium einwirken lässt, wobei dann als Nebenprodukt Jodkalium entsteht.

Man kann auch, was technische Vorteile zu bieten scheint, das Pyrrol erst chlorieren und das so erhaltene Tetrachlorpyrrol in weingeistiger Lösung mit Jodkalium reagieren lassen, wobei dann ebenfalls Jodol entsteht.

$$\text{I.} \quad \underset{\text{Pyrrol}}{C_4H_4NH} + 8\,Cl = 4\,HCl + \underset{\text{Tetrachlorpyrrol.}}{C_4Cl_4NH.}$$

$$\text{II.} \quad \underset{\text{Tetrachlorpyrrol}}{C_4Cl_4NH} + 4\,KJ = 4\,KCl + \underset{\text{Jodol.}}{C_4J_4NH.}$$

---

[1]) Das Pyrrol, eine dem Benzol in mancher Beziehung ähnliche heterozyklische Verbindung, findet sich im Steinkohlenteer und im Knochenöl und entsteht u. a. durch Erhitzen von schleimsaurem Ammonium und durch Reduktion von Succinimid mit Zinkstaub.

Jodol ist ein hellgelbes oder nach längerer Aufbewahrung graues, Eigenschaften. nahezu geruch- und geschmackloses Pulver, das in Wasser fast gar nicht, leicht in Äther und Weingeist, weniger leicht in fetten Ölen und Chloroform löslich ist. Jodgehalt 88,97 %. Beim Erhitzen gibt es Jod ab, auch schon wenn es mit Wasser erhitzt wird.

In konzentrierter Schwefelsäure löst es sich mit grüner Farbe, die beim Erwärmen zunächst intensiver wird, bis schliesslich die violetten Joddämpfe auftreten. Vertreibt man durch weiteres Erhitzen auch das Jod, so wird die Flüssigkeit hellbraun.

Erhitzt man Jodol in einem trockenen Reagensgläschen mit Zinkstaub, so wird es zu Pyrrol reduziert und durch die Einwirkung der Pyrroldämpfe färbt sich ein mit Salzsäure befeuchtetes Streichholz, wenn man es über die Öffnung des Gläschens hält, rot.

Wenn man Jodol mit Natronlauge und dann mit Chloroform erwärmt, so färbt sich die Flüssigkeit violettrot und der Farbstoff geht mit tiefvioletter Farbe allmählich in das Chloroform hinein.

Mit Kokain tritt, wie in der Praxis bei Anfertigung von Kokain-Jodolsalben wiederholt beobachtet wurde, ein eigentümlicher Geruch auf, der indes nicht sehr intensiv ist, so dass diese Reaktion weder zum Nachweis des Jodols noch zu dem des Kokains zu empfehlen ist.

Das Filtrat einer Anschüttelung von 0,5 g Jodol mit 100 ccm Wasser Prüfung. darf durch Silbernitrat nicht oder nur opalisierend getrübt werden.

Jodol wird äusserlich wie Jodoform angewendet; es übt keine Reiz- Anwendung. wirkung aus und spaltet allmählich Jod ab. Seltener ist seine innerliche Anwendung als Ersatz von Jodalkalien (dann mehrmals täglich 0,1—0,2 g).

Vorsichtig und vor Licht geschützt aufzubewahren. Aufbewahrung.

Eine Eiweissverbindung des Jodols, das 36 % Jodol enthaltende Jodolen. Jodolen, ist zur äusserlichen Anwendung bestimmt.

Sozojodol-Natrium.

$$\text{J}\!\!\diagdown\!\!\underset{\overset{|}{\text{OH}}}{\overset{\text{SO}_3\text{Na}}{\bigcirc}}\!\!\diagup\!\!\text{J} + 2\,\text{H}_2\text{O} = \text{C}_6\text{H}_2 \!\!<^{\text{J}_2}_{\substack{\text{OH}\\\text{SO}_3\text{Na}}} + 2\,\text{H}_2\text{O} = \text{C}_6\text{H}_3\text{O}_4\text{J}_2\text{SNa} + 2\,\text{H}_2\text{O}.$$

Natrium sozojodolicum. Dijod-p-phenolsulfosaures Natrium.
Sozojodol leicht löslich.

Sozojodol wurde von OSTERMAYER 1880 entdeckt und von 1887 an Allgemeines. durch die TROMMSDORFFsche Fabrik in Erfurt in grösserem Maßstabe hergestellt.

  Wenn man Schwefelsäure unter Erwärmung auf Phenol einwirken lässt[1], so entsteht die p-Phenolsulfosäure

$$C_6H_5OH + H_2SO_4 = H_2O + C_6H_4(OH)SO_3H$$
$$\text{Phenol} \qquad\qquad\qquad \text{Phenolsulfosäure}$$

Die mit Salzsäure bereitete Lösung des p-phenolsulfosauren Kaliums scheidet auf Zusatz von Chlorjod oder Jodkalium und jodsaurem Kalium das dijod-p-phenolsulfosaure Kalium in Kristallen ab

$$C_6H_4(OH)SO_3K + 2\,JCl = C_6H_2(OH) \cdot J_2 \cdot SO_3K + 2\,HCl$$
$$\text{p-Phenolsulfosaures} \qquad \text{Dijod-p-phenolsulfosaures}$$
$$\text{Kalium} \qquad\qquad\qquad \text{Kalium.}$$

Aus dem Kaliumsalz gewinnt man durch Umsetzung mit Baryumchlorid das schwerer lösliche Baryumsalz und aus diesem macht man durch Schwefelsäure die Dijod-p-phenolsulfosäure $C_6H_2(OH)J_2SO_3H$ frei. Die freie Säure führt auch die kürzere Bezeichnung Sozojodolsäure, ihre Salze[2] werden als Sozojodolverbindungen bezeichnet.

In den Salzen ist meist nur der Wasserstoff der SO_3H-Gruppe durch Metall ersetzt, im Sozojodolquecksilber auch der Wasserstoff der

$$\text{OH-Gruppe}: C_6H_2J_2\!\!\underset{SO_3}{\overset{O}{\diagdown\diagup}}\!\!Hg.$$

Die Salze werden entweder durch doppelte Umsetzung dargestellt, z. B. das Sozojodolsilber aus Sozojodolnatrium und Silbernitrat, oder man neutralisiert die Sozojodolsäure durch kohlensaure Salze.

Die gebräuchlichen Sozojodolsalze sind alle mit Ausnahme des Quecksilbersalzes in Wasser löslich, zum Teil allerdings sehr schwer. Das Quecksilbersalz kann durch Zusatz von Kochsalz wasserlöslich gemacht werden.

  Das Sozojodolnatrium, von dem hier allein ausführlich die Rede sein soll, bildet farb- und geruchlose, süsslich schmeckende Nadeln, die in Wasser (1 : 15), auch in Weingeist und Glyzerin leicht löslich sind. Jodgehalt 52,48 %. Die wässerigen Lösungen reagieren sauer und sind nicht haltbar; der Sonne ausgesetzt scheiden sie besonders rasch Jod ab, ebenso durch Erhitzen. Lösungen des Sozojodolnatriums dürfen deshalb nicht heiss bereitet werden.

Die wässerige Lösung gibt mit Eisenchlorid eine erst blauviolette, später rotviolette Färbung.

---

[1] In der Kälte entsteht die o-Verbindung, die man unter der Bezeichnung Aseptol oder Sozolsäure als Antiseptikum einzuführen versucht hatte.

[2] Die Salze der Dijod-p-phenolsulfosäure kommen neuerdings auch unter der Bezeichnung Ronozolsalze in den Handel.

Versetzt man die wässerige Lösung mit Bromwasser und dann mit Ammoniak, so entsteht ein schmutzig-grüner Niederschlag.

Konzentrierte Schwefelsäure macht aus Sozojodolnatrium erst beim Erwärmen Jod frei.

Die durch Erhitzen des Sozojodolnatriums mit Salpetersäure nach dem Vertreiben der Joddämpfe verbleibende gelbe Flüssigkeit enthält Schwefelsäure und Pikrinsäure, erstere nachweisbar durch Baryumchlorid, letztere u. a. durch die in der neutralisierten Flüssigkeit mit Cyankalium eintretende Rotfärbung.

Von den Schwermetallsalzen gibt u. a. Baryumchlorid nach einiger Zeit eine kristallinische Ausscheidung des schwer löslichen Baryumsalzes, Quecksilberoxydulnitrat sofort eine gelbliche, beim Kochen sich nicht verändernde Fällung. Sublimat gibt keinen Niederschlag.

Auch mehrere Alkaloide, z. B. Morphin, Chinin, Berberin und Kodein geben Sozojodolniederschläge, ebenso Eiweiss, weswegen man auch Sozojodolnatrium in der Harnanalyse als Reagens auf Eiweiss empfohlen hat.

Der in der kalt bereiteten Lösung mit Silbernitrat entstehende Prüfung. Niederschlag sei rein weiss und löse sich in Salpetersäure (Prüfung auf Jodide und Chloride).

Sozojodolnatrium dient teils in 10—25 %-iger Verreibung mit Talk Anwendung. oder Borsäure u. dgl. als Streupulver oder zum Einblasen in die Nase. Seltener wird es in Salbe verordnet.

Den Organismus passiert das Sozojodol ohne zersetzt zu werden; Ausscheidung. das Jod ist sehr fest gebunden (als CJ vorhanden s. S. 107).

Vorsichtig und vor Licht geschützt aufzubewahren. Aufbewahrung.

Weiterhin seien erwähnt:

Sozojodolsäure $C_6H_2J_2(OH)SO_3H + 3\,H_2O$. Nadelförmige, in Sozojodolsäure. Wasser und Weingeist leicht lösliche Prismen.

Sozojodolkalium (oder Sozojodol schwer löslich) $C_6H_2J_2(OH)SO_3K$ Sozojodolkalium. $+ 2\,H_2O$. Prismen in 50 Teilen Wasser löslich.

Sozojodolzink $[C_6H_2J_2(OH)SO_3]_2Zn + 6\,H_2O$ in Wasser und Wein- Sozojodolzink. geist leicht lösliche Nadeln.

$$C_6H_3 \overset{\displaystyle \diagup C_4H_9}{\underset{\displaystyle}{\diagdown} CH_3} \diagdown OJ$$

Europhen. $\qquad = C_{22}H_{29}O_2J.$

$$C_6H_2 \overset{\displaystyle \diagup O}{\underset{\displaystyle \diagdown C_4H_9}{} CH_3}$$

Europhenum. Isobutylorthokresoljodid.

Allgemeines. Das Europhen, seit 1891 durch Siebel, Eichhoff u. A. als Jodoformersatzmittel angewendet, besitzt die Gruppe OJ; das Jod ist somit an die Stelle eines H der OH-Gruppe eingetreten und wird deshalb verhältnismässig leicht wieder abgespalten, weshalb es, wenn auch mit einigen Einschränkungen, unter die eigentlichen Jodoformersatzmittel zu stellen ist.

Darstellung. Die Darstellung des Europhens geht vom o-Kresol $C_6H_4 \diagup^{OH}_{\diagdown CH_3}$ (s. S. 71) aus, das man durch Behandeln mit Isobutylalkohol bei Gegenwart eines Kondensationsmittels in Isobutylorthokresol $C_6H_3 \diagup^{OH}_{CH_3} \diagdown_{C_4H_9}$ überführt. Wird dieses in alkalischer Lösung mit Jod behandelt, dann bildet sich Europhen.

Das Verfahren, auf Phenole in alkalischer Lösung Jod einwirken zu lassen, wird ganz allgemein benützt, wenn es sich darum handelt, Jodderivate der Phenole herzustellen (Messinger und Vortmann, 1889). Häufig findet dann die Jodierung gleichzeitig sowohl am Kerne als an der OH-Gruppe statt. Aus der dadurch entstehenden OJ-Gruppe kann man das J wieder abspalten, wenn man die Verbindung mit Ätzalkalien oder schwefligsauren Salzen behandelt. So erhält man Körper, welche nur noch am Kern Jod enthalten. Ein anderes Verfahren, zu solchen nur am Kern substituierten Phenolen zu gelangen, benützt die Oxysäuren, in die man zunächst Jod einführt, um nachher Kohlensäure abzuspalten. Beide Reaktionen lassen sich auch in einer Operation ausführen. So erhält man das Trijodmetakresol, das unter dem Namen Losophan ebenfalls als Antiseptikum benützt wird, wenn man zu einer mit Natriumkarbonat versetzten verdünnten Lösung von Metakresotinsäure (s. a. S. 73) Jodjodkalium hinzu gibt. Die dabei sich abspielenden Vorgänge dürften die folgenden sein:

$$C_6H_3 \diagup^{CH_3}_{\diagdown COOH}^{-OH} + 6\,J = C_6J_3 \diagup^{CH_3}_{\diagdown COOH}^{-OH} + 3\,HJ$$

Kresotinsäure   Trijodkresotinsäure

$$C_6J_3 \diagup^{CH_3}_{\diagdown COOH}^{-OH} = CO_2 + C_6J_3H \diagup^{OH}_{\diagdown CH_3}$$

Trijodkresotinsäure   Trijodkresol

Das Europhen ist ein gelbliches amorphes, schwach aromatisch Eigenschaften.
riechendes, in Weingeist, Äther und Chloroform, nicht in Wasser lösliches Pulver mit 28,10% Jod. Es gibt schon langsam Jod ab, wenn
man es mit Wasser kocht. Seine weingeistige Lösung wird durch
Eisenchlorid kaum verändert. Identitätsreaktionen sind für das Europhen
nicht bekannt.

Vorsichtig und vor Licht geschützt aufzubewahren. Aufbewahrung.

$$\textbf{Aristol.} \quad \begin{array}{c} C_6H_2(OJ)CH_3 . C_3H_7 \\ | \\ C_6H_2(OJ)CH_3 . C_3H_7 \end{array} = C_{20}H_{24}O_2J_2$$

Aristolum. Dithymoldijodid. Annidalin.

Empfohlen 1890 durch EICHHOFF.

Die Darstellung des Aristols entspricht ganz der des Europhens. Darstellung.
Man löst Thymol $C_6H_3(OH)$ $CH_3 . C_3H_7$ in Kalilauge und gibt Jodjod-
kalium hinzu. Der entstehende braunrote Niederschlag wird nach dem
Filtrieren und Auswaschen auf Tonplatten getrocknet.

Das Aristol ist ein geruch- und geschmackloses rötliches Pulver, Eigenschaften.
das nicht in Wasser, wohl aber in Weingeist, Äther und fetten Ölen,
am besten aber in Chloroform löslich ist. Jodgehalt 46,18%.

Mit Salpetersäure kann man Jod daraus frei machen. Als Identitätsreaktionen können die rotvioletten Färbungen dienen, die seine weingeistige Lösung mit Chlorwasser gibt und die in ähnlicher Weise auch
mit Eisessig und Bleisuperoxyd auftritt. Freies Jod bildet sich dabei nicht.

Die weingeistige Lösung gibt mit Eisenchlorid keine Färbung.
Thymolreaktionen habe ich mit dem Aristol nicht erhalten können, was
wohl damit zusammenhängt, dass es keine Verbindung des Thymols
ist, sondern eine des Dithymols.

Muss eine Lösung des Aristols in Öl bereitet werden, so darf Rezeptur.
man nicht erwärmen, weil es sich sonst zersetzt.

Vorsichtig und vor Licht geschützt aufzubewahren. Aufbewahrung.

$$\textbf{Isoform.} \quad \begin{array}{c} OCH_3 \\ \bigcirc \\ JO_2 \end{array} = C_6H_4 \Big\langle \begin{array}{l} OCH_3 \\ JO_2 \end{array} = C_7H_7O_3J.$$

Isoformium. p-Jodoanisol.

Das 1904 in den Handel gebrachte Isoform ist ein Jodoanisol. Es Allgemeines.
besitzt wie alle Jodoverbindungen die Gruppe JO_2 und leitet sich vom

Anisol ab, dem Methyläther des Phenols $\langle$OCH$_3\rangle$ aus dem es auch dargestellt wird.

Das Anisol selbst kann durch Methylierung von Phenol gewonnen werden, z. B. wenn man eine alkalisch-alkoholische Phenollösung mit Methyljodid erhitzt.

Darstellung. Jodoverbindungen werden im allgemeinen aus den Jodverbindungen durch geeignete Oxydationsmittel hergestellt, wobei zunächst aus der Jodverbindung XJ die Jodosoverbindung XJO und dann erst das Jododerivat XJO$_2$ entsteht. Die Darstellung des Jodoanisols dürfte nicht von der allgemeinen der Jododerivate verschieden sein und nach folgendem Schema vor sich gehen.

$$C_6H_5OCH_3 \rightarrow C_6H_4 \Big\langle \begin{matrix} OCH_3\,(1) \\ J\quad(4) \end{matrix} \rightarrow C_6H_4 \Big\langle \begin{matrix} OCH_3\,(1) \\ JCl_2\quad(4) \end{matrix} \rightarrow C_6H_4 \Big\langle \begin{matrix} OCH_3\,(1) \\ JO\quad(4) \end{matrix}$$

$$\text{Anisol} \qquad \text{p-Jodanisol} \qquad \text{p-Anisoljodidchlorid} \qquad \text{p-Jodosoanisol}$$

$$\rightarrow C_6H_4 \Big\langle \begin{matrix} OCH_3\,(1) \\ JO_2\quad(4) \end{matrix}$$

$$\text{p-Jodoanisol}$$

Das durch Jodierung des Anisols erhaltene Jodanisol wird durch Einleiten von Chlor in das Jodidchlorid übergeführt, das dann durch Behandeln mit Natronlauge in das Jodosoanisol übergeht. Dieses verwandelt sich schon beim Erhitzen auf 100° in die Jodoverbindung. In ähnlicher Weise erhält man die Jodoverbindungen, wenn man die Jodverbindungen durch Chlorkalk oxydiert.

Eigenschaften. Isoform stellt ein weisses Pulver oder silberglänzende Kristallblättchen dar, die, wie alle Jodoverbindungen beim Erhitzen explodieren. Schwer löslich in kaltem, leichter löslich in heissem Wasser, unlöslich in Weingeist und Äther. Jodgehalt 47,74 %.

„Beim Verreiben mit Silbernitratlösung färbt es sich allmählich gelb. Werden 0,1 g Isoformpulver mit 3 ccm konzentrierter Salzsäure übergossen, so scheidet sich ein gelber flockiger Niederschlag aus unter gleichzeitiger Entwicklung von Chlor. In dem filtrierten salpetersauren Auszug des Isoformpulvers erzeugt Ammoniummolybdatlösung einen gelben Niederschlag" (Höchst).

Isoform macht wie alle Jodoverbindungen aus angesäuertem Jodkalium Jod frei. Man kann darauf eine massanalytische Bestimmung des Isoforms gründen. Lässt man 0,3 g Isoform, 40 ccm verdünnte

Essigsäure und 12,0 g einer 10 %igen Jodkaliumlösung in einer Glasstöpselflasche unter häufigem Umschütteln auf einander einwirken und titriert nach ½ Stunde mit $\frac{N}{10}$ -Natriumthiosulfatlösung zurück, so sollen zur Bindung des frei gewordenen Jods nicht weniger als 22,4 und nicht mehr als 22,9 ccm der Lösung verbraucht werden (Höchst).

Das Isoform kommt wegen seiner Explodierbarkeit mit gleichviel Rezeptur. Kalziumphosphat oder Glyzerin vermischt (letztere Mischung als Paste) in den Handel. Die Paste verwendet man zur Bereitung von Salben und wässerigen Suspendierungen. Da beide Mischungen nur 50 % Iso-form enthalten, so muss von ihnen das Doppelte der verschriebenen Isoformmenge verwendet werden.

Für die neben der Benützung als äusserliches Antiseptikum seltene Anwendung. innerliche Verwendung dienen Gelatinekapseln à 0,5 g.

Vorsichtig und vor Licht geschützt aufzubewahren. Aufbewahrung.

Vioform.

$$= C_9H_5ONJCl.$$

Vioformium. Jodchloroxychinolin.

Das 1900 durch E. TAVEL und TOMARKIN empfohlene Vioform ist Allgemeines. ein Derivat des Chinolins. Letzteres leitet sich vom Naphthalin in der Weise ab, dass eine der Verwachsungsstelle der beiden Kerne zunächst gelegene CH-Gruppe durch N ersetzt wird[1]).

Naphthalin   Chinolin

Das Chinolin, C_9H_7N, die im Steinkohlenteer vorkommende Mutter-substanz so vieler wichtiger Körper, wird durch die Skraupsche Syn-

---

1) Das Chinolin steht zum Naphthalin in demselben Verhältnis wie das Pyridin zum Benzol.

these vermittels Erhitzen von Anilin, Glyzerin und Schwefelsäure bei
Gegenwart von Nitrobenzol oder auf ähnliche Weise hergestellt. Es
hat antipyretische (s. S. 118) und antiseptische Eigenschaften, ebenso wie
die zugehörigen Phenole, die o-Oxychinoline[1]) $C_9H_6(OH)N$. Zur Verstär-
kung von deren antiseptischen Eigenschaften führte man noch Chlor und
Jod in das Molekül ein. Und zwar chlorierte man zunächst das o-(8)-

Darstellung. Oxychinolin zu Chlor(5)-Oxy(8)-chinolin. Wird letzteres in alkalischer
Lösung mit einer Lösung von Jod in Jodkalium versetzt, oder bei saurer
Reaktion mit Jodkalium und Chlorkalk, so bildet sich ein gelbbrauner,
voluminöser Niederschlag, das Vioform. Gleichzeitig mit dem Vioform
kann noch freies Jod und unverändertes Chloroxychinolin niedergerissen
werden. Ersteres wird durch Auswaschen mit Natriumthiosulfatlösung
entfernt, letzteres indem man mit 1%iger Salzsäure so oft auf 50° erwärmt, bis der jedesmal ausgewaschene Rückstand nach dem Trocknen
bei 170°—175° schmilzt.

Eigenschaften. Vioform ist ein graugelbes geruchloses, an feuchter Luft zusammen-
ballendes Pulver (aus Eisessig kristallisiert es in gelbbraunen bei 177°
bis 178° schmelzenden Nadeln), das in Wasser nicht und auch in Weingeist nur sehr schwer löslich ist. Jodgehalt 41,57%.

Gibt mit Millons Reagens Grünfärbung; dasselbe tritt in der weingeistigen Lösung durch Eisenchlorid ein. In konzentrierter Schwefelsäure ist es mit brauner Farbe löslich, beim Erwärmen wird Jod frei.
Verdünnt man die nach dem Vertreiben des Jods bleibende braune
Flüssigkeit mit Wasser. so erhält man auf Zusatz von Silbernitrat einen
Niederschlag, der zum grössten Teile in Ammoniak löslich ist (Jodsilber
bleibt ungelöst). Die ammoniakalische Lösung gibt nach dem Ansäuern
mit Salpetersäure eine Trübung von Chlorsilber.

Schüttelt man eine Lösung von Vioform in Choroform mit Salpetersäure, so färbt sich in kurzer Zeit das Chloroform violettrot, die Salpetersäure ziemlich gelb.

Anwendung. Das Vioform soll nicht nur geruchzerstörend wirken, es soll auch
stärkere antiseptische Wirkung besitzen als selbst das Jodoform. Es
kann durch Erhitzen sterilisiert werden, da es ohne zersetzt zu werden
auf 100° erhitzt werden kann. Bei höheren Temperaturen erleidet es
bald Veränderungen. Doch können Vioform-Verbandstoffe bei Gegen-

---

[1]) Ein von einem Oxychinolin sich ableitendes jodfreies Antiseptikum ist
das Chinosol, nach den Angaben der Fabrik oxychinolinschwefelsaures Kali,
in Wirklichkeit ein Gemenge von schwefelsaurem Oxychinolin und schwefelsaurem Kali.

wart von Wasser (Anwendung gespannter Dämpfe) bei 110°—120°
sterilisiert werden.

Vorsichtig und vor Licht geschützt aufzubewahren. Aufbewahrung.

Von sonstigen in die Gruppe der J-haltigen Antiseptika gehörigen
Körper sind noch zu erwähnen:

Nosophen (Tetrajodphenolphthalein) $C_{20}H_{10}O_4J_4$. Nosophen.

Loretin (m-Jod-o-oxychinolinanasulfosäure) $C_9H_4NJ(OH)SO_3H$. Loretin.
Neuerdings kommt es mit Natriumbikarbonat vermischt unter dem
Namen Griserin als innerlich zu verwendendes Mittel gegen Tuberkulose Griserin.
und andere Infektionskrankheiten in den Handel.

Ferner gehören hierher die Jod und Wismut enthaltenden Körper
s. Airol.

III. Fiebermittel.

Wir kennen eine grosse Anzahl von Körpern, besonders unter den Derivaten des Benzols, welche die Eigenschaft besitzen, die Temperatur des fieberkranken Körpers herabzusetzen und vielfach gleichzeitig antiseptisch zu wirken (s. S. 70). Auch eine schmerzlindernde Wirkung zumal gegen Nervenschmerzen kommt vielen unter ihnen, z. B. dem Azetanilid und dem Phenazetin zu, weshalb sie gegen Kopfschmerz u. dgl. viel benützt werden. Die wenigsten von ihnen haben sich in der Praxis als Antipyretika verwenden lassen. Die praktisch wichtigen Antipyretika zerfallen in 3 Abteilungen:

Antipyrin und Verwandte

Anilinderivate

Chininderivate.

Eine Vergleichung der Konstitution dieser Körper konnte vielleicht zeigen, ob sie irgend eine gemeinsame chemische Eigenschaft besitzen, die erklären könnte, warum sie alle antipyretische Wirkung entfalten. Man sieht zunächst, dass alle Körper der drei aufgeführten Abteilungen ringförmige Kerne enthalten, das Chinin den Chinolinkern (s. S. 115), das Antipyrin den Pyrazolkern (s. S. 119) und die Anilinderivate den Benzolkern. Man hätte infolgedessen erwarten können, dass auch andere Körper mit ringförmigen Kernen sich zum Aufbau von Antipyreticis verwenden lassen; allein das trifft z. B. für das Naphthalin (s. S. 115) schon nicht zu.

Des weiteren musste auffallen, dass alle Körper der drei Abteilungen Stickstoff enthalten. Es war deshalb daran zu denken, ob nicht der Stickstoff oder stickstoffhaltige Gruppen besonders an der antipyretischen Wirkung beteiligt sind. Demgegenüber muss darauf hingewiesen werden, dass es einerseits stickstofffreie Körper wie Salizylsäure gibt, die eine typisch antipyretische Wirkung entfalten, andererseits sehr viele stickstoffhaltige ohne eine solche z. B. das Pyridin, das ausserdem noch einen ringförmigen Kern besitzt. Und wenn wir zuletzt noch sehen, dass das Phenylmethylpyrazolon (s. S. 120), ein Körper, der nur um eine Methylgruppe ärmer ist als das Antipyrin, durchaus keine antipyretische Wirkung besitzt, so müssen wir eingestehen, dass uns ein Einblick in das Verhältnis zwischen chemischer Konstitution und antipyretischer Wirkung durchaus abgeht.

Antipyrin und Verwandte.

Antipyrin. $\begin{array}{c} N.C_6H_5\,{}^1) \\ CH_3N\underset{2\;\;3\;\;4\;\;5}{\overset{1}{\diamond}}CO \\ CH_3C\text{---}CH \end{array} = C_{11}H_{12}N_2O.$

Antipyrinum. Pyrazolonum phenyldimethylicum. Dimethylphenylpyrazolon; Analgesin. 1-Phenyl-2,3-Dimethylpyrazolon (5), 1,2,3-Phenyldimethylisopyrazolon.

Das 1884 von L. KNORR entdeckte und von FIHLENE als Antipyretikum Allgemeines. empfohlene Antipyrin war das erste synthetische Antipyretikum, das sich einen festen Platz in der series medicaminum erringen konnte.

Das Antipyrin ist ein Derivat des Pyrazolons oder richtiger des Isopyrazolons. Diese Körper lassen sich theoretisch vom Pyrrol ableiten.

$$\underset{\text{Pyrrol}}{\begin{array}{c} NH \\ HC\overset{1}{\diamond}CH \\ HC\text{---}CH \end{array}} \quad \underset{\text{Pyrazol}}{\begin{array}{c} NH \\ N\;\diamond\;CH \\ HC\text{---}CH \end{array}} \quad \underset{\text{Pyrazolin}}{\begin{array}{c} NH \\ N\;\diamond\;CH_2 \\ HC\text{---}CH_2 \end{array}} \quad \underset{\text{Pyrazolon}}{\begin{array}{c} NH \\ N\;\diamond\;CO \\ HC\text{---}CH_2 \end{array}} \quad \underset{\text{Isopyrazolon}}{\begin{array}{c} NH \\ HN\overset{1}{\diamond}CO \\ HC\text{---}CH \end{array}}$$

---

¹) Oder $\begin{array}{c} NC_6H_5 \\ CH_3N\;\diamond\;C \\ O \\ CH_3C\text{---}CH \end{array}$, vorgeschlagen von MICHAELIS (Annal. d. Chemie,

Bd. 320, S. 45), weil mit Jodmethyl nicht, wie zu erwarten $\begin{array}{c} NC_6H_5 \\ (CH_3)_2JN\;\diamond\;CO \\ CH_3C\text{---}CH \end{array}$,

sondern $\begin{array}{c} N.C_6H_5 \\ CH_3NJ\;\diamond\;C(OCH_3) \\ CH_3C\text{---}CH \end{array}$ entstand.

Ersetzt man im Isopyrazolon den Wasserstoff der NH-Gruppe $(_1)$ durch Phenyl C_6H_5 den der Gruppen $NH(_2)$ und $CH(_3)$ durch je eine Methylgruppe, so erhält man Antipyrin.

Darstellung. Die von KNORR aufgefundene Antipyrinsynthese beruht auf einer Kondensation von Phenylhydrazin und Azetessigester mit nachfolgender Methylierung des Kondensationsproduktes.

Wenn man Azetessigester[1]) und Phenylhydrazin[2]) mischt, so entsteht unter Austritt von Wasser, das entfernt wird, zunächst wahrscheinlich der Phenylhydrazinazetessigester:

$$\underset{\text{Azetessigester}}{\overset{\displaystyle CH_3C.O}{\underset{\displaystyle H_2C.COOC_2H_5}{|}}} + \underset{\text{Phenylhydrazin}}{\overset{\displaystyle H_2N}{\underset{\displaystyle NH.C_6H_5}{|}}} = H_2O + \underset{\text{Phenylhydrazinazetessigester}}{\overset{\displaystyle CH_3C:N.NH.C_6H_5}{\underset{\displaystyle H_2C.COOC_2H_5}{|}}}$$

Aus letzterem spaltet sich beim Erwärmen Alkohol ab; es tritt Ringbildung ein und es entsteht Phenylmethylpyrazolon.

$$\underset{\text{Phenylhydrazinazetessigester}}{\overset{\displaystyle CH_3C:N.NH.C_6H_5}{\underset{\displaystyle H_2C.CO.OC_2H_5}{|}}} = C_2H_5OH + \underset{\text{Phenylmethylpyrazolon}}{\overset{\displaystyle CH_3C:N}{\underset{\displaystyle H_2C - CO}{|}}}\!\!>\!N.C_6H_5$$

oder

$$\begin{array}{c} N.C_6H_5 \\ N \diagup \diagdown CO \\ \| \qquad | \\ CH_3C - CH_2 \end{array}$$

Erhitzt man Phenylmethylpyrazolon im Autoklaven mit Jodmethyl in methylalkoholischer Lösung, bei $100^0{-}120^0$, so wird Jodmethyl addiert. Nach KNORR entsteht dabei zunächst als Zwischenprodukt der Körper

$$\begin{array}{c} N.C_6H_5 \\ CH_3N \diagup \diagdown CO \\ | \qquad | \\ J.CH_3C - CH_2 \end{array}$$

der beim Erhitzen in jodwasserstoffsaures Antipyrin

$$\begin{array}{c} N.C_6H_5 \\ CH_3N \diagup \diagdown CO \\ | \qquad | \\ CH_3C = CH.HJ \end{array}$$

übergeht.

---

[1]) Azetessigester $(CH_3CO).CH_2.COOC_2H_5$ leitet sich vom Essigäther (Essigsäureäthylester) $CH_3COOC_2H_5$ dadurch ab, dass die Azetylgruppe CH_3CO an Stelle eines H-Atoms der CH_3-Gruppe tritt. Er entsteht bei der Einwirkung von Natrium auf Essigäther.

[2]) Phenylhydrazin $C_6H_5.NH.NH_2$ leitet sich vom Diamid oder Hydrazin $NH_2.NH_2$ ab und wird u. a. durch Reduktion des Diazobenzolchlorids $C_6H_5-N_2Cl$ dargestellt.

Durch Natronlauge wird dann das Antipyrin in Freiheit gesetzt. In analoger Weise erhält man Antipyrin, wenn man statt vom Phenylhydrazin auszugehen und zuletzt zu methylieren, von vorneherein symmetrisches Methylphenylhydrazin $CH_3HN.NHC_6H_5$ anwendet.

Ausserdem gibt es noch eine grössere Zahl von Antipyrinsynthesen, von deren Erörterung ich hier absehen muss.

Antipyrin bildet „tafelförmige farblose Kristalle von kaum wahrnehmbarem Geruche und mildem bitterem Geschmacke". Es löst sich „in weniger als 1 T. kaltem Wasser, in etwa 1 T. Weingeist in 1 T. Chloroform und in etwa 50 T. Äther". Smp. 113°.[1] Lässt sich im Vakuum unzersetzt destillieren.

Als Identitätsreaktionen dienen die rote Färbung, welche durch Eisenchlorid entsteht, und die grüne, welche rauchende Salpetersäure (oder besser Natriumnitrit und verdünnte Schwefelsäure) verursacht. Letztere Reaktion beruht auf der Bildung von Nitrosoantipyrin (die CH-Gruppe geht in C—NO über).

Von seinem sonstigen chemischen Verhalten sei erwähnt, dass es mit Zinkstaub erhitzt unter anderem Methylamin und Anilin liefert.

Obgleich das Antipyrin sich gegen Lackmus neutral verhält, so ist es doch als (einsäuerige) Base zu betrachten, da es aus konzentrierter Lösung durch Natronlauge ausgefällt wird und mit Säuren Salze bildet. Auch mit einigen Alkaloidreagentien gibt es infolgedessen Niederschläge, so mit Gerbsäure, Pikrinsäure, Kaliumquecksilberjodid und Quecksilberchlorid. Ausserdem zeigt sich das Antipyrin als einen sehr reaktionsfähigen Körper. Verbindungen gibt es z. B. noch mit Saccharin, Orthoform, Chloral, Butylchloral, mit salizylsauren Salzen u. a. m.

Zur quantitativen Bestimmung des Antipyrins fällt man mit einer titrierten Lösung von Jod in Jodkalium und Jodwasserstoff als $C_{11}H_{12}N_2O.HJ.J_2$ und bestimmt das überschüssige Jod durch Natriumthiosulfat.

Die grosse Reaktionsfähigkeit des Antipyrins bewirkt, dass es in der Rezeptur zu mancherlei Schwierigkeiten Veranlassung gibt. Es darf beispielsweise deshalb nicht als Pulver mit Chloral zusammenverschrieben werden, mit dem es im Mörser zusammen gerieben eine Flüssigkeit bildet; auch mit Natriumsalizylat verschmiert es. Durch gerbsäurehaltige Tinkturen wird es selbstverständlich aus seiner Lösung (s. o.) ausgefällt. Auch Eisensalze, Quecksilbersalze, Natrium bicarbonicum, Spir. aetheris nitrosi, Amylnitrit u. dgl. sind nicht mit Antipyrin zusammen zu verschreiben.

---

[1] Nach Siedler 111°—112°.

Anwendung.   Erwachsene erhalten 0,5—1,0 g im Tage drei- bis viermal täglich bei
mit Fieber verbundenen Krankheiten, Neuralgien, auch bei Gelenkrheumatismus.

Ausscheidung.   Im Harn findet sich Antipyrin nur zum geringsten Teile unverändert, hauptsächlich in Form einer Glykuronsäureverbindung (wahrscheinlich) des Oxyantipyrins. Der Harn ist meist dunkel und gibt mit
Eisenchlorid eine braunrote Färbung.

———————

Antipyreticum   Eine dem Migränin in der Zusammensetzung entsprechende Mischung kann
compositum. man folgendermassen erhalten:

Man schmilzt 6 T. Zitronensäure, 9 T. Koffein und 85 T. Antipyrin in
einer bestgereinigten Porzellanschale unter Fernhaltung allen Staubes auf dem
Dampfbad zusammen (Umrühren nur mit Porzellan- oder Glasstab!), löst die halb
erkaltete Masse von der Porzellanschale los und trocknet mindestens zwei Tage
im Schwefelsäure-Exsikkator. Zuletzt pulvert man es fein.

———————

Eine Theorie der antipyretischen Wirkung des Antipyrins fehlt,
obgleich viele dahingehenden Versuche gemacht wurden. Immerhin
haben diese Versuche nach einigen Richtungen hin Aufklärung geschaffen.
So wissen wir jetzt, dass die CH_3-Gruppe am N zur Wirkung absolut
notwendig ist. Das Phenylmethylpyrazolon besitzt, wie bereits erwähnt,
keinerlei antipyretische Eigenschaften.

Man versuchte dann, ob die antipyretischen Eigenschaften des
Antipyrins nicht etwa von dem einen seiner Ausgangsprodukte, dem
Phenylhydrazin herrührten. Phenylhydrazin wirkt zwar antipyretisch,
kann aber nicht medizinisch angewendet werden, weil es ein schweres
Gift ist und die roten Blutkörperchen zerstört. Man stellte deshalb die
weniger giftigen Derivate Azetyl-, Benzoyl-Phenylhydrazin u. a. her; allein
diese erwiesen sich gleichfalls als noch zu giftig. Keines der Phenyl-
hydrazinpräparate hat eine grössere Verbreitung gefunden, auch nicht
Antithermin. das meistgenannte unter ihnen, das Antithermin (Smp. 108⁰), eine
Verbindung des Phenylhydrazins mit der Lävulinsäure (CH_3COCH_2.
CH_2COOH)

$$C_6H_5 . HN - N = C \Big\langle \begin{matrix} CH_3 \\ CH_2 . CH_2COOH \end{matrix}$$

Antithermin

Eine andere Richtung suchte vom Antipyrin ausgehend dadurch zu
wirksameren Arzneimitteln zu kommen, dass man das Antipyrin mit
verschiedenen Säuren kombinierte. So entstand das Salipyrin = salizyl-

saures Antipyrin und das Tussol $C_{11}H_{12}N_2O.C_6H_5.CHOH.COOH$ Tussol. (Smp. 52°—53° das Salz des Antipyrins mit der Mandelsäure (Phenyl-glykolsäure $C_6H_5CHOH.COOH$).

Salipyrin. $C_{11}H_{12}N_2O.C_7H_6O_3$

Salipyrinum. Pyrazolonum phenyldimethylicum salicylicum. Antipyrin-salicylat.

Die Darstellung dieses Körpers erfolgt nach B. Fischer am besten Darstellung. so, dass man 57,7 T. Antipyrin mit 42,3 T. Salizylsäure auf dem Dampf-bade zusammenschmilzt. Die so entstehende ölige Flüssigkeit erstarrt beim Erkalten. Zuletzt kristallisiert man aus Alkohol um. Der bei der Bildung des Salipyrins vor sich gehende chemische Prozess ist ein sehr einfacher: Es tritt ein Molekül Antipyrin mit einem Molekül der Salizyl-säure zusammen. Aber nicht die Karboxylgruppe (COOH) der letzteren stellt (entgegen früheren Anschauungen) die Verbindung her, sondern die OH-Gruppe. Das Salipyrin kann, da die COOH-Gruppe noch frei ist, Metallsalze bilden und würde deshalb besser statt Antipyrinsalizylat Antipyrinsalizylsäure genannt.

„Weisses grobkristallinisches Pulver oder sechsseitige Tafeln von Eigenschaften. schwach süsslichem Geschmacke, in etwa 200 Teilen kaltem, in 25 Teilen siedendem Wasser, leicht in Weingeist, weniger leicht in Äther löslich. Smp. 91°—92°."

Salipyrin gibt die Reaktionen des Antipyrins. Kocht man es mit Wasser und Salzsäure, so scheidet sich beim Erkalten Salizylsäure ab, die durch ihre Violettfärbung mit Eisenchlorid identifiziert werden kann.

Zur quantitativen Bestimmung des Antipyrins und der Salizylsäure empfiehlt Fernau folgendes Verfahren:

1,0 g Substanz wird in ca. 20 g Alkohol gelöst, die Lösung mit Quantitative Lauge alkalisch gemacht, mit ca. 80 g Wasser verdünnt und hierauf Bestimmung. dreimal mit je 20 ccm Chloroform ausgeschüttelt. Das Chloroformextrakt, bei 95° C. bis zur Gewichtskonstanz getrocknet, ergibt das Antipyrin. Die nach dem Ausschütteln mit Chloroform im Scheidetrichter verblei-bende alkalische Flüssigkeit wird mit Salzsäure stark angesäuert, die ausfallende Salizylsäure in Äther aufgenommen und nach erfolgtem Ab-dunsten des Äthers und 24-stündigem Stehen im Exsikkator gewogen.

Mehrmals täglich 0,5—1,0 g bei den Leiden, bei welchen Antipyrin Anwendung. oder Salizylsäure zur Verwendung kommen.

Auch die Verbindungen des Antipyrins mit anderen nicht sauren Körpern sollten ebenfalls medizinisch verwendet werden, z. B. das

Chinopyrin, eine Chinin-Antipyrinverbindung; dann auch eigentliche Derivate des Antipyrins, z. B. die Halogenderivate: Monobrom- und Monojodantipyrin. Interessanter waren die Versuche, die darauf hinausgingen, Homologe des Antipyrins herzustellen. Wenn man bei der Synthese an Stelle des Phenylhydrazins Tolylhydrazin[1] $CH_3 \cdot C_6H_4 \cdot$ HN . NH_2 anwendet, so erhält man das **Tolypyrin** (Smp. 136^0—137^0), das nächste Homologe des Antipyrins, das $N \cdot C_6H_4 \cdot CH_3$ an der Stelle besitzt, an der die $N \cdot C_6H_5$-Gruppe des Antipyrins sich befindet.

Tolypyrin.

Das Tolypyrin hat vor dem Antipyrin keinerlei Vorzüge, eher noch Nachteile, so dass weder es selbst, noch seine Salizylsäureverbindung, das **Tolysal**, sich Eingang verschaffen konnten.

Das einzige Antipyrin-Derivat, das Erfolge aufzuweisen hatte, ist das Pyramidon.

$$\textbf{Pyramidon.} \qquad \begin{array}{c} N . C_6H_5 \\ CH_3N \diagup \diagdown CO \\ | \qquad | \\ CH_3 . C =\!\!= C . N(. CH_3)_2 \end{array} = C_{13}H_{17}ON_3.$$

Pyramidonum. 4-Dimethylamidoantipyrin. Dimethylamidodimethyl-
phenylpyrazolon.

Zuerst 1896 von Filehne empfohlen.

Darstellung.

Zur Darstellung des Pyramidons reduziert man das Nitrosoantipyrin, das durch Einwirkung von salpetriger Säure auf Antipyrin entsteht (s. S. 121), zu Amidoantipyrin. Das Amidoantipyrin wird methyliert.

$$\begin{array}{c} N . C_6H_5 \\ CH_3N \diagup \diagdown CO \\ | \qquad | \\ CH_3C =\!\!= CNO \end{array} \rightarrow \begin{array}{c} N . C_6H_5 \\ CH_3N \diagup \diagdown CO \\ | \qquad | \\ CH_3C =\!\!= C . NH_2 \end{array} \rightarrow \begin{array}{c} N . C_6H_5 \\ CH_3N \diagup \diagdown CO \\ | \qquad | \\ CH_3C =\!\!= C \ N . (CH_3)_2 \end{array}$$

Nitrosoantipyrin $\qquad$ Amidoantipyrin $\qquad$ Dimethylamidoantipyrin.

Eigenschaften.

Pyramidon ist ein weissliches nahezu geschmackloses Pulver, das bei 108^0 schmilzt und sich in 10 Teilen Wasser zu einer alkalisch reagierenden Flüssigkeit löst. Pyramidon ist also stärker basisch als Antipyrin. Pyramidon gibt mit Oxydationsmitteln wie Wasserstoffperoxyd, Natriumpersulfat u. a. blaue bis violette Färbungen. Mit wenig Eisenchlorid tritt eine rote, mit mehr ebenfalls eine violette Färbung auf.

Mit wenig Jodjodkalium entsteht zunächst ein grünschwarzer Niederschlag, der unter Auftreten einer violetten Färbung wieder in Lösung

---

[1]) Das Tolylhydrazin steht zum Toluol $C_6H_5CH_3$ oder dessen Radikal $C_6H_4 \cdot CH_3$ in demselben Verhältnis wie Phenylhydrazin zu Benzol C_6H_6 und dessen Radikal C_6H_5.

geht. Diese Erscheinung kann bei vorsichtigem Zusatz sich mehrmals wiederholen, bis schliesslich ein braunroter Niederschlag ausfällt.

Auch mit einigen anderen Alkaloidreagentien treten Niederschläge ein z. B. mit Sublimat, Kaliumquecksilberjodid, Gerbsäure und Pikrin-säure. Mit NESSLERS Reagens weisser Niederschlag. Mit salpetriger Säure, durch die Antipyrin grün wird, färbt sich Pyramidon violettblau; durch genügenden Zusatz der Säure (Schwefelsäure und Natriumnitrit) verschwindet die Färbung wieder, während die Grünfärbung, die durch Antipyrin verursacht wird, bestehen bleibt. Man kann dies dazu be-nützen, um eine Verfälschung des Pyramidons durch Antipyrin nachzu-weisen[1]). (BOURCET.)

Prüfung.

In der Rezeptur können sich die Farbenreaktionen des Pyra-midons unliebsam bemerkbar machen, wenn gleichzeitig irgend ein Oxy-dationsmittel z. B. Eisenchlorid verschrieben wird. Auch arabischer Gummi kann ähnlich wirken, da er ein oxydierendes Enzym, eine „Oxy-dase" enthält. Man kann aber in diesem Fall den Eintritt einer Fär-bung vermeiden, wenn man den Gummi vorher auf 85° erhitzt und dadurch das Enzym zerstört.

Rezeptur.

Pyramidon wirkt dreimal so stark als Antipyrin; es werden infolge-dessen entsprechend geringere Mengen des Pyramidons eingenommen. Die gewöhnliche Gabe beträgt 0,3 g.

Anwendung.

Im Harn tritt nach dem Einnehmen von Pyramidon ausser Anti-pyrylharnstoff ein roter Farbstoff, die Rubazonsäure, die „Purpur-säure der Pyrazolreihe" auf. Die Pyramidonharne geben mit Oxy-dationsmitteln violette Färbungen, so mit Eisenchlorid oder wenn man mit alkoholischer Jodlösung überschichtet.

Ausscheidung

Vorsichtig aufzubewahren.

Aufbewahrung.

---

[1]) Einen anderen, gleichzeitig quantitativ verwertbaren, Nachweis für Anti-pyrin in Pyramidon hat PATEIN angegeben: Man löst 1 g des zu prüfenden Pyramidons in 5 ccm Wasser und 5 ccm Salzsäure, setzt 2 ccm 40 %/o iges Formalin hinzu und lässt entweder vier Tage bei gewöhnlicher Temperatur stehen oder erhitzt vier Stunden auf dem Wasserbade. Dann verdünnt man mit 10 ccm Wasser und macht mit Ammoniak alkalisch. Bei Abwesenheit von Antipyrin bleibt die erkaltete Flüssigkeit völlig klar, bei Gegenwart von Antipyrin scheidet sich dagegen das in Wasser fast unlösliche Diantipyrinmethan

$$C_{11}H_{11}N_2O - CH_2 - C_{11}H_{11}N_2O + H_2O$$

ein Kondensationsprodukt aus Antipyrin und Formaldehyd (Smp. 177°—179°) ab, das abfiltriert und nach dem Auswaschen und Trocknen gewogen werden kann. 0,21 g Antipyrin liefern 0,18—0,2 g Diantipyrinmethan.

Von den Verbindungen des Pyramidons sei erwähnt das Dimethyl-
Trigemin. amidoantipyrin-Butylchloralhydrat oder Trigemin = $C_{13}H_{17}N_3O \cdot C_4H_7O_2Cl_3$ (Smp. 83^0—85^0).

Anilinderivate.

Die zweite Abteilung der Antipyretika leitet sich vom Anilin ab und zerfällt in zwei Unterabteilungen, in die Derivate 1. des Anilins $C_6H_5NH_2$, 2. des p-Oxyanilins oder des p-Amidophenols $C_6H_4 {\Large\langle} {\ {}^{OH\ (1)} \atop {}_{NH_2\ (4)}}$

Der Repräsentant der ersten Gruppe ist das Azetanilid $C_6H_5 \cdot NH \cdot (CH_3CO)$. Wenn das Azetanilid den Körper passiert, so wird die Azetyl-gruppe allmählich abgespalten; es bildet sich Anilin, das eine bedeutende antipyretische Wirkung besitzt. Wenn man trotzdem nicht Anilin oder seine Salze medizinisch verwendet, so rührt dies davon her, dass diese Substanzen viel zu giftig sind. Das Azetanilid ist weniger giftig als das Anilin, weil letzteres nur sehr langsam daraus abgespalten wird, die Anilin-wirkung sich also auf längere Zeit verteilt. An Stelle des Essigsäure-restes hat man in das Anilin auch noch andere Säurereste eingeführt, z. B. den Rest der Ameisensäure (Formanilid $C_6H_5NH \cdot (HCO)$), der Benzoe-säure (Benzanilid $C_6H_5 \cdot NH \cdot (C_6H_5CO)$), der Salizylsäure (Salizylsäure-anilid $C_6H_5 \cdot NH \cdot (C_6H_4OH \cdot CO)$). Die Anilide mit aromatischen Säure-resten wirken beträchtlich schwächer als das Azetanilid, weil sie nur in geringem Masse oder gar nicht im Körper zerlegt werden. Das Formanilid ist giftiger. Erwähnung verdient noch das in Wasser relativ leicht lösliche Anilid der Glykolsäure $CH_2OHCOOH$; es ist dies das auch lösliches Antifebrin genannte Oxyazetanilid $C_6H_5NH \cdot CH_2OHCO$, Smp. 130^0. Das Anilin, das aus Azetanilid oder den anderen im Körper zerlegbaren Aniliden gebildet wird, verlässt den Körper nicht als solches, sondern wird in p-Amidophenol umgewandelt, und es liess sich zeigen, dass nur diejenigen Anilinderivate eine antipyretische Wirkung besitzen, aus denen im Körper p-Amidophenol entsteht. Der Übergang von Anilin in p-Amidophenol bedeutet zugleich eine Abschwächung der Giftwirkung[1]) und so kam man dazu, auch das ebenfalls antipyretisch wirkende p-Amidophenol auf seine Wirkung zu prüfen. Das p-Amido-

---

[1]) Die Hydroxylierung aromatischer Körper ist eines der Mittel, mit denen sich der Organismus gegen ihre Giftwirkung schützt, weil er sie dann durch Bindung an Schwefelsäure oder Glykuronsäure durch den Harn wegzuschaffen vermag.

phenol erwies sich in der Tat ungiftiger als das Azetanilid, aber immer noch zu giftig. Durch Einführung von Säureradikalen in die Amidogruppe und durch Verätherung der Phenolgruppe kam man dann zu brauchbaren Körpern. Der wichtigste unter ihnen ist das Phenazetin.

$$\textbf{Phenazetin.} \quad \underset{NH.CH_3CO}{\overset{OC_2H_5}{\bigcirc}} = C_6H_4\!\!\begin{array}{l}OC_2H_5\\ NH.CH_3CO\end{array} = C_{10}H_{13}O_2N.$$

Phenacetinum. Oxäthylazetanilid. Azetamidophenyläthyläther. Azetylp-Phenetidin.

Das 1887 von KAST und HINSBERG entdeckte und in die Therapie

eingeführte Phenazetin leitet sich vom p-Amidophenol $\underset{NH_2}{\overset{OH}{\bigcirc}}$ in der Weise

ab, dass das H-Atom der OH-Gruppe durch Äthyl C_2H_5 und ein H-Atom der NH_2-Gruppe durch den Essigsäurerest (Azetyl) CH_3CO ersetzt wird.

Da der Äthyläther des p-Amidophenols, also der Körper $\underset{NH_2}{\overset{OC_2H_5}{\bigcirc}}$

p-Phenetidin genannt wird, so erklärt sich daraus die Bezeichnung Azetyl-p-Phenetidin.

Durch Azetylierung des Phenetidins kann das Phenazetin auch her· Darstellung. gestellt werden. Das Phenetidin wird vom Phenol aus gewonnen.

Trägt man Phenol in Salpetersäure (spez. Gew. 1,11) unter Kühlung ein, so entstehen von den drei möglichen Nitrophenolen die o- und die p-Verbindung.

$$C_6H_5OH + HNO_3 = C_6H_4\!\!\begin{array}{l}OH\\ NO_2\end{array} + H_2O$$

Phenol $\qquad\qquad$ Nitrophenol.

Aus dem Gemenge kann das o-Nitrophenol durch Destillation mit Wasserdampf entfernt werden. Die p-Verbindung, die zurückbleibt, wird mit konzentrierter Natronlauge behandelt. Es entsteht dann ihre in Natronlauge schwer lösliche Natriumverbindung, die zur Reinigung benützt wird.

Das p-Nitrophenolnatrium wird durch Jodäthyl in den Äthyläther des p-Nitrophenols, p-Nitrophenetol [1]) genannt, verwandelt.

$$C_6H_4\!\!<^{ONa}_{NO_2} + C_2H_5J = NaJ + C_6H_4\!\!<^{OC_2H_5}_{NO_2}.$$

Nitrophenol   Äthyljodid   Nitrophenetol.

p-Nitrophenetol $C_6H_4\!\!<^{OC_2H_5}_{NO_2}$ geht durch Reduktionsmittel in p-Ami-

dophenetol oder p-Phenetidin $C_6H_4\!\!<^{OC_2H_5}_{NH_2}$ über, das, schliesslich durch

Kochen mit Eisessig azetyliert, Phenazetin $C_6H_4\!\!<^{OC_2H_5}_{NH(CH_3CO)}$ liefert.

Da die Gewinnung des reinen p-Nitrophenols Schwierigkeiten macht, so zieht man in der Technik ein anscheinend umständlicheres, aber in Wirklichkeit glatteres Verfahren vor.

p-Phenetidin, das man aus p-Amidophenol durch Äthylierung gewinnen kann, wird durch salpetrige Säure in eine Diazoverbindung übergeführt.

$$C_6H_4\!\!<^{OC_2H_5}_{NH_2} + HNO_2 = C_6H_4\!\!<^{OC_2H_5}_{N:NOH} + H_2O$$

p-Phenetidin   p-Oxäthyldiazobenzol.

Bringt man dieses bei Gegenwart von Natriumkarbonat mit Phenol zusammen, so entsteht Äthyl-(Di-p-)Dioxyazobenzol

$$C_6H_4\!\!<^{OC_2H_5}_{N:NOH} + C_6H_5OH = C_6H_4\!\!<^{OC_2H_5}_{N:N.C_6H_4OH} + H_2O$$

p Oxäthyldiazobenzol   Phenol   Äthyl (Di-p-)Dioxyazobenzol.

Letzteres geht durch Äthylierung in die Diäthylverbindung über, nämlich in

$$C_6H_4\!\!<^{OC_2H_5}_{N:N.C_6H_4.OC_2H_5}$$

Di-p-Diäthyldioxyazobenzol.

Daraus entstehen dann durch Reduktion mit Zinn und Salzsäure zwei Moleküle p-Amidophenetol oder p-Phenetidin

$$C_6H_4\!\!<^{OC_2H_5.}_{N:}\ \ ^{}_{N.C_6H_4OC_2H_4}$$

$$+\,2\,H \qquad\qquad +\,2\,H$$

$$= C_2H_5O\!\!>C_6H_4$$

$$C_6H_4\!\!<^{OC_2H_5}_{NH_2} + NH_2$$

p-Phenetidin   p-Phenetidin.

____

[1]) Phenetol ist der Phenyläthyläther $C_6H_5OC_2H_5$.

Die Hälfte der Ausbeute wird zu Phenazetin azetyliert, die andere Hälfte wird wiederum zur Darstellung einer neuen Menge von Phenetidin verwandt.

Nach einem dritten Verfahren wird Phenazetin durch Erhitzen von Azetylamidophenol, äthylschwefelsaurem Kalium und weingeistiger Kalilauge hergestellt.

„Farblose glänzende Kristallblättchen, ohne Geruch und ohne Geschmack, Smp. 134°—135°. Phenazetin löst sich in 1400 Teilen kaltem Wasser und in etwa 70 Teilen siedendem Wasser, sowie in etwa 16 Teilen Weingeist. Die Lösungen reagieren neutral. Beim Schütteln mit Salpetersäure wird Phenazetin gelb gefärbt." Es wird Nitrophenazetin gebildet. Eigenschaften.

Gegen Säuren und Alkalien ist Phenazetin ziemlich widerstandsfähig (jedenfalls weit widerstandsfähiger als Azetanilid). Doch wird beim Erhitzen z. B. mit konzentrierter Salzsäure allmählich p-Phenetidin abgespalten. Setzt man dann Wasser hinzu, so gibt das Filtrat mit Oxydationsmitteln, wie Chromsäure oder Natriumhypochlorit, rubinrote oder violette Färbung.

Eine ähnliche Reaktion kann man auf einfacherem Wege herbeiführen, wenn man Phenazetin mit Millons Reagens übergiesst. Es tritt dann eine allmählich immer stärker werdende Violettfärbung ein, die schliesslich wieder abnimmt und in braunrot übergeht.

Die durch Kochen mit Salzsäure erhaltene Flüssigkeit gibt ferner die sogenannte Indophenolreaktion: Setzt man ein wenig Karbolsäurelösung und Chlorkalk hinzu, so entsteht eine rote Färbung, die durch Ammoniak in ein tiefes Blau übergeht.

Eine Verfälschung des Phenazetins mit Azetanilid würde daran erkannt werden, dass schon nach kurzem Kochen mit Natronlauge und Chloroform der widerliche Isonitrilgeruch auftreten würde. Das Arzneibuch benützt für die Prüfung auf Azetanilid den Umstand, dass Azetanilid viel leichter in Wasser löslich ist als Phenazetin und dass die Lösung mit Bromwasser eine Trübung gibt. 0,1 g Phenazetin soll in 10 ccm heissem Wasser gelöst, nach dem Erkalten ein Filtrat geben, welches durch Bromwasser, bis zur Gelbfärbung zugesetzt, nicht getrübt wird. Prüfung.

Phenazetin wird in Gaben von 0,5—1,0 g mehrmals täglich angewendet. Grösste Einzelgabe 1,0 g, grösste Tagesgabe 5,0 g. Anwendung.

Der nach dem Einnehmen von Phenazetin gelassene Harn enthält Amidophenetol und wohl auch Amidophenol. Er gibt infolgedessen die Indophenolreaktion. Ausscheidung

Versetzt man den Harn mit Salzsäure und Natriumnitrit, dann mit einer alkalischen Lösung von α-Naphthol und macht schliesslich mit Natronlauge alkalisch, so tritt rote Färbung auf, die durch Ansäuern in Violett übergeht.

Aufbewahrung. Vorsichtig aufzubewahren.

Wie üblich hat man am Molekül des Phenazetins, das allen an ein Antipyretikum zu stellenden Anforderungen entspricht, herumge-ändert, um wo möglich zu noch besser wirkenden Präparaten zu kommen. Man hat z. B. an Stelle der Äthylgruppe andere Alkohol-radikale eingeführt wie das Methyl im Methazetin. Der Wasserstoff der Imidgruppe (NH) konnte noch durch Alkohol- oder Säurereste ersetzt werden und endlich konnten an Stelle der Azetylgruppe andere Säureradikale eingeführt werden. Die Reste aromatischer Säuren erwiesen sich hier, wie bei den Analogen des Azetanilids als unwirksam; von den Phenetididen mit Radikalen von Fettsäuren hat sich neben dem auch hypnotisch wirkenden Propionyl-p-Phenetidin $C_6H_4{<}^{OC_2H_5}_{NH(C_2H_5CO)}$

Triphenin. Smp. 120°, genannt **Triphenin**, das Lactophenin $=$ Laktyl-p-Phenetidin, von SCHMIEDEBERG 1894 empfohlen, am wirksamsten erwiesen, da der Milchsäurerest die schmerzstillende Wirkung verstärkt.

$$\textbf{Lactophenin.} \quad \underset{NH\,.\,(CH_3CHOHCO)}{\overset{OC_2H_5}{\bigcirc}} = C_6H_4{<}^{OC_2H_5}_{NH\,.\,(CH_3\,.\,CHOHCO)} = C_{11}H_{15}O_3N.$$

Lactopheninum. Laktyl-p-Phenetidin.

Darstellung. Zur Darstellung des Laktophenins erhitzt man entweder p-Phenetidin mit Milchsäureanhydrid oder Milchsäureestern oder man erhitzt milchsaures Phenetidin

$$C_6H_4{<}^{OC_2H_5}_{NH_2\,.\,CH_3CHOH\,.\,COOH} = H_2O + C_6H_4{<}^{OC_2H_5}_{NH\,.\,(CH_3CHOHCO)}$$

Milchsaures Phenetidin   Laktophenin

Durch Wasserabspaltung tritt die Phenetididbildung ein.

Eigenschaften. Laktophenin besteht aus Kristallen (Smp. ca. 118°), die in Wasser schwer, in Weingeist leicht löslich sind. Die weingeistige Lösung wird mit Eisenchlorid braunrot. Gegen Salpetersäure, MILLONS Reagens,

Kochen mit Salzsäure und nachfolgender Oxydation durch Chromsäure
u. dgl. verhält es sich wie Phenazetin, nur dass sich bei letzterer Reaktion die nach dem Kochen mit Salzsäure entstandene Flüssigkeit
beim Verdünnen mit Wasser nicht trübt.

Laktophenin wird in ähnlichen Mengen wie Phenazetin gegeben. Anwendung.

Vorsichtig aufzubewahren. Aufbewahrung.

Man hat dann weiter versucht, den Rest der Zitronensäure in das
Molekül des Phenetidins einzuführen. Ein derartiges Präparat sollte
das Citrophen sein, nach den Angaben der Darsteller das Triphenetidid
der Zitronensäure. Spätere Untersuchungen haben aber die Unrichtig-
keit dieser Angabe dargetan. Das Citrophen ist nichts anderes als ein
zitronensaures Phenetidin.

$$\textbf{Citrophen.} \quad \begin{array}{l} CH_2COOH \, . \, C_6H_4 \Big\langle \begin{array}{l} OC_2H_5 \\ NH_2 \end{array} \\[4pt] | \\ COH \, . \, COOH \quad = \\ | \\ CH_2 \, . \, COOH \end{array}$$

Citrophenum. Zweifachsaures zitronensaures Phenetidin.

Das 1895 von Benario empfohlene Citrophen ist seiner Zusammen- Allgemeines.
setzung nach etwas prinzipiell anderes, als die Phenetidide wie Phenazetin und Laktophenin, da in ihm kein Säurerest an die Stelle eines
H-Atoms der Amidogruppe getreten ist. Die Entstehung eines Phene-
tidids war auch der Darstellungsweise nach unmöglich; denn Citrophen Darstellung.
entsteht durch direktes Zusammentreten von Phenetidin und Zitronensäure in weingeistiger Lösung. Beim Verdunsten des Weingeistes
kristallisiert das Citrophen heraus.

Das Handelspräparat ist ein weisses kristallinisches, in 40 Teilen Eigenschaften.
kaltem Wasser, leichter in heissem Wasser lösliches Pulver (Smp. 181°),
das unmittelbar die Reaktionen gibt, welche beim Phenazetin erst nach
der Spaltung mit Salzsäure eintreten, d. h. die Phenetidinreaktionen. Die
(sauer reagierende) wässerige Lösung gibt mit Natriumhypochlorit sofort violette Färbung und ebensolchen Niederschlag; aus der Flüssigkeit
lässt sich mit Chloroform ein kirschroter Farbstoff ausschütteln.

Violettfärbung tritt auch mit Bromwasser, Eisenchlorid und mit
Millons Reagens ein (mit letzterem im durchfallenden Lichte rot).

Die wässerige Lösung gibt mit Bleiazetat einen weissen in Natronlauge löslichen Niederschlag (Zitronensäure).

Prüfung.   Verfälschungen mit Phenazetin und Azetanilid würde sich schon
durch Prüfen der Löslichkeit des Pulvers in Wasser ,verraten, da Azetanilid und besonders Phenazetin beträchtlich schwerer löslich sind.

Anwendung.   Das Citrophen muss, da die Amidogruppe des Phenetidins nicht
verändert ist, giftiger wirken, als Phenazetin, die Gaben müssen deshalb entsprechend kleiner gewählt werden.

Aufbewahrung.   Vorsichtig aufzubewahren.

Auch ein anderer Körper, der ein Phenetidid der Zitronensäure
sein sollte, hat sich nicht als solches erwiesen. Es ist dies das A p o -
Apolysin. l y s i n (Smp. 72 °), das durch Erhitzen von Zitronensäure mit p-Phenetidin
(wahrscheinlich unter Zusatz wasserentziehender Mittel) hergestellt
wird. Bei dieser Operation wird Wasser abgespalten, aber, den Dar-
stellern unerwartet, aus der Zitronensäure, die dadurch in Akonitsäure
übergeht.

$$
\begin{array}{ccc}
CH_2COOH & & CH\,.\,COOH \\
| & & \| \\
COHCOOH & = H_2O + & C\,.\,COOH \quad - \\
| & & | \\
CH_2COOH & & CH_2COOH \\
\text{Zitronensäure} & & \text{Akonitsäure.}
\end{array}
$$

Das Apolysin ist demnach eine Phenetidinverbindung der Akonitsäure.

Die drei zuletzt behandelten Körper kommen bereits dem Bestreben
entgegen, Phenetidinderivate herzustellen, welche in Wasser leichter
löslich sind, als das Phenazetin, obgleich diese Eigenschaft für die Wirksamkeit dieser Körper ohne Bedeutung ist. Man hat aber trotzdem
wieder Versuche gemacht, um zu wasserlöslichen ähnlich konstituierten
Körpern zu kommen. Der einfachste Weg bot sich (vergl. S. 73)
in der Herstellung einer Sulfosäure. Aber die Phenazetinsulfosäure

$$
C_6H_3\!\!<\!\!\begin{array}{l} OC_2H_5 \\ NH(CH_3CO) \\ SO_3H \end{array}
$$
erwies sich als unwirksam.

Dagegen zeigte sich ein anderer Weg gangbar. Führt man in
das p-Phenetidin an Stelle des Azetylrestes den Glykokollrest CH_2NH_2CO,
also den Rest der Amidoessigsäure oder des Glykokolls CH_2NH_2COOH
ein, so erhält man das Phenokoll, dessen wasserlösliches Hydrochlorid
arzneilich benützt wird.

Phenokollhydrochlorid.

$$\text{OC}_2\text{H}_5 - \langle\text{ring}\rangle - \text{NH}.(\text{CH}_2\text{NH}_2\text{CO}).\text{HCl} = \text{C}_6\text{H}_4\langle {}^{\text{OC}_2\text{H}_5}_{\text{NH}.(\text{CH}_2\text{NH}_2\text{CO})}.\text{HCl} = \text{C}_{10}\text{H}_{14}\text{O}_2\text{N}_2.\text{HCl}$$

Phenocollum hydrochloricum. Amidophenazetinhydrochlorid. Glykokoll-
p-Phenetidinhydrochlorid.

Die Darstellung des 1891 durch HERTELS und HERZOG zuerst Darstellung. empfohlenen Phenokolls geht vom Phenetidin aus, das durch Chlorazetylchlorid zunächst in Oxäthylmonochlorazetanilid übergeht.

$$\text{C}_6\text{H}_4\langle {}^{\text{OC}_2\text{H}_5}_{\text{NH}_2} + \text{CH}_2\text{ClCOCl} = \text{HCl} + \text{C}_6\text{H}_4\langle {}^{\text{OC}_2\text{H}_5}_{\text{NH}(\text{CH}_2\text{ClCO})}$$

$$\text{Phenetidin} \qquad \text{Chlorazetylchlorid} \qquad \text{Oxäthylmonochlorazetanilid.}$$

Letzteres gibt mit Ammoniak die entsprechende Amidoverbindung, das Phenokoll, ebenso wie Monochloressigsäure CH_2ClCOOH durch Ammoniak in Glykokoll $\text{CH}_2\text{NH}_2\text{COOH}$ übergeht.

$$\text{C}_6\text{H}_4\langle {}^{\text{OC}_2\text{H}_5}_{\text{NH}(\text{CH}_2\text{ClCO})} + \text{NH}_3 = \text{C}_6\text{H}_4\langle {}^{\text{OC}_2\text{H}_5}_{\text{NH}.(\text{CH}_2\text{NH}_2\text{CO})} + \text{HCl}$$

$$\text{Oxäthylmonochlorazetanilid} \qquad\qquad \text{Phenokoll.}$$

Das salzsaure Phenokoll ist ein kristallinisches, in Wasser leicht Eigenschaften. lösliches Pulver, dessen wässerige Lösung schwach alkalisch reagiert und auf Zusatz von Natronlauge das freie Phenokoll in Nadeln (Smp. 95⁰) abscheidet.

Mit Salpetersäure tritt allmählich Gelbfärbung und die Bildung gelber Kristalle auf; mit MILLONS Reagens tritt Violettfärbung ein; auch gegen Salzsäure usw. verhält es sich wie die anderen Phenetidide (s. S. 129). Die wässerige Lösung gibt mit Pikrinsäure eine gelbe Fällung; mit Natriumhypochlorit tritt eine weisse, sich rasch verfärbende Fällung ein.

Phenokoll wird wie Phenazetin gegeben. Anwendung.

Der Harn kann danach dunkle Färbung annehmen und mit Natrium- Ausscheidung. hypochlorit rubinrote Färbung geben.

Vorsichtig aufzubewahren. Aufbewahrung.

Wir haben bisher nur solche Derivate des p-Amidophenols behandelt, in denen der Wasserstoff seiner phenolischen Hydroxylgruppe durch ein Alkoholradikal, meistens Äthyl, ersetzt war. Bei der Doppel-

natur der Phenolgruppe lassen sich indes auch Säurereste an dieser
Stelle einführen. Man hatte dadurch Gelegenheit, therapeutisch wirk-
same Säuren mit dem Amidophenol zu verbinden. Einem derartigen
Gedankengang verdankt das Salophen seine Entstehung.

$$\textbf{Salophen.}\quad \underset{\text{NH}\,.\,(\text{CH}_3\text{CO})}{\overset{\text{O(C}_6\text{H}_4\text{OHCO})}{\bigodot}} = \text{C}_6\text{H}_4\underset{\text{NH(CH}_3\text{CO})}{\overset{\text{O(C}_6\text{H}_4\text{OHCO})}{\Big\langle}} = \text{C}_{15}\text{H}_{13}\text{O}_4\text{N}$$

Salophenum.   Azetyl-p-Amidophenolsalizylsäureester.   Azetylamidosalol.

Allgemeines.   Das 1891 von P. GUTTMANN auf seine Wirkung zuerst untersuchte
Salophen gehört zu den Salolen (s. S. 86), wie aus dem Vergleich der
beiden Formeln sich unmittelbar ergibt

$$\text{C}_6\text{H}_4\Big\langle\overset{\text{OH}}{\underset{\text{COOC}_6\text{H}_5}{}}\qquad\qquad \text{C}_6\text{H}_4\Big\langle\overset{\text{OH}}{\underset{\text{COOC}_6\text{H}_4\text{NH}\,.\,(\text{CH}_3\text{CO})}{}}$$

$$\text{Salol}\qquad\qquad\qquad\qquad\qquad \text{Salophen.}$$

Darstellung.   Zur Herstellung des Salophens bereitet man sich zunächst den
Salizylsäure-p-Nitrophenolester, indem man Salizylsäure und p-Nitro-
phenol unter dem Einfluss wasserentziehender Mittel zusammentreten
lässt.

$$\text{C}_6\text{H}_4\Big\langle\overset{\text{OH}}{\underset{\text{CO\,OH}}{}} + \overset{\text{H\,O}}{\underset{\text{NO}_2}{}}\Big\rangle\text{C}_6\text{H}_4 = \text{H}_2\text{O} + \text{C}_6\text{H}_4\Big\langle\overset{\text{OH}}{\underset{\text{COO}\,.\,\text{C}_6\text{H}_4\,.\,\text{NO}_2}{}}$$

$$\text{Salizylsäure}\qquad \text{p-Nitrophenol}\qquad \text{Salizylsäure-p-Nitrophenolester.}$$

Der Ester wird dann mit Zinn und Salzsäure reduziert und die
entstandene Amidoverbindung zuletzt azetyliert.

Eigenschaften.   Farblose in Wasser schwer, in Wasser und Ätzalkalien leicht lösliche Blättchen. Smp. 187°—188°.

Salophen gibt mit Natronlauge eine blaue oder blaugrüne Färbung,
langsam in der Kälte, rascher beim Kochen, wobei die Flüssigkeit
schliesslich rot wird. Übersättigt man dann mit Salzsäure, so wird
Salizylsäure frei, die man durch Ausäthern entfernen kann; die wässerige
Flüssigkeit gibt die Indophenolreaktion. (GOLDMANN.)

Gibt man Eisenchlorid zu einer weingeistigen Salophenlösung, so
färbt sich die Flüssigkeit blau.

Die frisch bereitete alkalische Lösung gibt mit Jodjodkalium sofort
braunrote Färbung.

Prüfung.   Die Phenetidinreaktionen treten naturgemäss nicht ein.

Salophen wird bei Gelenkrheumatismus und Nervenschmerzen in Anwendung. täglich mehrmals wiederholten Gaben von 1,0—1,5 g genommen.

Vorsichtig aufzubewahren. Aufbewahrung.

Zu den vom Anilin sich ableitenden Fiebermitteln gehören ferner:

Kryofin (Methylglykolsäurephenetidid) Kryofin.

$$C_6H_4\!\!<\genfrac{}{}{0pt}{}{OC_2H_5}{NH\,.\,(CH_2OCH_3CO)} + H_2O, \text{ Smp. } 98^0\text{—}99^0.$$

Maretin (Karbaminsäure-m-Tolylhydrazid) Maretin.

$$C_6H_4\!\!<\genfrac{}{}{0pt}{}{CH_3}{NH\,.\,NH\,.\,CONH_2}, \text{ Smp. } 183^0\text{—}184^0.$$

Zu den Anilinderivaten lassen sich dann noch einige Körper rechnen, die sich zwar rationeller vom Urethan (s. S. 33) ableiten lassen, aber ausgesprochene, wenn auch wenig verwendete Fiebermittel sind:

Euphorin (Phenylurethan) $CO\!\!<\genfrac{}{}{0pt}{}{OC_2H_5}{NH\,.\,C_6H_5}$, Smp. 50^0. Euphorin.

Thermodin (p-Äthoxyphenylazetylurethan) Thermodin.

$$\genfrac{}{}{0pt}{}{OC_2H_5}{CON\,.\,(CH_3CO)\,.\,C_6H_4OC_2H_5}, \text{ Smp. } 86^0\text{—}88^0.$$

Neurodin (Azet-p-Oxyphenylurethan) Neurodin.

$$CO\!\!<\genfrac{}{}{0pt}{}{OC_2H_5}{N\,.\,(CH_3CO)\,.\,C_6H_4OH}, \text{ Smp. } 87^0.$$

Chininderivate.

Die dritte Abteilung der hier zur Besprechung kommenden Antipyretika enthält Derivate des Chinins. Sie sollen dessen Wirksamkeit, aber nicht seinen bitteren Geschmack besitzen. Das Ideal eines solchen Körpers wäre eine Chininverbindung, die zugleich geschmacklos und leicht in Wasser löslich wäre. Eine derartige Verbindung ist bis jetzt nicht gefunden worden und wird wohl auch nie gefunden werden, da die wasserlöslichen Chininverbindungen bitter, die geschmacklosen auch immer in Wasser unlöslich sind. Alle modernen geschmacklosen Chininderivate sind demgemäss in Wasser unlöslich oder wenigstens schwerlöslich. Das gilt schon für das älteste dieser Präparate, das gerbsauere Chinin (Chininum tannicum). Doch ist dessen Wirkung eine langsame und wenig sichere, weil es erst im Darm und da nur allmählich in Chinin und Gerbsäure gespalten wird. Frei von diesen Nachteilen sind zwei neuere Chininderivate, das Euchinin und das Aristochin, ersteres durch v. NOORDEN 1896, letzteres 1902 durch DRESER als Chininersatzmittel empfohlen.

$$\textbf{Aristochin.} \quad CO\Big\langle{}^{OC_{20}H_{23}N_2O}_{OC_{20}H_{23}N_2O} = C_{41}H_{46}O_5N_4.$$

Aristochinum. Dichininkohlensäureester.

Allgemeines.   Das Chinin $C_{20}H_{24}N_2O_2$ enthält eine OH-Gruppe, welche durch Säuren, auch durch Kohlensäure verestert werden kann.

Darstellung.   Den Kohlensäureester kann man darstellen, wenn man Phosgengas (Kohlensäurechlorid ($COCl_2$) auf Chinin, das in Pyridin oder Chloroform gelöst ist, einwirken lässt.

$$CO\Big\langle{}^{Cl}_{Cl} + 2\,C_{20}H_{24}N_2O_2 = CO\Big\langle{}^{OC_{20}H_{23}N_2O}_{OC_{20}H_{23}N_2O} + 2\,HCl$$

$$\text{Chinin} \qquad\qquad \text{Aristochin.}$$

Das entstandene Hydrochlorid wird durch Alkalien zersetzt.

Eigenschaften.   Das Aristochin ist ein geschmackloses weisses Pulver vom Smp. $186{,}5^0$, das in Wasser unlöslich, in Chloroform und Alkohol leicht, in Äther schwerlöslich ist. Frisch durch Alkalien aus seinen Salzen ausgefällt, ist es in Äther besser löslich.

Durch längere Einwirkung von Säuren und Alkalien besonders in der Wärme geht es wieder in Chinin über. Seine Lösung in Schwefelsäure fluoresziert, ähnlich wie die des Chinins. Wird es aus dieser Lösung durch Natronlauge oder Ammoniak ausgefällt, so ist es im Überschuss nicht löslich. Löst man Aristochin in Salzsäure, gibt Natriumhypochlorit hinzu und übersättigt dann mit Ammoniak, so entsteht eine grüne Färbung (Thalleiochin-Reaktion).

Prüfung.   Verfälschung mit Chininsalzen würde sich durch den bitteren Geschmack verraten.

Rezeptur.   Falls Aristochin in eine Mixtur verschrieben werden sollte (es dürfte in der Praxis kaum vorkommen), darf jedenfalls keine Säure zur Auflösung genommen werden, weil die Lösung bitter schmeckt. Kleine Mengen können, wenn es sich nicht um Mixturen für Kinder handelt, mit Weingeist in Lösung gebracht werden. Im allgemeinen ist es ohne besonderen Zusatz in der Mixtur fein zu verteilen (Schüttelmixtur).

Anwendung.   Das Aristochin wird wie das Chinin bei Malaria, Fieber, Keuchhusten in täglich ein- oder zweimaligen Gaben von 0,5 g angewendet.

Euchinin. $\quad CO\!\!\Big\langle\!\!\begin{array}{l}OC_2H_5\\[2pt]OC_{20}H_{23}N_2O\end{array} = C_{23}H_{28}O_4N_2$

Euchininum. Chininkohlensäureäthylester.

Wie das Aristochin von der zweibasischen Kohlensäure $CO\!\!\big\langle\!\!\begin{array}{l}OH\\OH\end{array}$, Allgemeines.

so leitet sich das Euchinin von der einbasischen Äthylkohlensäure $CO\!\!\big\langle\!\!\begin{array}{l}OC_2H_5\\OH\end{array}$ ab, und wie durch Einwirkung des Säurechlorids der Kohlen-

säure $CO\!\!\big\langle\!\!\begin{array}{l}Cl\\Cl\end{array}$ auf das Chinin der Kohlensäureester entsteht, so bildet

sich durch Einwirkung des Chlorids der Äthylkohlensäure $CO\!\!\big\langle\!\!\begin{array}{l}OC_2H_5\\Cl\end{array}$

der Ester der Äthylkohlensäure. Das Äthylkohlensäurechlorid wird gewöhnlich als Chlorameisensäure- oder Chlorkohlensäureäthylester bezeichnet. Es bildet sich durch Einwirkung des Kohlensäurechlorids auf absoluten Weingeist.

Lässt man den Chlorameisensäureäthylester bei Gegenwart von Darstellung. Ätznatron auf eine weingeistige Chininlösung wirken, so entsteht das Euchinin.

$$C_{20}H_{24}N_2O_2 + CO\!\!\big\langle\!\!\begin{array}{l}OC_2H_5\\Cl\end{array} = HCl + CO\!\!\big\langle\!\!\begin{array}{l}OC_2H_5\\OC_{20}H_{23}N_2O\end{array}$$

Chinin   Chlorameisen-   Euchinin.
säureäthylester

Aus der so entstehenden Euchininlösung kann das Euchinin nach Eigenschaften. vorsichtigem Zusatz von Alkali durch Wasser gefällt werden.

Euchinin kristallisiert aus verdünntem Weingeist in Nadeln vom Smp. 95°, die in Wasser schwer, in Weingeist, Äther und Chloroform leicht löslich sind.

Gegen Reagentien verhält es sich wie Aristochin, nur mit dem Unterschied, dass es durch Ammoniak aus seiner Lösung in Schwefelsäure gefällt im Überschuss von Ammoniak löslich ist.

Vgl. Aristochin. Rezeptur.

Die Anwendung des Euchinins erfolgt wie die des Aristochins. Anwendung.

IV. Abführmittel.

In der Geschichte der medizinischen Anwendung der Drogen wiederholt sich immer ein und derselbe Vorgang. Nachdem man zunächst die Droge selbst oder die daraus dargestellten pharmazeutischen Präparate benützt hat, geht man dazu über, die wirksame Substanz zu isolieren, um diese dann anzuwenden, einmal weil man die durch andere Bestandteile der Drogen verursachten Nebenwirkungen zu vermeiden hoffte, dann auch, weil der Gehalt der Drogen an wirksamer Substanz immer ein schwankender ist, ihre Wirkung demnach bei gleicher angewandter Menge eine ungleiche sein kann.

Allerdings hat es sich dann nicht selten gezeigt, dass die Wirkung der Droge und des isolierten Stoffes doch nicht identisch sind und dass neben den isolierten wirksamen Körpern die Droge selbst in der Therapie immer noch Existenzberechtigung hatte.

Hatte man aber den oder die wirksamen Körper einer Droge gefunden, so versuchte man zunächst, die Konstitution zu ermitteln und dann als Krönung des Gebäudes denselben Körper unabhängig von der Natur synthetisch darzustellen.

Die Geschichte der pflanzlichen Abführmittel hat alle diese Phasen durchlaufen. Ihre chemische Untersuchung ist in letzter Zeit u. a. durch Prof. Tschirch in Bern mächtig gefördert worden. Er konnte zeigen, dass die in unseren gebräuchlichsten Abführmitteln Aloe, Frangula, Rhabarber vorhandenen wirkenden Körper alle einer chemischen Gruppe angehören: Sie sind Derivate des Anthrazens[1]) oder richtiger des Anthrachinons.

---

[1]) Im Anthrazen denkt man sich drei Benzolringe miteinander vereinigt, ähnlich wie im Naphthalin zwei.

$$\text{Anthrazen} \qquad\qquad \text{Anthrachinon-}$$

Die im Rhabarber z. B. vorkommende Chrysophansäure ist Dioxymethylanthrachinon, die Emodine sind Trioxymethylanthrachinone.

Meistens sind diese Körper in den natürlichen Abführmitteln in Verbindungen vorhanden z. B. als Glykoside.

Die synthetische Darstellung des Anthrachinons und seiner Derivate macht keine besonderen Schwierigkeiten, weil man dabei von dem in grossen Mengen aus den höchstsiedenden Anteilen des Steinkohlenteers gewonnenen Anthrazen ausgehen kann. Anthrachinon $C_{14}H_8O_2$ entsteht z. B. durch Oxydation des Anthrazens $C_{14}H_{10}$.

Aus Anthrachinon kann man Dioxyanthrachinone $C_{14}H_6(OH_2)O_2$ herstellen, wenn man es durch konzentrierte Schwefelsäure zunächst in Anthrachinondisulfosäure $C_{14}H_6O_2:(SO_3H)_2$ überführt und diese dann mit Ätzalkalien zusammenschmilzt.

Eine andere Synthese des Anthrachinons und der Oxyanthrachinone ist die folgende:

Man erhitzt Benzol mit Phtalsäureanhydrid bei Gegenwart von Aluminiumchlorid. Es entsteht zunächst o-Benzoylbenzoesäure

$$C_6H_4{<}^{CO}_{CO}{>}O + C_6H_6 = C_6H_4{<}^{COC_6H_5}_{COOH}$$

$$\text{Phtalsäure-} \qquad\qquad \text{Benzol} \qquad \text{o-Benzoylbenzoe-}$$
$$\text{anhydrid} \qquad\qquad\qquad\qquad\qquad \text{säure.}$$

Letztere liefert mit Phosphorpentoxyd erhitzt direkt Anthrachinon

$$C_6H_4{<}^{COC_6H_5}_{COOH} = H_2O + C_6H_4 . CO . CO . C_6H_4$$

$$\text{o-Benzoylbenzoe-} \qquad\qquad\qquad \text{Anthrachinon.}$$
$$\text{säure.}$$

Verwendet man statt Benzol Phenol oder Dioxybenzole, so erhält man die entsprechenden hydroxylierten Anthrachinone, also Oxy- und Dioxyanthrachinon.

Die physiologische Prüfung der Oxyanthrachinone hat ergeben, dass sie die Darmperistaltik anregen und dass sie desto energischer wirken, je mehr Hydroxylgruppen sie enthalten. Die Trioxyanthrachinone sind wirksamer als die Dioxyanthrachinone und synthetisches Trioxyanthrachinon hat man schon medizinisch anzuwenden gesucht. Es konnte jedoch nicht als Abführmittel verwendet werden, weil es starke Kolikschmerzen verursachte. Man führte diese Wirkung, welche die natürliche Oxyanthrachinone enthaltenden Abführmittel nicht entfalten, darauf zurück, dass bei diesen die Oxyanthrachinone in (meist glykosidischer) Bindung vorhanden seien, so dass die wirksame Substanz erst allmählich zur Abspaltung und damit zur Wirkung gelange. Man suchte infolgedessen diese natürlichen Bindungsverhältnisse nachzuahmen. Glykoside konnte man zwar bisher mit dem Trioxyanthrachinon nicht machen. Man konnte es aber doch in eine Verbindung überführen, aus der das Trioxyanthrachinon ebenfalls erst allmählich im Darm zur Abspaltung gelangen konnte. Zur Herstellung einer derartigen Verbindung bediente man sich des bewährten Azetylierungsverfahrens und brachte (1901) die Diazetylverbindung eines Trioxyanthrachinons, des Anthrapurpurins, unter dem Namen Purgatin oder Purgatol durch Ewald, Ebstein u. A. zur medizinischen Anwendung.

Purgatol. $C_{14}H_5OH(O.CH_3CO)_2O_2 = C_{18}H_{12}O_7$.

Purgatolum. Purgatin. Diazetylanthrapurpurin. Diazetyl(1, 2, 7)trioxyanthrachinon.

Darstellung. Das Purgatol wird durch gelinde Einwirkung von Essigsäureanhydrid auf Anthrapurpurin(1, 2, 7)Trioxyanthrachinon hergestellt oder dadurch, dass man das durch stärkere Azetylierung entstandene Triazetat des Anthrapurpurins mit Anthrapurpurin auf 200° erhitzt.

Das Anthrapurpurin hat folgenden Bau:

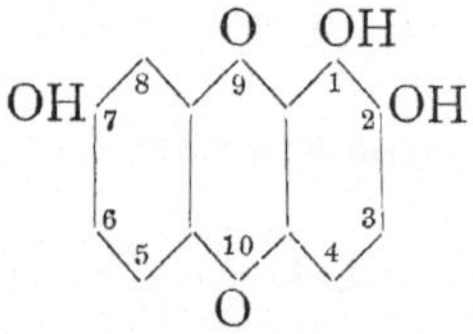

O   OH
OH 8 9 1 OH
    7   2
    6   3
    5 10 4
O

1, 2, 7 Trioxyanthrachinon.

Es wird durch Zusammenschmelzen von (2,7)-anthrachinondisulfosaurem Natrium, Ätznatron und chlorsaurem Kalium gewonnen.

Eigenschaften. Purgatol kristallisiert in glänzenden Schuppen (Smp. 175°—178°). Das Handelspräparat ist ein mikrokristallinisches Pulver von gelbroter Farbe, das unlöslich in Wasser, schwer in Weingeist, leicht in Eisessig löslich ist. Kohlensaure und besonders ätzende Alkalien lösen es unter Spaltung auf. Die Lösung nimmt dunkelkirschrote Farbe an.

Die für die Wirkung erforderliche, am besten abends zu nehmen- Anwendung. den Gaben des Purgatols sind 0,5—1,2 g.

Der Harn verhält sich danach ähnlich wie nach dem Einnehmen Ausscheidung. von Rhabarber. Er ist rötlich gefärbt und reduziert Nylander'sche Lösung.

Exodin.

Exodinum.

Ein anderes künstliches Abführmittel aus der Oxyanthrachinon-gruppe ist das Exodin, dessen therapeutische Eigenschaften 1904 durch Ebstein und Stauder festgestellt wurden. Nach den Mitteilungen der es darstellenden Fabrik (Schering-Berlin) sollte es ein Diazetylrufigallus-säuretetramethyläther sein. Wie Zernik feststellte, ist indes das Exodin überhaupt kein einheitlicher Körper, sondern ein Gemisch von ca. 30 % Rufigallussäurehexamethyläther, 23 % Diazetylrufigallussäuretetramethyl-äther und 47 % Azetylrufigallussäurepentamethyläther.

Zur Darstellung des Exodins wird Rufigallussäure durch Erhitzen Darstellung. mit methylschwefelsaurem Kalium methyliert und der Methyläther mit Essigsäureanhydrid azetyliert (s. S. 81).

Die Rufigallussäure entsteht, wenn man Gallussäure mit konzen-trierter Schwefelsäure auf 140° erhitzt.

Die Rufigallussäure ist (1, 2, 3, 5, 6, 7) Hexaoxyanthrachinon

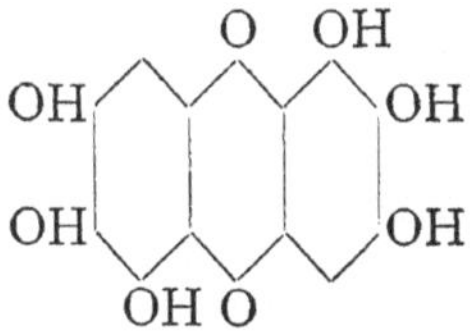

O OH
OH ⌇ OH
OH ⌇ OH
OH O
Rufigallussäure
(1, 2, 3, 5, 6, 7 Hexaoxyanthrachinon.)

Ihr im Exodin enthaltener Hexamethyläther hat die Konstitution:

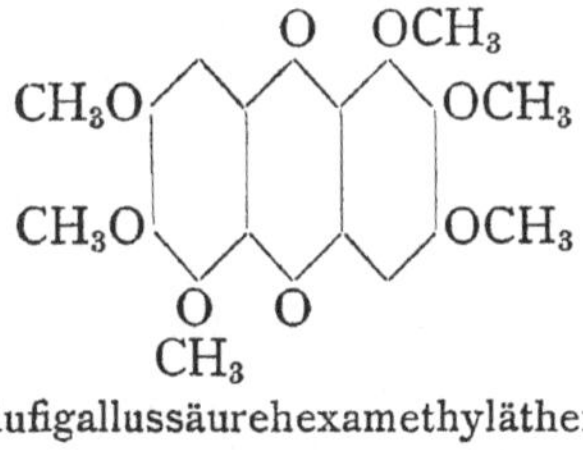

O OCH₃
CH₃O ⌇ OCH₃
CH₃O ⌇ OCH₃
O O
CH₃
Rufigallussäurehexamethyläther.

Das Exodin, das nur in der Form von Tabletten gebraucht wird, Eigenschaften. ist ein gelbliches, in Wasser nicht, in Weingeist schwer lösliches Pulver, das sich mit Alkalien langsam in der Kälte, rasch beim Erhitzen rot färbt. Die Tabletten sind durch eine Verunreinigung grünlich gefärbt. Das aus ihnen durch Zerreiben entstehende Pulver färbt sich mit konzentrierter Schwefelsäure intensiv rotviolett.

Anwendung. Die für Erwachsene übliche Dosis sind 1—3 Tabletten à 0,5 g.

Ausscheidung. Wie nach dem Einnehmen anderer Oxyanthrachinonderivate, so nimmt der Harn auch durch Exodin eine rötliche Färbung an.

$$\mathbf{Purgen.}\quad CO{<}{\overset{\displaystyle C_6H_4}{\underset{\displaystyle O}{}}}{>}C{<}{\overset{\displaystyle C_6H_4OH}{\underset{\displaystyle C_6H_4OH}{}}} = C_{20}H_{14}O_4.$$

Purgenum. Phenolphthalein. Dioxyphthalophenon.

Allgemeines. Die Einführung des Phenolphthaleins als Abführmittel hat man im Gegensatz zu der medizinischen Anwendung der Oxyanthrachinone nicht theoretischen Erwägungen, sondern dem Zufall zu verdanken.

In Ungarn hatte man angeordnet, den aus Trestern bereiteten Kunstweinen Phenolphthalein zuzusetzen, damit man sie jederzeit leicht als Kunstprodukte nachweisen könne. Auf den Genuss dieser Weine trat regelmässig Durchfall ein, der, wie die Nachforschungen ergaben, allein dem Phenolphthalein zuzuschreiben war. Damit war bekannt, dass Phenolphthalein eine abführende Wirkung besitzt, und man säumte nicht (VAMOSSY, 1901), es unter dem Namen Purgen in die Praxis einzuführen.

Das Phenolphthalein gehört in die wichtige Gruppe der Triphenylmethanderivate, der u. a. auch Fuchsin und Eosin angehören. Das Triphenylmethan selbst kann man sich, wie es auch der Name sagt, so entstanden denken, dass in das Methan CH_4 an Stelle dreier H-Atome drei Phenylgruppen eingetreten sind.

$$C_6H_5{>}C{<}{\overset{\displaystyle C_6H_5}{\underset{\displaystyle C_6H_5}{}}}\quad H$$

Triphenylmethan.

Wird im Triphenylmethan an Stelle des vereinzelt stehenden H-Atoms eine OH-Gruppe und statt C_6H_5 $C_6H_4 \cdot COOH$ eingeführt, so gelangt man zu Triphenylkarbinolkarbonsäure, z. B.

$$\overset{(2)}{COOH}{\diagup}\overset{\displaystyle C_6H_4}{\underset{\displaystyle OH}{}}{\diagdown}\overset{(1)}{C}{<}\overset{\displaystyle C_6H_5}{\underset{\displaystyle C_6H_5}{}}.$$

Diese Säure ist unbeständig; sie geht unter Wasserabspaltung in

$$CO{<}{\overset{\displaystyle C_6H_4}{\underset{\displaystyle O}{}}}{>}C{<}{\overset{\displaystyle C_6H_5}{\underset{\displaystyle C_6H_5}{}}}$$

Phthalophenon

über, als dessen Dioxyverbindung das Phenolphthalein aufzufassen ist.

Körper, welche dadurch entstehen, dass Hydroxyle in das Molekül des Phthalophenons eintreten, werden allgemein als Phthaleine bezeichnet. Sie entstehen durch Einwirkung von Phenolen auf Phthalsäureanhydrid bei Gegenwart von konzentrierter Schwefelsäure, das Phenolphthalein speziell aus Phenol und Phthalsäureanhydrid. Darstellung.

$$CO{<}{\overset{C_6H_4}{\underset{O}{}}}{>}CO + 2\,C_6H_5OH = CO{<}{\overset{C_6H_4}{\underset{O}{}}}{>}C{<}{\overset{C_6H_4OH}{\underset{C_6H_4OH}{}}} + H_2O$$

Phthalsäureanhydrid Phenol Phenolphthalein.

Phenolphthalein bildet farblose Kristalle (Smp. 250—253°) und kommt meist als gelblichweisses kristallinisches Pulver in den Handel. In Wasser unlöslich, in Weingeist löslich ist es durch die Rotfärbung charakterisiert, welche es durch Alkalien erleidet und die seine Verwendung als Indikator veranlasst hat. Eigenschaften.

Das Phenolphthalein kommt als Purgen in Tabletten à 0,05, 0,1 und 0,5 g in den Handel. Es kann in Gaben bis zu 2,0 g ohne Schaden genommen werden. Anwendung.

V. Diuretika und Gichtmittel.

Die Zusammenfassung von Diureticis und Gichtmitteln ist dadurch gerechtfertigt, dass die Wirkung wohl aller hier zu behandelnden Gichtmittel auf ihre Diurese erzeugenden Eigenschaften zurückzuführen ist.

a) Diuretika.

Unter den Diureticis sollen nur Körper aus der Xanthin- oder Puringruppe, insbesondere Theophyllin, Theobromin und ihre Derivate zur Besprechung kommen. Ihr Bau geht aus folgender Übersicht hervor:

Purin

Xanthin
2,6-Dioxypurin

Theophyllin
1,3-Dimethylxanthin
1,3-Dimethyl-2,6-Dioxypurin.

Theobromin
3,7-Dimethylxanthin
3,7-Dimethyl-2,6-Dioxypurin

Koffein
1, 3, 7-Trimethylxanthin
1,3,7-Trimethyl-2,6-Dioxypurin.

Der erste Körper aus der Puringruppe, der als Diuretikum Verwendung fand, war das Koffein. Es hat jedoch Nebenwirkungen (Er-

regung des Zentralnervensystems), welche sogar der Diurese entgegen-
wirken. Man hat deshalb nach ähnlich zusammengesetzten Ersatzmitteln
gesucht und solche im Theobromin und im Theophyllin gefunden. Beide
Körper kommen in der Pflanzenwelt vor, das Theobromin u. a. im
Kakao und in den Kolanüssen, das Theophyllin neben dem Koffein im
Tee, jedoch in so geringer Menge, dass es nicht in grösserem Massstab zur medizinischen Anwendung (MINKOWSKI 1902) hätte gelangen
können, wenn nicht die Synthese die Herstellung beliebiger Mengen
ermöglicht hätte. Die erste von FISCHER und ACH ausgeführte Synthese ging von der 1,3-Dimethylharnsäure aus. Wichtiger ist die von
TRAUBE gefundene Herstellungsweise, die von der Essigsäure und dem
Harnstoff aus zu Xanthin und seinen Derivaten führt. Der Einfachheit
halber sei zunächst die Xanthinsynthese geschildert.

Von der Essigsäure erhält man über die Chloressigsäure zunächst
die Cyanessigsäure.

$$CH_3COOH \rightarrow CH_2ClCOOH \rightarrow CH_2CN{-}COOH$$

Essigsäure   Chloressigsäure   Cyanessigsäure.

Cyanessigsäure verbindet sich mit Harnstoff unter der Einwirkung
von Phosphoroxychlorid zu Cyanazetylharnstoff.

$$
\begin{array}{ccccccc}
H_2N & & COOH & & H_2N & CO \\
| & & | & & | & | \\
OC & + & CH_2 & =H_2O+ & OC & CH_2 \\
| & & | & & | & | \\
H_2N & & CN & & HN{-\!-}CN \\
\end{array}
$$

Harnstoff   Cyanessigsäure   Cyanazetylharnstoff.

Der Cyanazetylharnstoff lagert sich unter dem Einfluss von Alkalien
in folgenden Körper um, der als 4-Amido-2,6-Dioxypyrimidin[1]) bezeichnet wird.

---

1) Das Pyrimidin $\begin{array}{c} H \\ C \\ N \diagup \diagdown N \\ | \quad | \\ HC \diagdown \diagup CH \\ C \\ H \end{array}$ enthält einen aus vier Kohlenstoff- und
zwei Stickstoffatomen gebildeten Kern. Es verhält sich zum Pyridin (s. S. 46)
ähnlich wie das Pyrazol zum Pyrrol (s. S. 119).

Rosenthaler, Neue Arzneimittel.   10

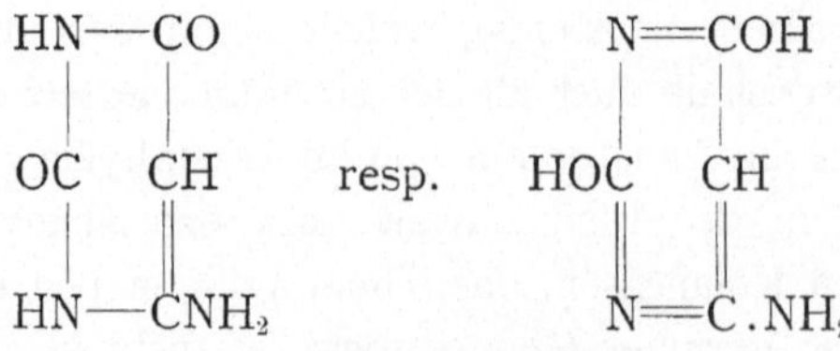

$$
\begin{array}{ccc}
\text{HN---CO} & & \text{N===COH} \\
\mid \quad\; \mid & & \mid \quad\; \mid \\
\text{OC} \quad \text{CH} & \text{resp.} & \text{HOC} \quad \text{CH} \\
\mid \quad\; \parallel & & \parallel \quad\; \parallel \\
\text{HN---CNH}_2 & & \text{N===C}.\text{NH}_2
\end{array}
$$

Wird dieser Körper mit salpetriger Säure behandelt, so entsteht ein Isonitrosoderivat, das durch Reduktion in 4,5-Diamino-2,6-Dioxypyrimidin übergeht.

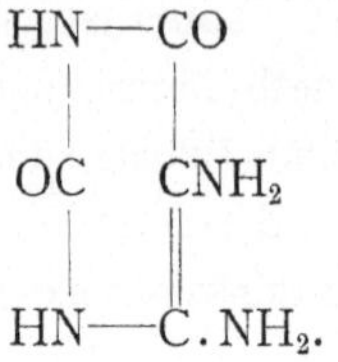

$$
\begin{array}{c}
\text{HN---CO} \\
\mid \quad\;\; \mid \\
\text{OC} \quad \text{CNH}_2 \\
\mid \quad\;\; \parallel \\
\text{HN---C}.\text{NH}_2.
\end{array}
$$

Das 4,5-Diamino-2,6-Dioxypyrimidin verbindet sich in folgender Weise mit Ameisensäure.

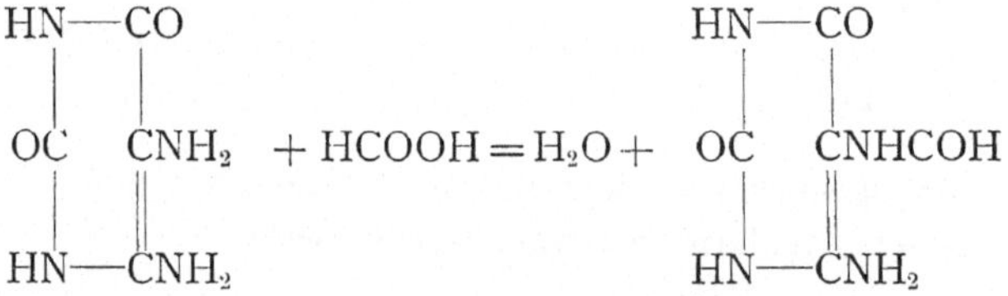

$$
\begin{array}{ccc}
\text{HN---CO} & & \text{HN---CO} \\
\mid \quad\;\; \mid & & \mid \quad\;\;\; \mid \\
\text{OC} \quad \text{CNH}_2 \;+\; \text{HCOOH} = \text{H}_2\text{O} + & & \text{OC} \quad \text{CNHCOH} \\
\mid \quad\;\; \parallel & & \mid \quad\;\;\; \parallel \\
\text{HN---CNH}_2 & & \text{HN---CNH}_2
\end{array}
$$

Letzterer Körper (oder richtiger dessen Alkaliverbindung) gibt auf 250° erhitzt Wasser ab und geht in Xanthin über.

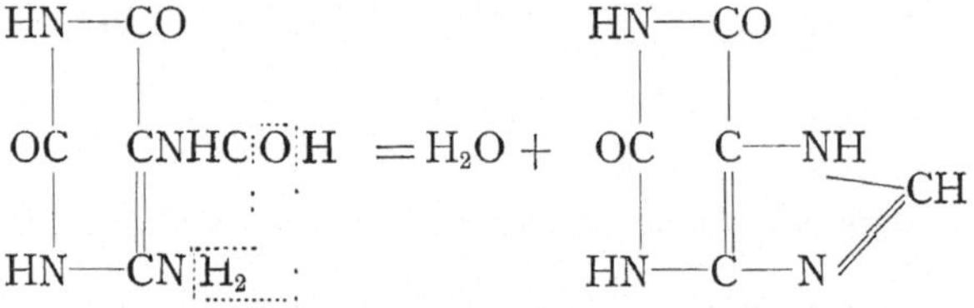

$$
\begin{array}{ccc}
\text{HN---CO} & & \text{HN---CO} \\
\mid \quad\;\; \mid & & \mid \quad\;\; \mid \\
\text{OC} \quad \text{CNHC\,O\,H} = \text{H}_2\text{O} + & & \text{OC} \quad \text{C---NH} \\
\mid \quad\;\; \parallel & & \mid \quad\;\; \parallel \;\;\diagdown\text{CH} \\
\text{HN---CN\,H}_2 & & \text{HN---C---N} \diagup
\end{array}
$$

Xanthin.

Hatte man zu Anfang statt Harnstoff Dimethylharnstoff genommen, so erhält man 1,3 Dimethylxanthin = Theophyllin. Hatte man Monomethylharnstoff angewendet, so gewinnt man 3-Methylxanthin und durch dessen Methylierung 3,7-Dimethylxanthin = Theobromin.

Das gleichfalls als Diuretikum verwendete Theobromin ist in Wasser schwer löslich und wird schwer im Organismus resorbiert. Leichter löslich ist seine Verbindung mit Natrium und deren Verbindungen mit einigen Salzen organischer Salze, von denen zwei grössere Bedeutung erlangt haben:

1. Theobrominum natrio-salicylicum (Diuretin),
2. Theobrominum natrio-aceticum (Agurin).

Theobrominnatrium — Natriumsalizylat.

$$C_7H_7NaN_4O_2 . C_7H_5O_3Na.$$

Theobrominum natrio-salicylicum. Diuretin.

Die Darstellung des 1887 durch SCHROEDER und GRAM zur Einführung Darstellung. gelangten Theobrominum natrio-salicylicum erfolgt so, dass die Lösung von einem Molekül = 180 Gewichtsteilen Theobromin in (ein Molekül = 40 Gewichtsteile Natriumhydroxyd enthaltender) Natronlauge mit der Lösung von einem Molekül = 160 Gewichtsteilen Natriumsalizylat gemischt wird. Dann wird im Vakuum eingedampft und der Rückstand gepulvert.

Das Theobromin bildet zunächst mit dem Ätznatron Theobrominnatrium, weil eines seiner H-Atome sauere Eigenschaften hat und durch Metalle (auch Silber, Blei u. a.) ersetzt werden kann.

$$C_7H_8N_4O_2 + NaOH = H_2O + C_7H_7NaN_4O_2$$
Theobromin   Theobrominnatrium.

Letzteres tritt dann mit salizylsaurem Natrium zu einer Verbindung zusammen, über deren Konstitution nichts Sicheres bekannt ist. Doch scheint nach den von PAUL vorgenommenen Messungen seiner Gefrierpunktserniedrigung und seiner Leitfähigkeit nicht lediglich ein Doppelsalz vorzuliegen, sondern eine Komplexverbindung.

„Weisses, geruchloses Pulver von süsssalzigem, zugleich etwas Eigenschaften. laugenhaftem Geschmacke, in der gleichen Gewichtsmenge Wasser, besonders leicht beim Erwärmen löslich; die wässerige Lösung (1 = 5) ist farblos, bläut rotes Lackmuspapier und wird durch Eisenchloridlösung nach dem Ansäuern mit Essigsäure violett gefärbt [Salizylsäure-Reaktion]. Aus dieser Lösung wird durch Salzsäure sowohl Salizylsäure, als auch nach einiger Zeit Theobromin als weisser Niederschlag abgeschieden; durch Natronlauge, nicht aber durch Ammoniakflüssigkeit findet wieder vollständige Lösung statt" [weil zwar Salizylsäure und Theobromin in Natronlauge, letzteres aber nicht in Ammoniak löslich ist].

Theobrominnatriosalizylat gibt die Murexidreaktion: Dampft man es mit Chlor- oder Bromwasser ein, so hinterbleibt ein [stellenweise rötlicher] Rückstand, der mit Ammoniak purpurfarben wird.

Versetzt man eine konzentrierte wässerige Lösung des Theobrominnatriosalizylats mit ammoniakalischer Silberlösung, so tritt Gallertbildung ein.

Das freigemachte Theobromin gibt noch folgende Reaktion: Dampft man mit Salzsäure und chlorsaurem Kalium ein, so erhält man nach Zusatz von Ferrisulfatlösung und Ammoniak eine tiefblaue Färbung[1]).

---

[1]) Beide Reaktionen treten auch mit anderen Xanthinderivaten ein.

          Mit Gerbsäure tritt ein sich nicht käsig zusammenballender Nieder-
schlag ein.

Prüfung.   Zur Prüfung auf Koffein lässt das D. A. B. die Eigenschaft des
letzteren heranziehen, mit Natrium keine Verbindung zu geben und
leicht in Chloroform löslich zu sein. Hat man deshalb die Lösung von
1 g Theobrominnatriosalizylat wie eben geschildert, erst mit Salzsäure
und dann mit Natronlauge versetzt, so darf beim Ausschütteln mit
10 ccm Chloroform in dieses nicht mehr als 0,005 g übergehen.

Quantitative   Zur quantitativen Bestimmung wird aus der durch Salzsäure
Bestimmung. neutralisierten Lösung das Theobromin durch Ammoniak ausgefällt und
gewogen. Es müssen 40 % Theobromin resultieren.

Rezeptur.   Für die Rezeptur des Theobrominnatriosalizylats hat man sein
Verhalten gegen Säuren und besonders gegen Kohlensäure in Erwägung
zu ziehen. Säuren, auch Kohlensäure scheiden daraus Theobromin ab.
Kohlensäure wird aber auch davon angezogen, so dass ein derartiges
Präparat sich dann nicht mehr klar in Wasser löst. Man kann indes
durch vorsichtigen Zusatz von Natronlauge wieder eine klare Lösung
erhalten.

Anwendung.   Theobrominnatriosalizylat wird bei Herzkrankheiten, Wassersucht
u. dgl. in Gaben von mehrmals täglich 0,5—1,0 g gegeben. Grösste
Einzelgabe 1,0 g, grösste Tagesgabe 0,6 g.

Ausscheidung.   In den Harn geht das Theobromin nur zum kleinsten Teile unverändert über; der grösste Teil wird entmethyliert und erscheint als Mono-
methylxanthin.

Aufbewahrung.   Vorsichtig aufzubewahren.

Theobrominnatrium — Natriumazetat.

$$C_7H_7NaO_2N_4 . C_2H_3O_2Na + H_2O ?$$

Theobrominum natrio-aceticum   Agurin.

Eigenschaften.   Für diesen 1901 von DESTRÉE empfohlenen Körper gilt im wesentlichen dasselbe wie für den vorhergehenden. Es ist ein weisses hygroskopisches in Wasser leicht mit alkalischer Reaktion lösliches Pulver,
aus dem ebenfalls durch Säuren das Theobromin zur Abscheidung gebracht wird. Gibt die Murexid- (s. S. 147) und die Essigäther-Reaktion.
Der durch Salzsäure oder Salpetersäure entstehende Niederschlag löst
sich im Überschuss der Säuren.

          Mit Gerbsäure entsteht ein weisslicher, sich bald käsig zusammen-
ballender Niederschlag.

Nach den Literaturangaben soll das Azetat weniger ätzend wirken Anwendung.
als das Salizylat; ausserdem wird als Vorteil hervorgehoben, dass es
mehr Theobromin enthält und besser diuretisch wirkt.

Gaben: dreimal täglich 1,0 g.

Vorsichtig aufzubewahren.   Aufbewahrung.

Theobrominnatrium — Natrium citricum (Urocitral) nach ZERNIK Urocitral.
wahrscheinlich $= 3\,[C_7H_8O_2N_4 \cdot NaOH] \cdot C_3H_4OH(COONa)_3.$

Theophyllin. $C_7H_8O_2N_4.$

Theophyllinum. Theozin.

Ausser der bereits (s. S. 146) mitgeteilten Synthese des Theophyllins Darstellung.
benützt man noch eine andere zu seiner Darstellung. Sie geht von
der Harnsäure aus und sei in folgendem skizziert:

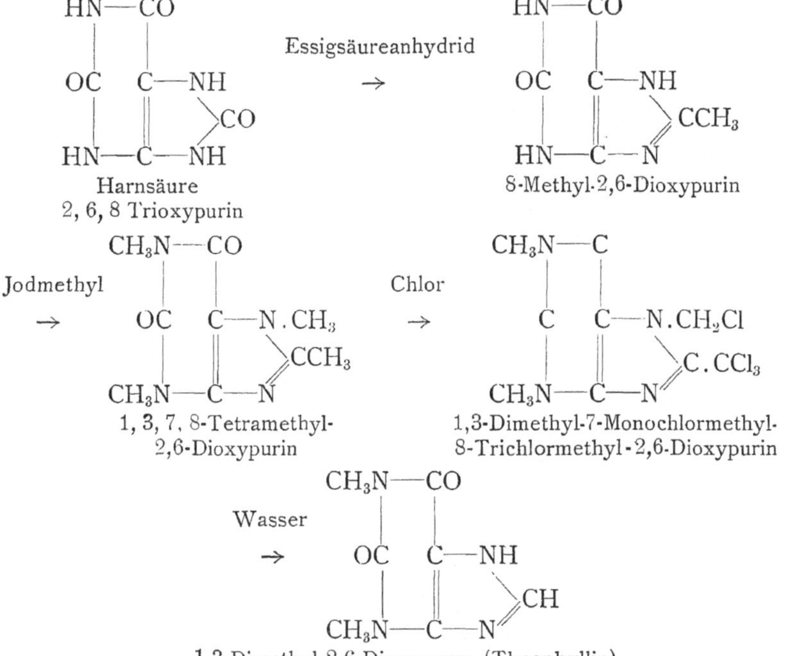

Das synthetische Theophyllin kristallisiert in Nadeln vom Smp. 268°, Eigenschaften.
die schwer (1:180) in kaltem, leichter in warmem Wasser löslich sind.
In Weingeist schwer, in Äther nicht löslich.

Mit den Alkalien bildet es Verbindungen, die medizinische Verwendung finden.

Die Lösung des Theophyllins gibt mit Gerbsäure einen Niederschlag, der im Überschuss des Fällungsmittels löslich ist.

Dampft man Theophyllin mit Bromwasser ein, so hinterbleibt ein rötlicher Rückstand, der mit Ammoniak purpurfarben wird (Murexidreaktion). Auch die zweite S. 147 beschriebene Farbenreaktion tritt mit Theophyllin ein.

Die Lösung des Theophyllins in Natronlauge gibt mit dem Diazoreagens (s. S. 83) Rotfärbung (Theobromin und Koffein verhalten sich negativ) (BURIAN).

Anwendung. Gabe: dreimal täglich 0,2—0,4 g bei Herzkrankheiten, Wassersucht u. dergl.

Aufbewahrung. Vorsichtig aufzubewahren.

Neben dem reinen Theophyllin werden zwei seiner Doppelsalze verwendet: das Theophyllinnatrium — Natriumazetat und das entsprechende Salizylat. Ihre Herstellung erfolgt in analoger Weise wie die des Theobrominnatrium — Natriumsalicylat.

Theophyllinnatrium — Natriumsalizylat.

$$C_7H_7O_2N_4Na \cdot C_7H_5O_3Na.$$

Theophyllinum natrio-salicylicum.

Eigenschaften. Weisses, kristallinisches, süss-bitter schmeckendes Pulver, das sich in 14 Teilen Wasser von 20° zu einer alkalisch reagierenden Flüssigkeit löst und 50% Theophyllin enthält. Aus der wässerigen Lösung wird durch Schwefelsäure Theophyllin und Salizylsäure abgeschieden. Letztere lässt sich aus dem Niederschlag durch Äther ausziehen, worauf sich beide Körper durch die üblichen Reaktionen identifizieren lassen.

Anwendung. Gaben: drei- bis viermal täglich 0,4—0,5 g.
Aufbewahrung. Vorsichtig aufzubewahren.

Theophyllinnatrium — Natriumazetat.

$$C_7H_7O_2N_4Na \cdot C_2H_3O_2Na + H_2O.$$

Theophyllinum natrio-aceticum.

Weisses, in ca. 20 Teilen Wasser mit alkalischer Reaktion lösliches Pulver mit rund 65% Theophyllin, aus dessen wässeriger Lösung Schwefelsäure Theophyllin zur Abscheidung bringt. Die Essigsäure kann im Filtrat durch den Geruch und die Essigätherreaktion nachgewiesen werden.

Anwendung. Gaben: Drei- bis viermal täglich 0,3—0,5 g. Höchste Einzelgabe 0,6 g.
Aufbewahrung. Vorsichtig aufzubewahren.

b) Gichtmittel.

Nachdem man erkannt hatte, dass bei Gicht Harnsäure und harnsaure Salze in den Gelenken abgelagert werden, gab es zwei Möglichkeiten, dem entgegenzuwirken: 1. Man suchte die ausgeschiedene Harnsäure wieder in Lösung zu bringen und dadurch aus dem Körper zu entfernen; 2. man bemühte sich zu erreichen, dass möglichst wenig Harnsäure im Organismus gebildet werde. Für den ersteren Zweck wandte man basische Körper an, von denen man beobachtet hatte, dass sie leicht lösliche harnsaure Salze bilden, so ausser dem hier nicht zu besprechenden Lithium Hexamethylentetramin (s. S. 65), Piperazin, Lysidin u. a.; als Körper der zweiten Gruppe ist die Chinasäure zu nennen. Auch Kombinationen der Körper beider Gruppen wandte man an z. B. das chinasaure Piperazin unter dem Namen Sidonal, das chinasaure Lithium als Urosin.

Der Versuch, die Wirkung von Piperazin, Lysidin u. dgl. als Gichtmittel durch die leichte Löslichkeit ihrer harnsauren Salze zu erklären, ist viel angegriffen worden. Letztere Tatsache ist zwar unbestritten Es löst sich

1 Teil saures harnsaures Natrium   in 1150 Teilen Wasser

„ „ „ „ Lithium „ 370 „ „

„ „ „ „ Piperazin „ 50 „ „

„ „ „ „ Lysidin „ 6 „ „

Allein es ist zweifelhaft, ob organische Körper wie Lysidin und Piperazin im unveränderten Zustand bis zu den Körperstellen gelangen können, an denen die Harnsäure abgelagert ist. Würde aber die Lösung wirklich erfolgt sein, so müsste sie beim Zusammentreffen mit den im Körper stets vorhandenen Natrium- und Ammoniumsalzen, doch wieder die unlöslichen harnsauren Salze dieser Basen abscheiden. Ausserdem ist aber, damit in Übereinstimmung, festgestellt worden, dass die Lösungen von Piperazin usw. ihre Eigenschaft, im Reagensglase Harnsäure zu lösen, fast gänzlich einbüssen, wenn gleichzeitig Chlornatrium vorhanden ist.

$$\textbf{Piperazin.} \quad HN{<}_{\substack{CH_2.CH_2\\CH_2.CH_2}}^{\substack{CH_2.CH_2\\ }}{>}NH = C_4H_{10}N_2.$$

Piperazinum. Diäthylendiimin.

Piperazin wurde von CLOËZ 1850 entdeckt, durch A. W. HOFMANN Allgemeines. näher untersucht und wird seit ca. 1890 als Gichtmittel gebraucht.

Die theoretisch einfachste Darstellung des Piperazins ist die aus Darstellung. Äthylenbromid und Ammoniak.

$$\begin{matrix} C_2H_4Br_2 & NH_3 \\ + & \\ C_2H_4Br_2 & NH_3 \end{matrix} = HN{<}^{C_2H_4}_{C_2H_4}{>}NH + 4\,HBr$$

2 Mol. Äthylenbromid   Diäthylendiimin.

Man erhält indes bei dieser Reaktion neben dem Piperazin noch mehrere andere Basen. Aus dem Gemisch lässt sich das Piperazin entweder durch fraktionierte Destillation darstellen oder einfacher auf folgendem Wege: Man behandelt das Gemisch mit salpetriger Säure und erhält dadurch das Dinitrosopiperazin $(C_2H_4)_2 . (N.NO)_2$, das in Wasser schwer löslich ist und so aus dem Gemenge sich abscheidet. Aus dem Dinitrosopiperazin kann man das Piperazin durch Alkalien (und durch Säuren) wieder abscheiden und durch Destillation in reinem Zustand gewinnen.

Eine andere Darstellungsmethode geht vom Äthylenoxamid aus, das durch naszierenden Wasserstoff, z. B. durch Zinkstaub und Natronlauge, in Piperazin übergeht.

$$\begin{matrix} CH_2{-}NH{-}CO \\ | \qquad\qquad | \\ CH_2{-}NH{-}CO \end{matrix} + 8\,H = \begin{matrix} CH_2{-}NH{-}CH_2 \\ | \qquad\qquad | \\ CH_2{-}NH{-}CH_2 \end{matrix} + 2\,H_2O$$

Äthylenoxamid   Diäthylendiamin

Eigenschaften. Das Piperazin stellt äusserst hygroskopische, bei 104^0 schmelzende Kristalle (Sdp. 146^0) dar, die an der Luft Kohlensäure anziehen und mit Salzsäure Nebelbildung zeigen.

Das Piperazin ist eine Base; seine wässerige Lösung reagiert alkalisch.

Einige seiner Salze, ganz besonders seine Doppelsalze, sind schwer löslich in Wasser, z. B. die Verbindungen mit Pikrinsäure, Gerbsäure, Gold- und Platinchlorid. Piperazin gibt also Niederschläge mit diesen Körpern, auch mit anderen sog. allgemeinen Alkaloidreagentien. Besonders charakteristisch ist der scharlachrote mikrokristallinische Niederschlag, den Kaliumwismutjodid in der salzsauren Lösung des Piperazins hervorbringt. Mit NESSLERschem Reagens und Sublimat entstehen weisse Niederschläge.

Anwendung. Die Anwendung des Piperazins erfolgt meist innerlich (0,5—2,0 g im Tag), seltener in $10\,^0/_0$iger Lösung zur Einspritzung in die Gichtknoten.

Nahe verwandt mit dem Piperazin ist das gleichfalls als Gichtmittel Lyzetol. verwendete L y z e t o l, das weinsteinsaure Salz des Dimethylpiperazins.

$$HN{<}^{CH_2{-}CH.CH_3}_{CH.CH_3{-}CH_2}{>}NH$$

Dimethylpiperazin.

$$\textbf{Lysidin.} \qquad \underset{N\text{---}CH_2}{\overset{\overset{\displaystyle NH}{CH_3C\diagdown\diagup CH_2}}{|\qquad\quad|}} = C_4H_8N_2.$$

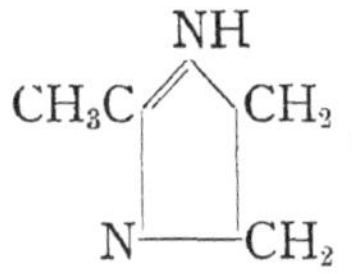

*Lysidinum. Methyldihydroglyoxalin. Methylglyoxalidin. Aethylen-
aethenyldiamin.*

Das 1888 von A. W. Hofmann entdeckte und von Ladenburg Allgemeines.
1894 als Gichtmittel empfohlene Lysidin, gleichfalls eine organische Base
wie das Piperazin, leitet sich vom Glyoxalin ab, einem Isomeren des
Pyrazols. Das Glyoxalin entsteht wie dieses aus (theoretisch) dem
Pyrrol, wenn man eine CH-Gruppe durch N ersetzt.

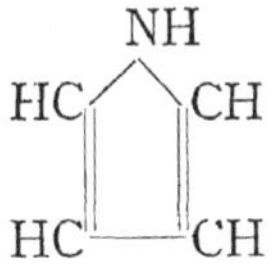

Pyrrol 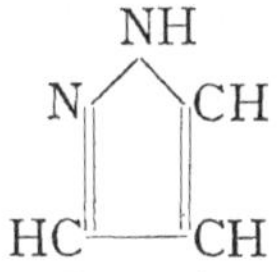   Pyrazol 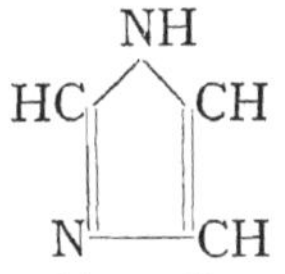   Glyoxalin
                                     (Imidazol)

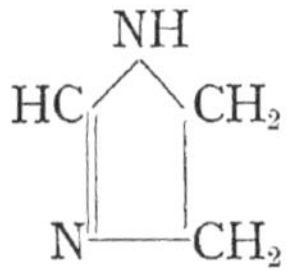

Glyoxalidin 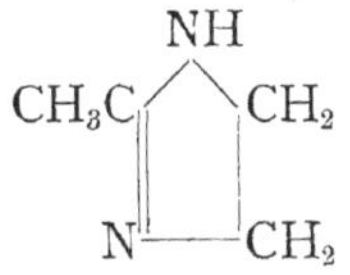   Methylglyoxalidin.

Lysidin bildet sich, wenn man salzsaures Äthylendiamin mit essig- Darstellung.
saurem Natrium zusammen der Destillation unterwirft. Die Einzelheiten
des sich dabei abspielenden chemischen Vorgangs sind nicht bekannt.
Aus dem zwischen 190° und 220° übergehenden Anteil wird das Hydrochlorid hergestellt. Lysidinhydrochlorid ist in Weingeist leicht löslich
und kann dadurch von dem darin schwerlöslichen Hydrochlorid des
Äthylendiamins getrennt werden, welch letzteres gleichfalls im Destillat
vorhanden ist.

Die farblosen in Wasser leicht löslichen Kristalle des Lysidins Eigenschaften.
schmelzen bei 105° und sieden bei 195°—198°.

Das Lysidin ist eine so starke Base, dass es wie Ammoniak die
Salze des Eisens, Zinks und Bleis (u. a. Schwermetalle) unter Fällung
der Hydroxyde zersetzt. Auch darin gleicht es dem Ammoniak, dass
es Kalomel schwarz färbt. Mit Nesslers Reagens tritt ein weisslicher,
mit Jodjodkalium ein sich anfangs wieder auflösender rotbrauner Niederschlag auf.

Lysidin ist sehr hygroskopisch und wird deshalb als 50%-ige
Lösung in den Handel gebracht.

Anwendung.

Von Lysidin können 2,0—10,0 g pro Tag genommen werden.

Lysidin-
bitartrat.

Auch das Bitartrat des Lysidins, ein weisses, haltbares, kristallinisches Pulver, wird gebraucht. 10 g des Bitartrats entsprechen 7,2 g Lysidin 50 % ig oder 3,6 g Lysidin.

Chinasäure.

$$\text{Chinasäure} = C_6H_7(OH)_4COOH = C_7H_{12}O_6.$$

Acidum chinicum. Hexahydrotetraoxybenzoesäure.

Allgemeines.

Die Empfehlung der schon 1790 von HOFMANN aufgefundenen Chinasäure als Gichtmittel ging von der Behauptung aus, dass durch den Genuss von Früchten, wie Kirschen und Erdbeeren eine Verminderung der Harnsäurebildung erfolge. WEISS, der 1899 eine Untersuchung über diese Fragen anstellte, glaubte gefunden zu haben, dass dieses Verhalten, nicht wie man seither annahm, auf die Gegenwart von Weinsteinsäure und Zitronensäure und ihren Salzen zurückzuführen sei, sondern auf den Gehalt jener Früchte an Chinasäure. Er untersuchte dann die Chinasäure selbst auf ihre harnsäurevermindernde Wirkung und fand seine Vermutung bestätigt. Zur Erklärung dieser Wirkung geht man von der Tatsache aus, dass Chinasäure im Organismus in Benzoesäure übergeht, die sich dann mit Glykokoll zur Hippursäure (Benzoylglykokoll) verbindet. Man nimmt nun an, dass durch die Chinasäure eine Beeinflussung des Stoffwechsels in der Weise erfolge, dass ein Teil der Stickstoff enthaltenden Substanzen nicht zu Harnsäure, sondern zu Glykokoll abgebaut werde. Die WEISS'schen Behauptungen wurden zwar später bestritten, Chinasäure und ihre Salze haben aber doch Anwendung als Gichtmittel gefunden.

Die Chinasäure ist im Pflanzenreich sehr verbreitet. Ausser in den genannten Früchten kommt sie noch u. a. in der Chinarinde, wovon sie ihren Namen hat, in den Kaffeebohnen und im Heidelbeerkraut vor.

Darstellung.

Zur Darstellung benützt man die Chinarinde. Man zieht sie mit kaltem Wasser aus und fällt mit Kalkmilch. Aus dem konzentrierten Filtrat scheidet sich das Kalksalz der Chinasäure aus. Aus diesem gewinnt man durch Zersetzung mit verdünnter Schwefelsäure oder Oxalsäure die Chinasäure.

Eigenschaften.

Die Chinasäure stellt farblose monokline Prismen oder ein Kristallpulver dar. Smp. 161,5°. Chinasäure ist leicht in Wasser, schwer in

Weingeist, fast gar nicht in Äther löslich. Die wässerige Lösung dreht die Ebene des polarisierten Lichtes nach links.

Die neutralisierte Lösung gibt weisse Niederschläge mit Bleiazetat und Kalkwasser.

Erwärmt man mit Jod und Kalilauge, so entsteht Jodoform.

Fügt man zu einer Lösung von Chinasäure Natronlauge und dann Kupfersulfat, so entsteht eine tiefblaue Flüssigkeit.

Chinasäure geht durch Einwirkung von Jodwasserstoff in Benzoe-säure über; bei der trockenen Destillation ihrer Salze entsteht neben Ameisensäure Chinon, ebenso auch, wenn man Chinasäure mit Braun-stein und verdünnter Schwefelsäure erhitzt.

$$C_7H_{12}O_6 + O = C_6H_4O_2 + HCOOH + 3H_2O$$
Chinasäure   Chinon   Ameisensäure.

Die üblichen Gaben von Chinasäure sind: Mehrmals täglich 0,5 g. Anwendung.
Über das Verhalten der Chinasäure im Organismus s. oben.   Ausscheidung.

Mehr vielleicht als die freie Chinasäure werden ihre Salze, besonders das Lithiumsalz (Urosin) und chinasaurer Harnstoff (Urol) benützt. Urosin, Urol.

Besonders beliebt waren dann solche Salze der Chinasäure, deren basischer Bestandteil der Gruppe 1. der Gichtmittel angehört. Solche Verbindungen sind das Sidonal = chinasaures Piperazin und das Chino-Sidonal.
tropin = chinasaures Urotropin. Da der Einführung des Sidonals sein Chinotropin.
hoher Preis im Wege steht, so wurde als Ersatz dafür das Sidonal-Neu in den Handel gebracht, dem jedoch der Hauptbestandteil des Sidonals, nämlich das Piperazin, fehlt.

Sidonal-Neu, ein weisses, kristallinisches, in Wasser leicht mit Sidonal-Neu.
neutraler Reaktion lösliches Pulver, soll nach den Angaben der es dar-stellenden Fabrik ein inneres Anhydrid der Chinasäure sein, das durch verdünnte Säuren und Alkalien leicht in Chinasäure übergeht. In der chemischen Literatur ist nur ein Anhydrid der Chinasäure bekannt, das Chinid $C_7H_{10}O_5$, das entsteht, wenn man Chinasäure auf 220—250° erhitzt. Smp. 198°.

Gabe: täglich 2,0—5,0 g.

Chinotropin. Es kommen zwei Chinotropine im Handel vor. Beide Chinotropin.
enthalten mehr Chinasäure, als dem molekularen Verhältnis entspricht.

Chinotropin I: Chinasäure 73%, Hexamethylentetramin 27%.
     „   II: „   80%,   „   20%.

Die anzuwendenden Mengen sind für Chinotropin I 3,5—5,5 g, Chinotropin II 5—7,5 pro Tag.

VI. Körper mit nicht einheitlicher Wirkung.

Organische Ersatzpräparate anorganischer Körper.

Ein nicht unbeträchtlicher Teil der neuen Arzneimittel besteht aus organischen Ersatzmitteln solcher anorganischer Körper, die unangenehme oder schädliche Nebenwirkungen zeigen — oder zeigen sollen. Es gibt fast keine vielgebrauchte anorganische Verbindung, für die man nicht ein oder mehrere organische Ersatzmittel erfunden hätte, ohne damit erreichen zu können, dass die anorganischen Körper von den organischen völlig verdrängt worden wären. Die anorganischen Körper verhalten sich zu ihren organischen Ersatzmitteln etwa so, wie eine Substanz, die in einer einfachen, leicht zu öffnenden Flasche sich befindet, zu derselben Substanz, wenn man sie in ein reicher ausgestattetes und vor allen Dingen kostbareres Gefäss mit kompliziertem, schwer oder gar nicht zu öffnendem Verschluss eingefüllt hat.

Die Forderung, die man an ein solches anorganisches Präparat stellen muss, ist: Es muss den anorganischen zu ersetzenden Körper enthalten und zwar in einer Form, dass er im Organismus zur Abspaltung und damit auch zur Wirkung kommt. Diese Aufgabe war nicht immer leicht zu lösen, obgleich die organischen Körper in mannigfachster Art und Weise anorganische Körper aufnehmen können.

Die Methoden, die man dazu einzuschlagen hatte, waren naturgemäss verschieden, je nachdem es sich um Nichtmetalle oder Metalle handelte. Halogene konnte man z.B. in sehr einfacher Weise entweder durch Substitution einführen oder durch Anlagerung an ungesättigte Verbindungen. Für die Metalle bot sich u. a. ein oft begangener Weg in der Herstellung von Salzen organischer Säuren. In den letzten Jahren benützte man besonders häufig die Eigenschaft des Eiweiss, sowohl Nichtmetalle z. B. Halogene aufzunehmen als auch mit Metallen Verbindungen einzugehen, von denen viele z. B. die des Eisens und des Silbers Verwendung gefunden haben.

Halogenderivate.

Die viel gebrauchten Brom- und Jodalkalien sind nicht frei von unangenehmen Nebenwirkungen. So führt längerer Gebrauch von Jodkalium (bei empfindlichen Personen genügen schon geringe Gaben) den Zustand des Jodismus herbei, der sich hauptsächlich in Schnupfen und Kopfschmerzen, gelegentlich auch in Ausschlägen äussert und ähnlich können auch Bromsalze wirken.

Von allen Ersatzmitteln, welche man für Brom- und Jodalkalien geschaffen hat, haben nur zwei Arten von Verbindungen Erfolg gehabt: die Halogenfette und die Halogeneiweissverbindungen.

Jodeiweissverbindungen traten besonders in den Vordergrund, nachdem BAUMANN gezeigt hatte, dass die Schilddrüse Jod in organischer Bindung enthält, und als dann später auch eine jodhaltige Eiweissverbindung daraus isoliert wurde (s. S. 223). Die jodhaltigen Eiweissverbindungen, welche man daraufhin künstlich darstellte, hatten indes nicht dieselbe Wirkung wie die aus der Schilddrüse dargestellte.

Ein derartiges Präparat, das Jodalbazid, wird so hergestellt, Jodalbazid. dass man in die wässerige Lösung des Eiweiss entweder gepulvertes Jod einträgt oder sie mit Jodjodkaliumlösung mischt. Das in beiden Fällen entstandene Jodeiweiss wird durch Erhitzen (und Zusatz von Essigsäure zur Abscheidung gebracht und dann noch mit Alkalien be handelt.

Grössere Beachtung als die Halogeneiweissverbindungen (es gibt auch ein Bromalbazid) haben allem Anschein nach die 1897 durch WINTERNITZ empfohlenen Halogenfette gefunden. Auf eines derselben, das Jodipin, sei etwas näher eingegangen.

Jodipin.

Jodipinum.

Jodipin ist jodiertes Sesamöl. Zur Darstellung wurde zuerst das Öl Darstellung. mit Jodmonochlorid in Gegenwart von Weingeist bei einer Temperatur von 40°—50° geschüttelt und der Weingeist ev. unter Abkühlung abgetrennt. Nachdem noch mehrmals mit Weingeist nachgewaschen wurde, entfernte man den im Öl gebliebenen Rest des Weingeistes durch Vakuumdestillation.

Die geschilderte Darstellungsweise des Jodipins beruht somit auf der schon lange bekannten Eigenschaft der Fette, Jod zu addieren, eine Eigenschaft, die auf der Anwesenheit ungesättigter Fettsäuren resp. deren Ester beruht und die man auch zur Charakteristik des Öles mit Hilfe der Jodzahl benützt. Und zwar verwendet man zur Bestimmung der Jod-zahl neuerdings ebenfalls eine Lösung, die nach Wijs Jodchlorid enthält. Für diese Art der Jodzahlbestimmung ist festgestellt worden, dass ausser Jod auch Chlor an die ungesättigten Fettsäuren angelagert wird und man hätte annehmen können, dass auch das Jodipin Chlor enthält. Es sind jedoch nur Spuren von Chlor darin nachweisbar, was vielleicht damit zusammenhängt, dass das von mir untersuchte Präparat nicht nach dem oben geschilderten Verfahren hergestellt war. E. Merck, der Fabrikant des Jodipins, hat sich neuerdings ein anderes Verfahren patentieren lassen. Danach erhält man jodiertes Fett, wenn man Jod-wasserstoff in statu nascendi, dargestellt durch Einwirkung eines Reduk-tionsmittels auf Jod bei Gegenwart von Wasser, auf das Fett einwirken lässt.

Als Fett wurde das Sesamöl gewählt, weil es völlig geschmacklos und leicht verdaulich ist; man kann aber auch mit anderen Fetten ähnliche Präparate herstellen.

Das Jodipin kommt mit einem Gehalt von 10 % und 25 % Jod in den Handel.

Eigenschaften.   Das Jodipin 10 %-ig, ein früher hellgelbes, jetzt völlig farbloses Öl, unterscheidet sich bezüglich seiner Löslichkeitsverhältnisse in nichts vom Sesamöl und den anderen Ölen. Das Jod ist fest gebunden und lässt sich z. B. durch Chlorwasser nicht abspalten. Dagegen kann man das Jod leicht nachweisen, wenn man mit weingeistiger Kalilauge verseift, mit Schwefelsäure ansäuert und dann Chlorwasser hinzugibt und mit Chloroform ausschüttelt.

Des weiteren kann man zur Identifizierung die Reaktionen des Sesamöles heranziehen, z. B. die Baudouin'sche Reaktion: Man über-giesst 0,05—0,1 g Zucker mit Salzsäure, gibt das doppelte Volum Öl hinzu und schüttelt ohne Erwärmen einige Minuten um. Die wässerige Schicht färbt sich rot.

Das 25 % Jod enthaltende Jodipin hat ungefähr dieselben Eigen-schaften, nur dass es nicht farblos, sondern hellbraun ist (früher viel dunkler). Die Färbung rührt nicht etwa von freiem Jod her, sondern ist durch Einwirkung des Jods auf einen Bestandteil des Öles hervor-gebracht.

Von 10 %igem Jodipin kann dreimal täglich ein Teelöffel bis ein Anwendung. Esslöffel voll genommen werden, vom 25 %-igen entsprechend weniger. Beide Präparate können auch subkutan eingespritzt werden.

Schon 10—20 Minuten nach dem Einnehmen des Jodipins lässt Ausscheidung. sich Jod im Harne nachweisen; die Ausscheidung dauert aber viel länger als bei den Jodalkalien an. Das Jodfett wird nämlich im Organismus resorbiert und angesetzt, nachdem sich zunächst ein kleiner Teil des Jods abgespalten hat. Von der Ablagerungsstelle gelangt das Jod ganz allmählich wieder in den Kreislauf und dann zur Ausscheidung. In dieser ungemein langsamen und lange dauernden Einwirkung sollen die Vorteile des Jodipins gegenüber den Jodalkalien liegen.

Vorsichtig aufzubewahren. Aufbewahrung.

Das für das Jodipin Gesagte gilt mutatis mutandis auch für Bromipin. Bromipin.

Von Bromverbindungen ist noch das Bromokoll zu erwähnen, Bromokoll. eine Verbindung von Gelatine und Bromtannin, die als Niederschlag entsteht, wenn Lösungen von Bromtannin und Gelatine zusammengebracht werden.

Bromokoll, ein schwach gelbliches, geruch- und geschmackloses Pulver, ist in verdünnten Säuren, auch im Magensaft unlöslich und wird erst im alkalisch reagierenden Darm zersetzt.

Innerlich mehrmals täglich ein Gramm, auch äusserlich in Salben gegen Jucken u. dgl.

Geschwefelte Präparate.

Ein Präparat, das zum Ersatz des innerlich zu nehmenden Schwefels bestimmt wäre, existiert nicht, dagegen viele, die an Stelle des Schwefels bei äusserlicher Anwendung treten sollen. Das verbreitetste unter diesen ist das

Ichthyol.

Ichthyolum. Ammonium sulfoichthyolicum.

Das Ausgangsmaterial für die Darstellung des Ichthyols ist das Allgemeines. Ichthyolöl, eine Art Teer, der durch trockene Destillation eines bei Seefeld und Reith im Karwendelgebirge in Tirol sich findenden bituminösen Schiefers gewonnen wird. Da der Schiefer Abdrücke von Fischen und anderen Wassertieren enthält und man annimmt, dass diese Beimengungen wesentlich zur Zusammensetzung des Teers beitragen, so wurde der Name des Präparates von $i\chi\vartheta\acute{v}\varsigma$ (dem griechischen Worte für Fisch) abgeleitet.

Der Asphaltschiefer, in der Gegend seines Vorkommens auch Öl-stein oder Stinkstein genannt, findet sich mit grauer oder schwarzer Farbe im ganzen Karwendelgebirge, bald an der Oberfläche, bald in mächtigen Adern das Gestein durchziehend. Sein Gehalt an Öl ist ver-schieden gross. Nach Lüdy schwitzt sehr ölreiches Gestein schon beim Liegen an der Sonne Tropfen von Öl aus. Die Gewinnung des Schiefers erfolgt teilweise bergmännisch; man treibt Stollen von 200—300 m Tiefe in das Gestein.

Das Rohdestillat wurde in Tirol schon lange in der Volksmedizin verwendet und hat die Aufmerksamkeit der Ärzte dadurch auf sich gelenkt, dass es reichlich nichtoxydierten Schwefel fest gebunden ent-hält, dem hauptsächlich die gute Wirkung des Ichthyols bei Haut-krankheiten zugeschrieben wird. Für die Anwendung des Rohöles war der Umstand hinderlich, dass es in Wasser unlöslich ist.

Darstellung. Man konnte es aber in lösliche Form dadurch überführen, dass man es sulfurierte, d. h. mit konzentrierter Schwefelsäure behandelte (Schröder 1880). Es bildet sich dann unter reichlicher Entwickelung von schwefliger Säure die sog. Ichthyolsulfosäure.

Die Flüssigkeit behandelt man mit Kochsalzlösung: Die rohe Ich-thyolsulfosäure fällt als schwarze Masse aus, während die Schwefel-säure, die noch gelöst vorhandene schweflige Säure und andere fremde Körper in der Flüssigkeit bleiben und mit dieser entfernt werden, worauf die Ichthyolsulfosäure noch einigemal mit Kochsalzlösung gewaschen wird.

Die auf diese Weise gewonnene Ichthyolsulfosäure ist durchaus keine chemisch reine Substanz. Sie enthält noch flüchtige Stoffe, die ihren charakteristischen Geruch bedingen, und auch schwefelhaltige Be-standteile, die nicht zu den Sulfosäuren zu zählen sind.

Die Ichthyolsulfosäure ist zweibasisch und besitzt nach Baumann und Schotten die Zusammensetzung $C_{28}H_{36}S_3O_6H_2$ [1]).

---

[1]) Die chemische Untersuchung des Ichthyols und seiner Bestandteile ist eine äusserst unvollständige und hat in den letzten Jahren keine Fortschritte gemacht, weil die Hamburger Firma, die es lange Zeit konkurrenzlos herstellte, kein Material zu wissenschaftlichen Untersuchungen davon abgab. Nachdem aber in den letzten Jahren andere Firmen analoge Präparate in den Handel bringen, z. B. Lüdy & Co. in Burgdorf das dem Ichthyol gleichwertige I c h d e n, so kann auch die chemische Bearbeitung dieser Präparate wieder in Angriff genommen werden.

Neutralisiert man die Ichthyolsulfosäure mit Alkalien, so erhält man ihre Salze, darunter als wichtigstes das Ammoniumsalz, kurz mit dem Namen Ichthyol bezeichnet.

Es ist dies die bekannte, unangenehm riechende, braune, sirup- Eigenschaften. förmige Flüssigkeit, die in Wasser und Glyzerin gut, weniger gut in Weingeist oder Äther und fast gar nicht in Petroläther löslich ist.

Die wässerige Lösung reagiert schwach sauer und entwickelt mit Kalilauge Ammoniak. Dampft man dann ein und verkohlt den Rückstand, so entwickelt die Kohle mit Salzsäure Schwefelwasserstoff. Auf Zusatz von Salzsäure gibt Ichthyol eine harzige Ausscheidung.

Abgedampft und bei 100° getrocknet, darf Ichthyol höchstens 50°/o Prüfung. seines Gewichts verlieren. Der Rückstand darf keine nicht flüchtigen Bestandteile enthalten.

In einem Gemisch gleicher Raumteile Weingeist, Äther und Wasser soll Ichthyol bis auf wenige Öltropfen löslich sein.

Als ständige, aber unzulässige Verunreinigung des Ichthyols ist die Gegenwart von Schwefelsäure, d. h. Ammoniumsulfat beobachtet worden.

Für die Rezeptur ist zu beachten, dass die gleichzeitige Gegen- Rezeptur. wart von Säuren und sauer reagierenden Körpern zu vermeiden ist, weil sie zu Ausscheidungen Veranlassung geben (s. oben).

Die Anwendbarkeit des Ichthyols ist eine ungemein vielseitige; Anwendung. es dürfte wenig innerliche oder äusserliche Krankheiten geben, gegen die man es noch nicht angewendet hat.

Der unangenehme Geruch des Ichthyols war bei mancher Anwendung, besonders der innerlichen, hinderlich. Man versuchte deshalb, teils das Ichthyol selbst geruchlos zu machen, teils geruchlose Verbindungen desselben herzustellen.

Die riechenden Stoffe kann man aus dem Ichthyol entfernen, wenn Geruchloses man unter vermindertem Druck Wasserdämpfe hindurchleitet, auch Ichthyol. wenn man es durch Wasserstoffsuperoxyd oxydiert. Doch soll ein auf letztere Art geruchlos gemachtes Ichthyol unwirksam sein.

Nahezu geruch- und geschmacklos sind auch die Verbindungen des Ichthyols mit Eiweiss oder Formaldehyd.

Die Eiweissverbindung, das Ichthalbin, wird so hergestellt, dass Ichthalbin. man eine Mischung von Eiweiss- und Ichthyollösung mit verdünnter Schwefelsäure (heiss?) fällt. Der Niederschlag wird nach dem Trocknen entweder 24 Stunden lang auf 120° erhitzt oder aber mit Weingeist behandelt, beides um die letzten Reste der flüchtigen Stoffe zu beseitigen.

Ichthoform.   Die Formaldehydverbindung des Ichthyols, Ichthoform genannt, entsteht, wenn man Ichthyolsulfosäure auf dem Wasserbade mit Formaldehyd behandelt. Getrocknet und gepulvert ist diese Verbindung völlig wasserunlöslich, geruch- und geschmacklos.

     Von anderen Verbindungen des Ichthyols sind noch zu nennen Ferrichthol. ein Eisenpräparat, das Ferrichtol, und eine Verbindung mit Silber, Ichthargan. das Ichthargan.

     Auf ähnliche Weise wie Ichthyol werden gewonnen:

Ichden.   Ichden (Lüdy & Co., Burgdorf, Schweiz),

Isarol.   Isarol (Gesellsch. für chem. Industrie, Basel),

Ichthammon.   Ichthammon (F. Reichelt, Breslau).

     Der grosse Erfolg, den das Ichthyol hatte, forderte dazu auf, auf rein künstlichem Wege Präparate herzustellen, die Schwefel in ähnlicher Form wie das Ichthyol enthalten. Derartige Präparate sind das Thiol und das Tumenol.

Thiol.   Zur Darstellung des Thiols benützt man die Eigenschaft ungesättigter Kohlenwasserstoffe, sich in der Hitze unter gleichzeitiger Abgabe von Schwefelwasserstoff mit Schwefel zu verbinden. Als Ausgangspunkt dient das solche Kohlenwasserstoffe enthaltende Braunkohlenteeröl, das sog. Gasöl des Handels. Man erhitzt es auf 215° und trägt Schwefel ein. Mit Weingeist kann man dann die geschwefelten Produkte ausziehen und durch konzentrierte Schwefelsäure in wasserlösliche Form überführen. Die weitere Behandlung ist ähnlich wie beim Ichthyol. Man kann auch umgekehrt in der Weise verfahren, dass man erst das Gasöl mit Schwefelsäure behandelt und dann erst Schwefel einträgt.

     Das Thiol kommt in fester und flüssiger Form in den Handel, das feste Thiol als dunkelbraunes Pulver oder Lamellen, löslich in Wasser und Chloroform, weniger gut in anderen Lösungsmitteln, das flüssige Thiol als dunkelbraune Flüssigkeit von Sirupskonsistenz, die ca. 40 % Thiol enthält.

Tumenol.   Zur Darstellung des Tumenols dient der sog. Säureteer, der erhalten wird, wenn Mineralöle durch konzentrierte Schwefelsäure gereinigt werden. Man zieht mit heissem Wasser die löslichen Bestandteile aus und fällt aus der Lösung das Tumenol durch Kochsalz. Das so dargestellte Produkt wird als Tumenolum venale oder Tumenol schlechtweg bezeichnet. Neutralisiert man es mit Natronlauge, so lässt sich mit Äther ein für sich allein in Wasser unlöslicher Bestandteil des Tumenols, das Tumenolsulfon ausziehen; tumenolsulfosaures Natrium bleibt zurück und liefert bei der Zerlegung durch Schwefelsäure die Tumenolsulfosäure, die mit Kochsalz ausgesalzen werden kann. Neuerdings wird auch ein Tumenolammonium hergestellt.

Weiter gehören hierher:

Thigenol (Darstellung unbekannt). Thigenol.

Anytin, die in Weingeist löslichen Ammoniumverbindungen ge- Anytin. schwefelter und sulfurierter Kohlenwasserstoffe. Ihre wässerige Lösung besitzt die Fähigkeit, wasserunlösliche Stoffe in Lösung zu halten. Die Lösungen heissen Anytole. Anytole.

Phosphorderivate.

Glyzerinphosphorsäure. $\quad C_3H_5{\Large\langle}\begin{matrix}OH\\OH\\O.PO(OH)_2\end{matrix} = C_3H_9O_6P.$

Acidum glycerinophosphoricum.

Die therapeutische Verwendung der Glyzerinphosphorsäure und Allgemeines. ihrer Salze hat sich erst in verhältnismässig neuer Zeit Eingang verschafft, obgleich die Glyzerinphosphorsäure schon 1844 durch PELOUZE dargestellt wurde. 1865 fand GOBLEY sie im Eigelb. Sie ist ein Bestandteil dessen Lezithins und entsteht allgemein aus den Lezithinen, z. B. auch dem des Gehirns, wenn man sie mit Barytwasser behandelt[1]). Die Lezithine sind wichtige Bestandteile des Organismus, die sich ausser im Gehirn auch im Blut und in der Galle finden, und da man durch Tierversuche einen günstigen Einfluss der Lezithine auf den Organismus festgestellt hatte, so suchte man sie als Arzneimittel zu verwerten. Sie sind jedoch relativ schwer zu beschaffen. Es schien aber möglich (DE PASQUALIS, 1893) an ihrer Stelle Glyzerinphosphorsäure zu verwenden, da man annehmen durfte, dass dadurch eine vermehrte Lezithinbildung im Organismus zustande kommt.

Glyzerin und Phosphorsäure können mehrere Verbindungen (Ester) miteinander bilden. Folgende drei sind bekannt:

---

[1]) Die Lezithine sind als Verbindungen des Cholins (Trimethyloxäthylammoniumhydroxyd) mit Phosphorsäure-Fettsäureestern des Glyzerins aufzufassen,

z. B. Distearinlezithin $= C_3H_5{\Large\langle}\begin{matrix}O.C_{18}H_{35}O\\O.C_{18}H_{35}O\\O.PO.OH.O.C_2H_4.N(CH_8)_3OH\end{matrix}$

11*

1. der Monoester oder die Glyzerinphosphorsäure (s. oben.);

2. der Diester $C_3H_5\diagup\!\!\!\!\!\begin{smallmatrix}OH\\O\\O\end{smallmatrix}\!\!-PO.OH$.

3. Der Triester $(C_3H_5)_3PO_4$.

Darstellung.　　Die Glyzerinphosphorsäure entsteht bei der Einwirkung von Meta-phosphorsäure auf Glyzerin, und wenn man Glyzerin und Phosphorsäure, beide möglichst konzentriert, zusammen auf über $100^{\,0}$ erhitzt.

$$C_3H_5\diagdown\!\!\!\begin{smallmatrix}OH\\OH\\OH\end{smallmatrix} + \begin{smallmatrix}OH\\OH\\OH\end{smallmatrix}\!\!-PO = H_2O + C_3H_5\diagdown\!\!\!\begin{smallmatrix}OH\\OH\\O.PO(OH)_2\end{smallmatrix}$$

$$\text{Glyzerin} \qquad \text{Phosphorsäure} \qquad \text{Glyzerinphosphorsäure.}$$

Nachdem man mit Wasser verdünnt hat, wird die überschüssige Phosphorsäure durch Kalkmilch als Kalkphosphat entfernt und der überschüssige Kalk durch Kohlensäure niedergeschlagen. Nach der Filtration wird die Lösung auf dem Wasserbade konzentriert. Aus dem Rückstand wird das nicht an Phosphorsäure gebundene Glyzerin mit Weingeist ausgezogen, dann wird nochmals in Wasser gelöst, um etwa noch vorhandene Phosphate oder Karbonate zur Ausscheidung zu bringen und schliesslich nochmals auf dem Wasserbade abgedampft oder man fällt die Glyzerinphosphorsäure durch Weingeist aus. Sie ist eine zähe, sirupartige, leicht in Wasser lösliche, sauer reagierende Masse, die auch als $50^{\,0}/_0$-ige Lösung im Handel vorkcmmt.

Die Vereinigung des dreiwertigen Alkohols Glyzerin mit der Phosphorsäure ist als Esterbildung aufzufassen. Da aber nur eine Hydroxylgruppe der dreibasischen Phosphorsäure durch den Glyzerin-rest ersetzt ist, so gehört die Glyzerinphosphorsäure zu den sauren Estern oder Estersäuren. Wie die anderen Ester und Estersäuren, so lässt sich die Glyzerinphosphorsäure durch Wasser in ihre Komponenten spalten. Der Zerfall der Glyzerinphosphorsäure erfolgt sehr leicht. Deshalb ist es schwer, wenn nicht unmöglich, sie in absolut reinem Zustand zu erhalten, umso mehr als bei der Einwirkung von Phosphorsäure auf Glyzerin noch eine andere Glyzerinphosphorsäure-verbindung entsteht.

Mehr als die Glyzerinphosphorsäure werden ihre Salze gebraucht, die man leicht aus ihr darstellen kann; das Kalksalz z. B., das in therapeutischer Beziehung wichtigste unter ihnen, wenn man mit Kalzium-karbonat und Kalkmilch sättigt. Aus dem Kalksalz kann man durch Umsetzung mit Alkalikarbonaten die Alkalisalze erhalten, ebenso wenn man die Glyzerinphosphorsäure mit Alkalikarbonaten neutralisiert.

Glyzerinphosphorsaures Kalzium.

$$C_3H_5 \begin{cases} OH \\ OH \\ O.PO \end{cases} \begin{matrix} O \\ \diagdown \\ O \end{matrix} Ca + 2\,H_2O = C_3H_7O_6PCa + 2\,H_2O$$

Calcium glycerinophosphoricum.

Darstellung s. oben.

Ein weisses Pulver, das in siedendem Wasser beträchtlich weniger Eigenschaften. löslich ist als in kaltem.

In 100,0 g einer bei 16° gesättigten Lösung befinden sich 7,9 g des Salzes.
„ 100,0 g „ „ 100° „ „ „ „ 1,15 g „ „

Das Salz muss sich somit abscheiden, wenn man seine gesättigte Lösung erhitzt.

Die wässerige Lösung reagiert alkalisch.

Mit löslichen Karbonaten, Phosphaten und Oxalaten entstehen Niederschläge der betreffenden Kalksalze. Die Phosphorsäure wird durch die gewöhnlich zum Nachweis benützten Mittel nicht gefällt. Doch tritt, wenn man mit Salpetersäure ansäuert und mit Ammoniummolybdat erhitzt, allmählich der gelbe Niederschlag des phosphormolybdänsauren Ammoniums auf, weil eine allmähliche Spaltung der Glyzerinphosphorsäure stattfindet.

Bleiazetat gibt einen Niederschlag von glyzerinphosphorsaurem Blei.

Die Prüfung[1]) hat sich u. a. auf die Bestimmung des Gehaltes an Prüfung. Wasser (nicht mehr als 15 %) und Phosphorsäure (39,8 %) zu erstrecken. Glüht man 1,0 g glyzerinphosphorsaures Kalzium, so müssen 0,516 g Kalziumpyrophosphat zurückbleiben. Man kann letzteres entweder direkt wiegen oder durch Kochen (unter Zusatz von Säure) in das Orthophosphat überführen und dann nach Zusatz von Natriumazetat nach der Uranmethode bestimmen. Eine Beimengung von Kalziumphosphat würde beim Auflösen des Präparates in Wasser ungelöst zurückbleiben.

Eine Prüfung auf Arsen dürfte gleichfalls nicht überflüssig sein.

Glyzerinphosphorsaures Kalzium darf nicht mit Karbonaten, Phos- Rezeptur. phaten und den anderen damit Niederschläge gebenden Körpern (s. o.) verschrieben werden.

Es dient (dreimal täglich 0,2—0,4 g) als nervenanregendes Mittel. Anwendung.

---

1) Dass eine Prüfung notwendig ist, zeigt die Zusammensetzung eines aus Barzelona in den Handel gekommenen „glyzerinphosphorsaures Kalzium", das aus 82 % Milchzucker und 18 % Kalziumhypophosphit bestand.

Die Alkalisalze der Glyzerinphosphorsäure, die ebenfalls ein Molekül Kristallwasser enthalten, könnnen auch zu subkutanen Einspritzungen verwendet werden.

Ausscheidung.   Insofern die Glyzerinphosphorsäure nicht im Organismus zur Lezithinbildung verwendet wird, was nicht absolut sicher feststeht, wird sie gespalten, das Glyzerin wird verbrannt, die Phosphorsäure geht in den Harn über.

Andere Glyzerophosphate:

Natrium glycerinophosphoricum.

$C_3H_7O_3 - PO - (ONa)_2 + 7\,H_2O$. Farblose, wasserlösliche Kristalle.

Kommt ebenso wie das Kalium- und Ammoniumsalz auch in 50 %-iger Lösung in den Handel.

Ferrum glycerinophosphoricum.

$C_3H_7O_3 - PO - O_2Fe + 2\,H_2O$. Gelbe wasserlösliche Lamellen.

In ähnlicher Weise wie Lezithin und die glyzerinphosphorsauren Salze sollen das **Protylin** und das **Phytin** verwendet werden.

Protylin.   Das **Protylin** ist ein durch Einwirkung von Phosphorsäureanhydrid auf Eiweiss hergestelltes phosphorhaltiges Eiweissderivat. Es ist ein gelblich-weisses, in Wasser unlösliches Pulver, das sich in fixen Ätzalkalien löst, mit Ammoniak aufquillt und mit Salzsäure gekocht Phosphorsäure abspaltet.

Ausser dem reinen Protylin ist auch ein Bromprotylin und ein Eisenprotylin hergestellt worden.

Phytin.   **Phytin** ist das saure Kalk- und Magnesiumdoppelsalz einer in Pflanzen, besonders deren Samen, vorkommenden organischen Phosphorverbindung saurer Natur. Sie besitzt die Formel $C_2H_8P_2O_9$ (26,08 % P) und ist als Anhydro-oxymethylen-diphosphorsäure aufzufassen. Gegen ätzende Alkalien ist sie beständig: durch Säuren wird sie in Inosit und Phosphorsäure gespalten.

$$3\,C_2H_8P_2O_9 + 3\,H_2O = C_6H_6(OH)_6 + 6\,H_3PO_4$$
Phytin   Inosit   Phosphorsäure.

Erwachsene nehmen zweimal täglich 0,5 g.

Arsenderivate.

Kakodylsäure. $AsO{<}^{CH_3}_{CH_3}_{OH} = C_2H_7O_2As$

Acidum cacodylicum.

Allgemeines.   Als Ersatz der arsenigen Säure und der Fowlerschen Lösung wurde zuerst von Jochmann ca. 1875, jetzt besonders von französischen

Ärzten (DANLOS 1896) die von BUNSEN 1843 entdeckte Kakodylsäure und ihre Salze empfohlen, ohne dass es, wenigstens in Deutschland, geglückt wäre, diesen Mitteln eine sichere Stellung in der Materia medica zu verschaffen. In England ging FRASER sogar so weit, zu behaupten, die Kakodylate seien völlig nutzlos, weil das Arsen in so fester Form gebunden sei, dass es im Körper nicht abgespalten werde, und deshalb auch die spezifische Arsenwirkung nicht eintreten könne. Von dieser festen Bindung rührt es auch her, dass ein Erwachsener bis zu 1,0 g kakodylsaures Natrium ohne Gefahr einnehmen kann, obgleich 0,016 g desselben soviel Arsen enthält als 0,01 g arsenige Säure. Jedenfalls ist der den Kakodylaten nachgerühmte Vorzug, dass man mit ihrer Hilfe grosse Mengen von Arsen in den Organismus einführen könne, illusorisch, wenn das Arsen gar nicht oder nur zum kleinsten Teile zur Wirkung kommt.

Die Kakodylsäure gehört zu den Verbindungen, die sich von der Arsensäure dadurch ableiten, dass man ihre Hydroxylgruppen durch Methylgruppen ersetzt, wie folgende Übersicht zeigt:

$$\text{AsO}\begin{cases}\text{OH}\\\text{OH}\\\text{OH}\end{cases}\qquad \text{AsO}\begin{cases}\text{CH}_3\\\text{OH}\\\text{OH}\end{cases}\qquad \text{AsO}\begin{cases}\text{CH}_3\\\text{CH}_3\\\text{OH}\end{cases}\qquad \text{AsO}\begin{cases}\text{CH}_3\\\text{CH}_3\\\text{CH}_3\end{cases}$$

Arsensäure   Methylarsinsäure[1])   Kakodylsäure[1])   Trimethylarsinoxyd.

Ausser der Kakodyläure wird die Methylarsinsäure (s. S. 169) medizinisch verwendet.

Zur Darstellung der Kakodylsäure geht man von der sog. CADET- schen Flüssigkeit aus, einem übelriechenden Gemenge von Kakodyloxyd $As_2(CH_3)_4O$ mit wenig Kakodyl $As_2(CH_3)_4$, die man erhält, wenn man Kaliumazetat mit gleichen Teilen Arsenigsäureanhydrid erhitzt.

$$As_2O_3 + 4\,CH_3COOK = As_2(CH_3)_4O + 2\,K_2CO_3 + 2\,CO_2$$
Arsenigsäure- Kaliumazetat   Kakodyloxyd.
anhydrid.

Beide Verbindungen gehen mit Quecksilberoxyd in Kakodylsäure resp. in kakodylsaures Quecksilber über.

$$As_2(CH_3)_4O + 2\,HgO + H_2O = 2\,AsO(CH_3)_2OH + 2\,Hg$$
Kakodyloxyd   Kakodylsäure.

Um das gebildete kakodylsaure Quecksilber zu zersetzen, gibt man zu der Flüssigkeit, die man von dem reduzierten Quecksilber abgegossen hat, nach BUNSEN so lange Kakodyloxyd tropfenweise hinzu,

---

[1]) Methylarsinsäure wird auch von der „Arsonsäure" $HAsO(OH)_2$, Kakodylsäure von der „Arsinsäure" H_2AsOOH abgeleitet. Es sind dann die nicht als Hydroxyl vorhandenen H-Atome durch CH_3 zu ersetzen.

bis die Flüssigkeit beim Erhitzen kein Quecksilber mehr ausscheidet. Die bei dem Abdampfen erhaltene und in Alkohol gelöste Masse liefert schon bei der ersten Kristallisation ein fast reines Produkt.

Eigenschaften.   Kakodylsäure bildet grosse hygroskopische Kristalle (Smp. 200°), die schwach sauer reagieren.

Gegen Oxydationsmittel verhält sie sich ebenso passiv, wie gegen die oxydierende Wirkung des Organismus (vgl. oben). Man kann sie mit rauchender Salpetersäure, Königswasser, selbst mit chrom-saurem Kalium und Schwefelsäure kochen, ohne dass sie angegriffen wird. Durch geeignete Reduktionsmittel z. B. Zink und Schwefelsäure wird sie jedoch zerstört.

Mehr als die freie (einbasische) Kakodylsäure werden ihre Salze besonders das aus ihr durch Neutralisation mit Natriumkarbonat ent-stehende Natriumsalz angewendet.

Kakodylsaures Natrium.

$$AsO(CH_3)_2ONa + 3\,H_2O = C_2H_6O_2AsNa + 3\,H_2O.$$

Natrium cacodylicum.

Eigenschaften.   Hygroskopische Kristalle oder ein weisses Pulver. Es schmilzt bei 35° in seinem Kristallwasser zu einer klaren Flüssigkeit, welche sich bei 100° trübt. In Wasser ist es leicht mit neutraler oder alkalischer Reaktion löslich. Es enthält 35,05% As und 25,23% Wasser.

Die Lösung gibt mit Quecksilberoxydulnitrat einen weissen, gelb-grün werdenden Niederschlag.

Mit Zink und Schwefelsäure entwickeln sich knoblauchähnlich riechende Dämpfe, die ein mit Silbernitratlösung befeuchtetes Filtrier-papier schwarz färben (GUTZEITsche Reaktion).

Bei der MARSHschen Probe erhält man Arsenflecken. Eine Lösung von Zinnchlorür in Salzsäure zeigt keine Einwirkung.

Prüfung.   Natriumkakodylat darf nicht sauer reagieren. Seine Lösung gibt fast mit keinem Metallsalze (Silbernitrat, Bleiazetat, Sublimat) einen Niederschlag; eine mit Silbernitrat eintretende gelbe Fällung würde auf arsenige Säure, eine braunrote auf Arsensäure hinweisen.

Den Wassergehalt bestimmt man, indem man bei 100° bis zur Gewichtskonstanz trocknet.

Die Arsenbestimmung kann man so ausführen, dass man das Salz mit Ätzkali und Salpeter zusammenschmilzt. Aus der Schmelze zieht man das durch die Oxydation entstandene arsensaure Kalium mit Wasser aus und fällt die Arsensäure als arsensaures Ammoniak-Magnesium.

Innerlich für Erwachsene 0,025—0,05 g ein- oder mehrmals täglich; Anwendung.
subkutan anfangs einmal täglich 0,025—0,05 g allmählich steigend.

Im Organismus wird nur ein kleiner Teil zu arseniger Säure und Ausscheidung.
Arsensäure oxydiert, ein anderer Teil scheint reduziert zu werden, da
der Atem manchmal nach Knoblauch riecht. Der grösste Teil geht
unverändert in den Harn über.

Um die Kakodylsäure im Harn (oder in Organen) nachzuweisen,
dampft man unter Zusatz von Weinsteinsäure ab und zieht den Rückstand mit 90 %-igem Weingeist aus. Beim Verdunsten des Weingeistes
bleibt die Kakodylsäure zurück und kann durch ihre oben erwähnten
Reaktionen nachgewiesen werden.

Sehr vorsichtig aufzubewahren. Aufbewahrung.

Andere Kakodylate:

Kalium cacodylicum $AsO(CH_3)_2OK + H_2O$. Wasserlösliche
Kristalle.

Calcium cacodylicum $[AsO(CH_3)_2O]_2Ca + H_2O$. Weisses, wasserlösliches Pulver.

Ferrum cacodylicum $[AsO(CH_3)_2O]_3Fe$. Graugelbes, amorphes,
wasserlösliches Pulver.

Hydrargyrum cacodylicum $[AsO(CH_3)_2O]_2Hg$. Farblose,
wasserlösliche Kristalle.

Arrhenal. $AsO\begin{smallmatrix} CH_3 \\ -ONa \\ ONa \end{smallmatrix} + 5\,H_2O = CH_3O_3AsNa_2 + 5\,H_2O.$

*Arrhenalum. Arsynal. Methylarsinsaures Natrium. Natrium arsino-
methylatum. Natrium methylarsinicum.*

Arrhenal ist das von GAUTIER 1902 empfohlene neutrale Natrium- Darstellung.
salz der zweibasischen Methylarsinsäure[1]. Es entsteht durch Einwirkung
von Jodmethyl auf arsenigsaures Natrium bei Gegenwart von Alkali.

[1] Salze der Methylarsinsäure können noch auf anderem Wege gewonnen
werden. Kakodylsäure lässt sich mit Salzsäure unter Entstehung von Methylarsendichlorid zersetzen:

$$AsO(CH_3)_2 \cdot OH + 3\,HCl = As(CH_3) \cdot Cl_2 + CH_3Cl + 2\,H_2O$$

Kakodylsäure   Methylarsen- Methyl-
dichlorid   chlorid

Aus Methylarsendichlorid entsteht durch feuchtes Silberoxyd die Methylarsinsäure, die dann mit Karbonaten neutralisiert werden kann.

$$As(CH_3)Cl_2 + 2\,Ag_2O + H_2O = AsOCH_3(OH)_2 + 2\,AgCl + 2\,Ag$$

Methylarsen- Silberoxyd   Methylarsinsäure
dichlorid

Eigenschaften.   Arrhenal kristallisiert in Prismen (Smp. 130°—140°) und verwittert durch Verlust seines Kristallwassers an der Luft. Bei 120° getrocknet schmilzt es bei ca. 300° unter Zersetzung, wobei metallisches Arsen entsteht. Leicht mit alkalischer Reaktion in Wasser löslich, nicht in Weingeist u. dgl. Sein Gehalt an As beträgt 27,37%, an Wasser 32,85%.

Die Lösung des Arrhenals gibt mit einer Lösung von Zinnchlorür in Salzsäure sehr bald einen weisslichen, dann dunkel werden Niederschlag, der eine Zeitlang mit violetter Farbe in der Flüssigkeit verteilt ist (kolloidales Arsen?) und schliesslich sich in braunschwarzen Flocken zu Boden setzt. Zuletzt (nach mehreren Stunden) geht er wieder in Lösung.

Gegen GUTZEITsche und MARSHsche Reaktion verhält es sich wie kakodylsaures Natrium.

Die Lösung des Arrhenals gibt mit den meisten Metallsalzlösungen einen Niederschlag, so einen roten mit Quecksilberchlorid, einen weissen in Salpetersäure löslichen mit Silbernitrat, einen erst beim Erwärmen eintretenden weissen Niederschlag mit Kalziumchlorid, einen grünen mit Kupfersulfat.

Lässt man Eisenchlorid in eine Arrhenallösung eintropfen, so bildet sich ein Niederschlag, der sich beim Umschütteln wieder löst. Einige Alkaloide wie Kokain und Morphin geben gleichfalls Niederschläge mit Arrhenal.

Prüfung.   Die Prüfung wird ähnlich vorgenommen wie beim Natriumkakodylat. Zum Nachweis des letzteren kann die Reaktion mit Quecksilberoxydulnitrat dienen, mit dem Arrhenal einen weiss bleibenden Niederschlag gibt. Arsenite und Arseniate würden an der Färbung der Silberniederschläge erkannt werden.

Anwendung.   Arrhenal wird ungefähr in denselben Dosen gegeben wie kakodylsaures Natrium, vor dem es den Vorteil haben soll, dass es weder Magen und Darm belästigt, noch den Atem nach Knoblauch riechen macht.

Aufbewahrung.   Sehr vorsichtig aufzubewahren.

Andere Methylarsinate:

Hydrargyrum methylarsinicum oxydulatum $\mathrm{AsOCH_3}\!\!\begin{array}{c}O\\ \diamondsuit\\ O\end{array}\!\!\mathrm{Hg_2}$.

In Wasser schwer lösliche Nadeln.

Hydrargyrum methylarsinicum oxydatum $\mathrm{AsOCH_3}\!\!\begin{array}{c}O\\ \diamondsuit\\ O\end{array}\!\!\mathrm{Hg}$.

Farblose Kristalle.

Atoxyl. $C_6H_5NHAsO_2$.

Atoxylum. Metaarsensäureanilid.

Das Atoxyl (BLUMENTHAL und SCHILD, 1902) leitet sich in der- Allgemeines.
selben Weise von der Metaarsensäure $HAsO_3$ oder AsO_2OH ab, wie
das Azetanilid von der Essigsäure. Es tritt also der Metaarsensäure-
rest AsO_2 an Stelle eines H-Atoms der Amidogruppe in das Anilin
$C_6H_5NH_2$ ein.

Über die Darstellung ist nichts Sicheres bekannt. Wahrscheinlich Darstellung.
erfolgt sie durch Erhitzen von arsensaurem Anilin bei Gegenwart
wasserentziehender Mittel.

Atoxyl ist ein weisses, geruchloses, in etwa 6 Teilen kaltem Eigenschaften.
Wasser lösliches Pulver mit 37,7 °/o Arsen. Die wässerige Lösung neigt
zur Gelbfärbung. Mit Natronlauge und Chloroform erwärmt gibt es im
Gegensatz zu Azetanilid kein Isonitril.

MILLONS Reagens gibt allmählich schmutzig-violette Färbung.

Erhitzt man mit Salzsäure, so bleibt die Flüssigkeit nach dem Verdünnen mit Wasser klar; auf Zusatz von Chromsäure tritt dann allmählich rubinrote Färbung ein.

Die GUTZEIT'sche Reaktion (s. S. 168) verläuft positiv.

Mit einer Lösung von Zinnchlorür in Salzsäure tritt weisse Trübung ein.

Das Arsen ist im Atoxyl sehr fest gebunden, es können deshalb Anwendung.
verhältnismässig grosse Dosen (0,05—0,2 g subkutan eingespritzt) angewendet werden. Doch ist Vorsicht geboten.

Sehr vorsichtig aufzubewahren.   Aufbewahrung.

Quecksilberderivate.

Das Sublimat, mit dem Kalomel die wichtigste und meist gebrauchte
Quecksilberverbindung, hat mehrere Nachteile, die seiner allgemeinen
Anwendung hinderlich sind. Es wirkt ätzend und fällt Eiweiss und
kann deshalb nur schwierig innerlich und gar nicht zu subkutanen Injektionen angewendet werden. Metallische Instrumente kann man nicht
mit Sublimat desinfizieren, weil sie davon angegriffen werden. Man hat
sich deshalb viele Mühe gegeben, Quecksilberpräparate zu finden, die
diese Mängel nicht zeigen.

Zu innerlichem Gebrauch wandte man schon die Quecksilberverbindungen der Benzoesäure und der Salizylsäure und besonders auch
der Gerbsäure an.

Zur subkutanen Injektion wird das Quecksilberformamid $(HCONH)_2Hg$ und mehr noch das Quecksilbersuccinimid gebraucht.

Quecksilbersuccinimid.

$$C_2H_4{<}^{CO}_{CO}{>}N - Hg - N{<}^{CO}_{CO}{>}C_2H_4 = C_8H_8O_4N_2Hg$$

Hydrargyrum imidosuccinicum. Hydrargyrum succinimidatum.

Allgemeines. Das 1852 von DESSAIGNES entdeckte und 1888 durch v. MERING und VOLLERT empfohlene Quecksilbersuccinimid ist, wie der Name besagt, eine Verbindung des Succinimids.

Das Succinimid leitet sich von der Bernsteinsäure $C_2H_4{<}^{COOH}_{COOH}$ ab. Ersetzt man die beiden OH-Gruppen durch je eine NH_2-Gruppe, so erhält man das Succinamid $C_2H_4{<}^{CONH_2}_{CONH_2}$. Dieses verliert beim Er-hitzen Ammoniak und geht in Succinimid $C_2H_4{<}^{CO}_{CO}{>}NH$ über.

Darstellung. Die Darstellung des Succinimids erfolgt durch Erhitzen des sauren bernsteinsauren Ammoniums.

$$C_2H_4{<}^{COOH}_{COONH_4} = C_2H_4{<}^{CO}_{CO}{>}NH + 2\,H_2O$$

Saures bernsteinsaures   Succinimid.
Ammonium

Der Wasserstoff der Imidogruppe (NH) hat infolge der Nachbar-schaft der beiden CO-Gruppen saure Eigenschaft und ist durch Metalle ersetzbar. Zur Bildung des Quecksilbersuccinimids werden zwei Mole-küle Succinimid durch ein Molekül Quecksilber unter Wasseraustritt verbunden.

Die Darstellung erfolgt so, dass Quecksilberoxyd, Succinimid und Wasser zusammen gekocht werden. Aus dem konzentrierten Filtrate kristallisiert das Quecksilbersuccinimid aus.

Eigenschaften. Kristallinisches, mit neutraler Reaktion in 25 Teilen Wasser und 300 Teilen Weingeist lösliches Pulver. Die wässerige Lösung wird durch Eiweiss nicht gefällt, ist also zu subkutanen Einspritzungen ver-wendbar.

Gegen Schwefelwasserstoff und Jodkalium verhält es sich wie die anorganischen Quecksilberoxydsalze. Mit Natronlauge tritt allmählich eine gelblich-weisse Fällung ein, die beim Erhitzen zu metallischem Quecksilber reduziert wird.

Erhitzt man es in einem trockenen Reagensglas mit der fünffachen Menge Zinkstaub, so entwickelt sich Pyrrol (s. S. 108), das einen in die Dämpfe gehaltenen, mit Salzsäure befeuchteten Fichtenspan rot färbt (Rupp und Nöll).

Die wässerige Lösung muss neutral reagieren und darf mit Silber- Prüfung. nitrat und Eiweiss keine Fällungen geben (Prüfung auf Sublimat und andere Quecksilbersalze).

Zur subkutanen Einspritzung täglich 1 ccm einer 1- bis 2%-igen Anwendung. Lösung.

Eine 1%-ige Quecksilbersuccinimidlösung kann als empfindliches Eiweissreagens in der Harnanalyse verwendet werden. Empfindlichkeit 1:150000.

Sehr vorsichtig und vor Licht geschützt aufzubewahren. Aufbewahrung.

Quecksilberoxycyanid.

Hydrargyrum oxycyanatum.

Das zuerst 1893 von Schlösser empfohlene Quecksilberoxycyanid Allgemeines. soll das Sublimat in seiner Anwendung als Desinfektionsmittel ersetzen. Es hat vor ihm den Vorteil, dass es weniger ätzend wirkt und die Instrumente weniger angreift.

Das Quecksilberoxycyanid muss als basisches Quecksilbercyanid oder als eine Verbindung des Quecksilbercyanids $Hg(CN_2)$ mit Queck-silberoxyd HgO betrachtet werden. Es entsteht durch direkte Ver-einigung von frisch gefälltem Quecksilberoxyd mit Quecksilbercyanid. E. Holdermann hat dafür die Formel $HgO.3Hg(CN)_2$ aufgestellt; nach den Untersuchungen von Richard, die durch K. Holdermann[1]) bestätigt werden, gibt es jedoch nur ein Oxycyanid der Formel $HgO.Hg(CN)_2$.

Für die Darstellung[2]) hat E. Holdermann folgende Vorschrift an- Darstellung. gegeben:

---

1) Laut gefl. brieflicher Mitteilung des Hrn. Dr. K. Holdermann, dem ich auch noch einige andere Angaben über Quecksilberoxycyanid verdanke.

2) Es empfiehlt sich, das Präparat selbst herzustellen, weil die käuflichen Präparate selten den Anforderungen entsprechen. Einige scheinen unver-ändertes Quecksilbercyanid enthalten zu haben.

„28,0 g Merkurichlorid (genau 27,8 = 22,23 HgO) werden in 600 ccm heissem destillierten Wasser gelöst und die Lösung in eine warme Mischung von 70 g 15%-iger Natronlauge mit 200 ccm destilliertem Wasser unter gutem Umrühren eingegossen. (Nach der Formel $HgCl_2$ + $2 NaOH = 2 HgO + 2 NaCl + H_2O$ entsteht dabei Quecksilberoxyd und Chlornatrium.) Der entstandene schön lockere Niederschlag wird durch Dekantieren mit destilliertem Wasser möglichst schnell bis zur Chlorfreiheit ausgewaschen, was infolge des raschen Absitzens desselben leicht zu bewerkstelligen ist. Alsdann wird derselbe mit 300—400 ccm destilliertem Wasser aufgeschwemmt, die Flüssigkeit unter beständigem Umrühren auf dem Drahtnetz über einer kleinen Gasflamme bis zum Sieden erhitzt und sehr allmählich so lange fein gepulvertes Merkuricyanid in kleinen Prisen zugesetzt, bis nur noch ein minimaler Rückstand von Merkurioxyd übrig bleibt, der auch bei länger fortgesetztem Erhitzen nicht mehr in Lösung geht. Es werden hierzu genau 77,8 g Cyanid verbraucht. Anstatt das Cyanid in trockener Form einzutragen, kann man es auch in heissem Wasser — etwa 250 g — gelöst zusetzen. Man erwärmt dann weiter, bis alles Merkurioxyd gelöst ist, beziehentlich eine ganz geringe Spur davon übrig geblieben ist. Darauf filtriert man, dampft das Filtrat bis fast zur Trockene ein, lässt kristallisieren und trocknet bei 40° und vor Licht geschützt über Schwefelsäure."

Nach K. Holdermann erhitzt man die der Formel $HgO \cdot Hg(CN)_2$ entsprechenden Mengen Cyanid und Oxyd öfter befeuchtet 4 Stunden auf dem Dampfbad, kocht mit Wasser aus und lässt kristallisieren. Doch vereinigen sich die berechneten Mengen Oxyd und Cyanid nicht vollständig mit einander. Stets bleibt ein Teil unverbunden und man muss, um reines Oxycyanid zu erhalten, fraktioniert kristallisieren.

Eigenschaften.   Quecksilberoxycyanid ist ein weisses oder kaum gelblich-weisses kristallinisches Pulver, das schwer in kaltem Wasser (1,34 : 100), leichter in heissem, löslich ist. Beim Erhitzen verpufft es. Die Reaktion wird gewöhnlich als alkalisch angegeben; ein von mir untersuchtes Merck' sches Präparat zeigte gegen Phenolphtalein neutrale Reaktion.

Quecksilberoxycyanid gibt wie andere Quecksilberoxydverbindungen mit Schwefelwasserstoff einen schwarzen Niederschlag von Schwefelquecksilber.

Mit Zinnchlorür und Salzsäure entsteht ein weisser mit Ammoniak sich schwärzender Niederschlag (Kalomel). Gleichzeitig entwickelt sich Cyanwasserstoff.

Natronlauge ist ohne Einwirkung, Ammoniak gibt weisse Fällung, während es mit Cyanid nicht reagiert. Doppeltkohlensaures Natrium gibt in der Kälte langsam gelbliche Trübung (mit Cyanid nichts).

Eine andere Reaktion zur Unterscheidung zwischen Cyanid und Oxycyanid hat v. Pieverling angegeben:

„Wird die Cyanidlösung 1:20 mit Kaliumjodidlösung 1:3 versetzt, so scheiden sich allmählich anschiessende silberglänzende Kristalle ab, die in Ammoniak und mehr Wasser zu einer farblosen Flüssigkeit sich lösen. Die Oxycyanidlösung 1:20 in gleicher Weise behandelt färbt sich zunächst gelb[1]), auf Zusatz von Ammoniak unter Trübung orange-rot, beim Stehen setzt sich ein rostbrauner Niederschlag ab. Letzterer ist in ein wenig Kaliumjodidlösung zu einer farblosen Flüssigkeit lös-lich; die Lösung scheidet alsbald auch silberglänzende Kristalle aus."

Die Löslichkeit des Quecksilberoxycyanids in Wasser kann durch mehrere Mittel erhöht werden, so durch Alkalikarbonat und Alkali-bikarbonat[2]), ferner durch Chlornatrium und besonders durch neutrale Alkalitartrate, mit deren Hilfe man nach v. Pieverling Lösungen bis zu 15% Quecksilberoxycyanid herstellen kann. Ohne Zweifel enthalten aber solche Lösungen Verbindungen, die sich nicht in allen Ver-hältnissen wie das Oxycyanid verhalten werden. So greifen z. B. die mit Chlornatrium bereiteten Lösungen metallische Instrumente, wenn auch langsam an. Sie enthalten eben Sublimat.

Die quantitative Bestimmung eines von basischen Zusätzen freien Oxycyanids wird nach K. Holdermann so vorgenommen, dass man nach Zusatz von Chlornatrium unter Anwendung von Methylorange als Indikator mit $\frac{N}{10}$ Salzsäure titriert. 1,0 g reines Oxycyanid verbraucht 42,7 ccm $\frac{N}{10}$ Salzsäure.

Zur Desinfektion von Wunden wird eine 0,6%-ige Lösung ge-braucht, gegen die Blenorrhöe Neugeborener eine 0,2%-ige, bei Binde-hautentzündung eine 1—2%-ige.

Die antiseptische Wirkung des Quecksilberoxycyanids hat sich entgegen früheren Ansichten als ziemlich gering herausgestellt. Damit stimmt es überein, dass nach den Untersuchungen von K. Holdermann das Oxycyanid noch weniger dissoziiert ist, als das Cyanid. Die anti-

---

[1]) Nach K. Holdermann geben nur cyanidhaltige Präparate die Gelb-färbung mit Jodkalium; mit reinem Quecksilberoxycyanid tritt ein heller, kristal-linischer, in überschüssigem Jodkalium farblos löslicher Niederschlag ein.

[2]) Patentiert.

septische Wirkung der Quecksilberpräparate ist aber nach Paul und Krönig ihrer Dissoziation proportional.

Aufbewahrung. Sehr vorsichtig und vor Licht geschützt aufzubewahren.

Andere Quecksilberverbindungen:

Hydrargyrum glycocollicum. Hydrargyrum glycocollicum $Hg(COOCH_2NH_2)_2$. Kommt als $1^0/_0$-ige Lösung in den Handel.

Merkurol. Merkurol. Verbindung des Quecksilbers mit Hefennukleinsäure. Bräunlich-weisses in Wasser lösliches Pulver.

Sublamin. Sublamin. Quecksilbersulfat-Äthylendiamin

$3 HgSO_4 + 8 C_2H_4(NH_2)_2$. Weisse wasserlösliche Nadeln.

Silberderivate.

Wie man das Sublimat durch mildere Quecksilberpräparate zu verdrängen suchte, so bestrebte man sich auch, das meist verwendete Silbersalz, das salpetersaure Silber, durch andere Silberverbindungen zu ersetzen. Silbernitrat hat manche unerwünschte Eigenschaften:

1. es wirkt, was oft zu entbehren ist, ätzend;

2. es wird durch die im Körper stets vorhandenen Chloride und Eiweisskörper gefällt und kann so keine Tiefenwirkung ausüben.

Aktol. Milder als Silbernitrat wirken zwei Verbindungen des Silbers mit organischen Säuren, das milchsaure Silber (Aktol) und das zitronen-
Itrol. saure Silber (Itrol). Besser noch haben sich die Eiweissverbindungen des Silbers, das Argonin (1895, Liebrecht u. A.) und das Protargol (1897, Neisser) eingeführt. Bei den Eiweissverbindungen ist es ja selbst-verständlich, dass sie nicht mehr durch Eiweiss gefällt werden. Sie können infolgedessen die gewünschte Tiefenwirkung entfalten. In beiden Präparaten ist das Silber so fest gebunden, dass es auch durch Chlor-natrium nicht ausgefällt wird.

Für die mit alkalischer Reaktion in Wasser löslichen Verbindungen der Eiweissstoffe mit Silber (und anderen Schwermetallen), zu denen u. a. auch das Argonin gehört, hat es Paal wahrscheinlich gemacht, dass sie das Silber nicht in „organischer Bindung", sondern als kolloidale Hydroxyde oder Oxyde, nach eingetretener Reduktion auch als kolloidales Silber enthalten.

Argonin.

Argoninum.

Das Argonin ist eine Kasein-Alkaliverbindung des Silbers. Um Darstellung.
es darzustellen versetzt man eine Lösung von Kaseinnatrium mit Silbernitrat und fällt mit Alkohol aus.

Ein so dargestelltes Präparat enthält 4,2 ^{0}/$_0$ Silber und ist in kaltem Eigenschaften.
Wasser schwer löslich. In den letzten Jahren ist ein in Wasser leichter
lösliches Präparat, ein feines, weissliches Pulver, als Argonin-L. mit
10 ^{0}/$_0$ Silber in den Handel gebracht worden, das sich chemisch dem
Argonin gleich verhält.

Argonin-L. löst sich, wenn man nach der unten angegebenen Weise
verfährt, in ungefähr 10 Teilen Wasser zu einer opaleszierenden, schwach
alkalisch reagierenden Flüssigkeit.

Argoninlösung wird durch Chlornatrium und Schwefelammonium
nicht verändert und bleibt farblos, wenn man sie mit Natronlauge erhitzt.

Die Argoninlösung gibt flockige Niederschläge mit Schwermetallsalzen, wie Kupfersulfat, Sublimat, Zinksulfat und Silbernitrat.

Erhitzt man Argonin mit Salpetersäure, so entsteht eine gelbe
Flüssigkeit, die mit Salzsäure einen Niederschlag (Chlorsilber?) gibt,
der auf Zusatz von Ammoniak in Lösung geht, während sich gleichzeitig die Flüssigkeit orangegelb färbt (Xanthoproteinreaktion).

Versetzt man die Argoninlösung mit Natronlauge und dann mit
wenig Kupfersulfat, so färbt sich die Flüssigkeit schön blauviolett
(Biuretreaktion).

„Die wässerige Lösung (1 : 20) soll nicht sauer reagieren und soll Prüfung.
beim Vermischen mit Chlornatriumlösung klar bleiben. Wird 1 g
Argonin mit 10 ccm Alkohol ausgeschüttelt und darrauf filtriert, so soll
das Filtrat auf Zusatz von verdünnter Salzsäure nicht verändert werden." (Höchst.) Beide Prüfungen sollen dazu dienen, Silbernitrat und
andere fremde Silberverbindungen nachzuweisen.

Verascht man 2,0 g Argonin und löst den Rückstand in verdünnter
Salpetersäure, so müssen sich aus der Lösung durch Salzsäure mindestens 0,106 g Chlorsilber fällen lassen.

Zur Darstellung der Lösungen muss man das Argonin mit wenig Rezeptur.
kaltem Wasser so verrühren, dass alle Teilchen benetzt sind, am besten
in einem Becherglas oder einer Porzellanschale. Dann erhitzt man auf
dem Wasserbad unter Umrühren mit einem Glasstab so lange, bis eben
alles in Lösung gegangen ist, was in wenigen Minuten erfolgt. Teilchen,
die sich nicht lösen, müssen durch Gaze abfiltriert werden. Die Lösung

ist in dunkler Flasche abzugeben. Ein Vorrätighalten von Argonin-
lösungen ist zu vermeiden.

Kokainhydrochlorid (auch die Eukaine und Nirvanin) gibt in einer
Argoninlösung einen Niederschlag, der sich mit Borsäure wieder in
Lösung bringen lässt.

Man verwendet das Argonin bei Gonorrhöe in 1%-igen Lösungen.
Schwermetallsalze dürfen nicht gleichzeitig darin enthalten sein.

Aufbewahrung. Vorsichtig und vor Licht geschützt aufzubewahren.

Protargol.
Protargolum.

Darstellung. Protargol ist eine Verbindung von Peptonsilber mit Protalbumose
und wird so dargestellt, dass man das aus einer Lösung von Silbernitrat mit Peptonlösung ausgefällte Silberpeptonid mit Protalbumose in
Lösung bringt und die Lösung im Vakuum abdampft. Peptonsilber
kann man auch erhalten, wenn man Peptonlösung mit feuchtem Silberoxyd digeriert.

Eigenschaften. Protargol ist ein ca. 8% Silber enthaltendes gelbliches Pulver, das
sich zu ungefähr gleichen Teilen in Wasser löst. Die Lösung färbt
sich mit Schwefelammonium in der Kälte dunkel, allmählich erfolgt die
Abscheidung schwarzer Flocken. Erhitzt man mit Natronlauge, so färbt
sich die Flüssigkeit schwarz (Bildung von Schwefelsilber, der Schwefel
entstammt dem Eiweiss).

Gegen Salpetersäure und später Ammoniak verhält sich Protargol
wie Argonin (s. S. 177), ebenso gegen Chlornatrium und gegen Schwermetallsalze.

Prüfung. Die Prüfung des Protargols wird wie die des Argonins vorgenommen. Aus 1,0 g Protargol müssen sich nach dem dort angegebenen
Verfahren nicht weniger als 0,106 g Chlorsilber gewinnen lassen.

Rezeptur. Zur Herstellung der Lösungen geht man am raschesten so vor,
dass man ein wenig Wasser in einen Mörser gibt, das Protargol darauf
schüttet und es dann durch Umrühren mit dem Pistill in Lösung bringt.
Hat man genügend Zeit, so schüttet man das Protargol auf die in der
Arzneiflasche befindliche zur Lösung vorgeschriebene Wassermenge.
Ohne dass ein Umschütteln nötig ist, tritt allmählich Lösung ein. Im
Gegensatz zum Argonin darf zur Herstellung die Lösung nicht erwärmt
werden. Für das Verhalten gegen Kokain, Vorrätighalten und Abgabe
der Lösungen gilt das für Argonin Gesagte.

Zu Einspritzungen bei akuter Gonorrhöe in 0,25—2 %-igen Lösungen, Anwendung.
auch zu ophthalmologischen Zwecken und als Wundantiseptikum [1]).

Vorsichtig und vor Licht geschützt aufzubewahren. Aufbewahrung.

Andere zu erwähnende Silberverbindungen sind:

Albargol (Albargin). Leimverbindung des Silbers. Albargol.

Argentamin. Lösung von Silberphosphat in Äthylendiamin. Argentamin.

Argentol $C_9H_5NOH.SO_3Ag$. Oxychinolinsulfosaures Silber. Argentol.

Largin. Protalbin-Silber. Largin.

Wismutderivate.

Auch das Bismutum subnitricum blieb nicht vor dem Schicksal bewahrt, Wismut enthaltende organische Körper sich als Konkurrenten gegenüber treten zu sehen, obgleich diese Körper, wie es scheint, als Wundmittel keine Vorzüge vor dem basisch salpetersauren Wismut besitzen. Werden sie aber, wie z. B. Bismutum subgallicum auch als Darmantiseptika verwendet, so kommt auch der organischen Komponente ein nicht zu unterschätzender Wert zu.

Die organischen Wismutverbindungen lassen sich nach Fränkel in drei Gruppen teilen:

1. Basische Wismutverbindungen mit organischen Säuren, z. B· B. subsalicylicum, subgallicum;

2. Verbindungen mit Phenolen, z. B. Xeroform;

3. Verbindungen mit Wismutoxyjodid, z. B. Airol.

Basisch gallussaures Wismut.

$C_6H_2(OH)_3COO.Bi(OH)_2 = C_7H_7O_7Bi$.

Bismutum subgallicum. Dermatol.

Im basisch gallussauren Wismut ist von den drei Valenzen des Allgemeines. Wismuts eine an Gallussäure (Trioxybenzoesäure, $C_6H_2(OH)_3COOH.$), die zwei anderen an die beiden Hydroxylgruppen gebunden.

Von Bley 1841 zum ersten Male dargestellt wurde es von R. Heintz u. A. 1891 in die Therapie eingeführt.

Für die Darstellung hat B. Fischer folgende Vorschrift gegeben: Darstellung.

---

[1]) Zur Entfernung von frischen Protargolflecken aus der Wäsche genügt Seifenwasser, für ältere wird Jodkalium, Natriumthiosulfat, Ammoniumpersulfat, auch Wasserstoffsuperoxyd und Ammoniak empfohlen.

„15 Teile kristallisiertes Wismutnitrat werden in 30 Teilen Eis-essig gelöst. Diese Lösung wird mit 200—250 Teilen Wasser verdünnt und filtriert. Hierzu fügt man unter Umrühren eine noch warme Lösung von 5 Teilen Gallussäure in 200—250 Teilen Wasser. Der entstehende gelbe Niederschlag wird zunächst durch Dekantieren, später auf dem Saugfilter mit lauwarmem Wasser gewaschen, bis das Ablaufende nicht mehr sauer reagiert und mit Diphenylamin die Reaktion auf Salpetersäure nicht mehr gibt. Alsdann trocknet man den Niederschlag auf porösen Tellern, zuerst bei mittlerer Temperatur, schliesslich bei 70°—80° C.“

Der dabei sich abspielende chemische Vorgang ist folgender:

$$Bi(NO_3)_3 + C_6H_2(OH)_3COOH + 2\,H_2O =$$
$$\text{Wismutnitrat} \qquad \text{Gallussäure}$$

$$3\,HNO_3 + C_6H_2(OH)_3COO \cdot Bi(OH)_2$$
$$\text{Basisch gallussaures Wismut.}$$

Eigenschaften.   Basisch gallussaures Wismut ist ein gelbes, amorphes, in den gewöhnlichen Lösungsmitteln unlösliches Pulver, das auch von verdünnten Säuren in der Kälte kaum angegriffen wird. Konzentrierte Säuren lösen es auf, besonders beim Erwärmen.

Auf 100°—110° erhitzt verändert es sich nicht; es kann also, was für seine Anwendung wichtig ist, sterilisiert werden. Wird es auf freier Flamme erhitzt, so verkohlt es und hinterlässt bei weiterem Erhitzen einen zumeist aus Wismutoxyd bestehenden gelben Rückstand. Man kann ihn vollständig in Wismutoxyd überführen, wenn man ihn in Salpetersäure löst, auf dem Wasserbade eindampft und dann abermals glüht. Ein Gramm des Präparates soll dann mindestens 0.52 g Wismutoxyd liefern (Quantitative Bestimmung nach dem D. A. B.).

Zum Nachweis der Gallussäure erwärmt man vorsichtig mit konzentrierter Schwefelsäure. Es tritt Violettfärbung ein. Auch die Rotfärbung, welche die Lösung des basisch gallussauren Wismuts in Natronlauge durch den Sauerstoff der Luft annimmt, ist eine Reaktion der Gallussäure.

Versetzt man seine Lösung in Natronlauge mit wenig Zinnchlorür, so entsteht ein schwarzer Niederschlag (Wismutoxydul).

Prüfung.   Über andere Reaktionen und Prüfungen s. D. A. B.

Anwendung   Die Anwendung des basisch gallussauren Wismuts ist eine sehr vielseitige. Als äusserliches Mittel nimmt es eine Doppelstellung ein, da es sowohl als Ersatz des Wismutsubnitrats als des Jodoforms dient, letzteres mit Unrecht, da es keine antiseptischen Eigenschaften besitzt. Da lösliche Wismutsalze giftig sind, so ist es für seine innerliche Anwendung von Vorteil, dass es weder in Wasser, noch in verdünnten Säuren (Magensaft) löslich ist. Es kommt so unverändert in den Darm, wo es zerlegt wird. Das Wismut geht in Schwefelwismut über, die Gallussäure wird frei und kann ihre adstringierende und antiseptische Wirkung entfalten.

Innerlich bei Darmkrankheiten in mehrmals täglich wiederholten Gaben von 0,25—0,5 g.

Von den in die zweite Gruppe gehörenden Mitteln sei nur das Xeroform kurz erwähnt, eine Wismutverbindung des Tribromphenols Xeroform. $C_6H_2Br_3OH$, das man als weisslichen Niederschlag aus Phenollösung durch Bromwasser erhält. Bringt man eine alkalische Lösung des Tribromphenols mit der Lösung eines Wismutsalzes zusammen, so bildet sich das Xeroform, dessen Zusammensetzung $= (C_6H_2Br_3O)_2 . BiOH + Bi_2O_3$ angegeben wird. Xeroform wird hauptsächlich äusserlich als Antiseptikum angewendet.

Wismutoxyjodidgallat. $C_6H_2(OH)_3COOBi{<}^{OH}_{J} = C_7H_6O_6JBi.$[1]

Bismutum oxyiodatogallatum. Airol.

Man kann das 1895 durch Veiel u. A. empfohlene Wismutoxy- Allgemeines. jodidgallat nach obiger Formel als ein basisch gallussaures Wismut (s. S. 180) auffassen, in welchem eine Hydroxylgruppe durch Jod ersetzt ist. Es entsteht auch aus Wismutsubgallat durch Einwirkung Darstellung. von Jodwasserstoff, ferner wenn man frisch gefälltes Wismutoxyjodid mit Gallussäure digeriert.

Man kann es auch in einer Operation so darstellen, dass man auf eine Essigsäure enthaltende Lösung von Wismutnitrat eine Lösung von Jodsalzen und Gallussäure einwirken lässt.

Für die Darstellung hat die schweizerische Pharmokopöekommission folgende Vorschrift gegeben:

„2,6 Teile kristallisiertes Wismutnitrat werden in 3,1 Teilen Essigsäure und 2,9 Teilen Wasser gelöst und in eine Lösung von 0,9 Teilen Jodkalium und 1,3 Teilen essigsaurem Natrium in 50 Teilen Wasser eingegossen. Der Niederschlag wird ausgewaschen und mit einer Lösung von 0,92 Teilen Gallussäure in 50 Teilen Wasser so lange erwärmt,

---

[1] Die Formel und überhaupt die Auffassung dieses Präparates als Wismutoxyjodidgallat ist bestritten. Nach der Ansicht von Thibault handelt es sich um ein Gemenge von basisch gallussaurem Wismut und Wismutjodid.

bis die rote Farbe in grün übergegangen ist. Man filtriert, wäscht aus und trocknet." Es entsteht zuerst Wismutoxyjodid BiOJ, das mit der Gallussäure zusammentritt, wobei noch das Wasser zur Bildung des Wismutoxyjodidgallats mitreagiert.

Eigenschaften. Wismutoxyjodidgallat ist ein geruch- und geschmackloses, grau-grünliches Pulver, das in Wasser und anderen neutralen Lösungs-mitteln unlöslich ist. Löslich in verdünnter Salz- und Schwefelsäure, auch in Natronlauge. Letztere Lösung färbt sich allmählich rot (s. S. 180).

Erhitzt man es mit Wasser, so färbt es sich rot, weil eine basischere Verbindung entsteht.

Wenn man mit konzentrierter Schwefelsäure erwärmt, wird Jod (violette Dämpfe) frei.

Prüfung. Die nach der Anschüttelung des Wismutoxyjodidgallates mit Wasser sich absetzenden Teilchen sollen keine gelben Partikelchen von basisch gallussaurem Wismut enthalten. Seine Lösung in Natronlauge darf mit Zinkstaub und Eisenpulver keinen Ammoniak entwickeln (Prüfung auf Salpetersäure, die durch naszierenden Wasserstoff zu Ammoniak reduziert wird).

Der Jodgehalt lässt sich in folgender Weise bestimmen (Vorschrift der schweizerischen Pharmakopöekommission):

Man löst 0,5 g des Präparates in 15 ccm Natronlauge (spez. Gew. 1,33) unter Erwärmen auf, fügt dann 20 ccm $\frac{N}{10}$-Silbernitratlösung und 25 ccm Salpetersäure hinzu und titriert unter Anwendung von Eisenammoniak-alaun als Indikator mit $\frac{N}{20}$-Rhodanammoniumlösung zurück. Es dürfen nicht mehr als 25,6 ccm letzterer Lösung verbraucht werden (Mindest-gehalt an Jod 20 %).

Anwendung. Wismutoxyjodidgallat wird nur äusserlich als Antiseptikum an-gewendet.

Aufbewahrung. Vorsichtig und vor Licht geschützt aufzubewahren.

Andere Wismutpräparate:

Bismal. Bismal, basisch methylendigallussaures Wismut
$4\,C_{15}H_{12}O_{10} + 3\,Bi(OH)_3$.

Bismutose. Bismutose, Wismuteiweissverbindung.

Thioform. Thioform, basisch dithiosalizylsaures Wismut
$(S \cdot C_6H_3(OH)COOBiO)_2 + Bi_2O_3 + 2\,H_2O$.

Eisenderivate.

Das Bestreben, anorganische Mittel durch organische zu ersetzen, ist in ganz besonders grossem Umfange beim Eisen verwirklicht worden.

Alle diese Präparate sind für die Bleichsucht bestimmt, eine Krankheit, die dadurch charakterisiert ist, dass der Organismus nicht genügend Eisen aufnimmt und deshalb nicht genügend roten Blutfarbstoff bildet, trotzdem das mit der Nahrung in den Körper gelangende Eisen dafür hinreichend wäre[1]. Seit langer Zeit werden Eisenpräparate gegen die Bleichsucht gebraucht, ursprünglich, weil man glaubte, dass dem Organismus in der Nahrung nicht genügend Eisen zur Verfügung stehe, jetzt aber, weil man der Ansicht ist, dass das in der Bleichsucht zum Ausdruck kommende anormale Aufnahmevermögen für Eisen durch die Zufuhr von Eisen zu erhöhter Tätigkeit angereizt werde.

Die ursprünglich angewendeten anorganischen Eisenpräparate haben manche Schattenseiten. Zum Teil schmecken sie schlecht; sie werden vom Magen schlecht vertragen, besonders die ätzend wirkenden Oxydverbindungen; die flüssigen färben die Zähne schwarz und alle werden so gut wie nicht resorbiert.

Aus allen diesen Gründen schien es von Vorteil zu sein, die anorganischen Eisenderivate zu verlassen und es mit organischen zu versuchen.

Zunächst wandte man Eisensalze organischer Säuren an wie Ferrum lacticum, citricum, benzoicum, Liquor ferri acetici u. a. m. Sie gehen, soweit sie Oxydsalze sind oder enthalten, unter dem Einfluss der Salzsäure des Magens teilweise in Eisenchlorid über und bieten nicht allzu viele Vorteile vor den vorher benützten.

Man ging deshalb dazu über, sich nach Verbindungen umzusehen, in denen das Eisen fester gebunden ist und hauptsächlich nach solchen, welche den im Organismus und den Nahrungsmitteln vorkommenden Eisenverbindungen möglichst nahestehen.

---

[1] Man hat den täglichen Eisenbedarf des Menschen auf 0,15 mg pro kg Körpergewicht berechnet. Demgegenüber ist es von Interesse, den Eisengehalt einiger Nahrungsmittel (wasserfrei) kennen zu lernen. Auf 100 g enthalten:

Kartoffeln . . . . . 6,4 mg Eisen
Erbsen . . . . . . 6,6 „ „
Äpfel . . . . . . 13,2 „ „
Spinat . . . . . 32,7—39,1 mg Eisen.

Da das Eisen sowohl in der Nahrung als in den roten Blutkörperchen an Eiweiss gebunden ist, so stellte man zunächst Eiseneiweissverbindungen mit Hilfe von Hühnereiweiss her und ein solches Präparat hat in dem Liquor ferri albuminati Aufnahme in das Deutsche Arzneibuch gefunden.

Auch diese Präparate zeigten jedoch noch grosse Verschiedenheiten gegenüber den natürlichen Eiweissverbindungen des Eisens. Insbesondere war das Eisen weniger fest gebunden als in diesen.

Die Folge davon war, dass man zu den natürlichen Eisenverbindungen selbst griff und zwar zu denen, die uns am leichtesten zugänglich sind, den im Blut der Tiere vorhandenen.

Die Zahl der Körper und Präparate, die aus diesen Bestrebungen hervorging, ist eine enorme.

Bald verwendete man das Blut als solches, nachdem man es defibriniert und mehr oder weniger gereinigt hatte. Solche Präparate sind z. B. die Hämatogene.

Bald stellte man den Blutfarbstoff in mehr oder weniger reinem Zustande selbst dar, wie in den verschiedenen Hämoglobin-Präparaten.

Da auch Hämoglobin noch unangenehme Eigenschaften hat wie Blutgeschmack und ungünstige Beeinflussung der Verdauung, so hat man auch dessen Derivate wie Hämatin zu verwenden gesucht.

Unter diese Rubrik fallen auch die beiden von Prof. Kobert-Rostock eingeführten Eisenpräparate Hämogallol und Hämol.

Das Hämogallol wird aus defibriniertem Rinderblut durch Reduktion mit Pyrogallol hergestellt. Es bildet sich ein Niederschlag, der nach dem Auswaschen und Trocknen ein rotbraunes, in Wasser unlösliches, geschmackloses Pulver darstellt. Wird es mit schwefelsäurehaltigem Weingeist gekocht, so zersetzt es sich und gibt an diesen quantitativ Hämatin ab.

Das Hämol wird gewonnen, indem man defibriniertes Blut mit Zink reduziert. Es entsteht zunächst das unlösliche Zinkhämoglobin. Aus diesem wird das Zink durch Schwefelammonium entfernt; das vom überschüssigen Schwefelammonium durch einen Luftstrom befreite Filtrat scheidet bei der Neutralisation mit Salzsäure das Hämol als schwarzbraunes, in Wasser unlösliches Pulver ab.

Weder Hämol noch Hämogallol lösen sich im Magensaft auf, sondern werden erst vom Darm aus resorbiert.

Ausser im Blut trifft man Eisenverbindungen noch in anderen Teilen des Tierkörpers an, besonders reichlich im Dotter des Hühnereies und der Leber.

Aus dem Eidotter hatte BUNGE ein Hämatogen hergestellt (nicht zu verwechseln mit den bereits besprochenen Bluthämatogenen), das Eisen und Phosphor enthält. , Darauf ist wohl auch der Gedanke zurück-zuführen, durch Verfütterung von eisenhaltigem Futter an Hühner diese zur Produktion eisenreicher, als Arzneimittel zu verwendender Eier zu veranlassen.

Bei der Untersuchung der „Eiseneier" erwies es sich, dass ihr Eisengehalt zwar höher war als der mittlere Eisengehalt normaler Eier, aber nicht über den maximalen Eisengehalt gewöhnlicher Hühner-eier (7,5 mg Fe_2O_3 in 100,0 g Ei) hinausging. Ausserdem scheint das Eierhämatogen nicht zu den vom Menschen gut resorbierbaren Eisen-verbindungen zu gehören.

Auch der Eisengehalt der Leber ist zum Ausgangspunkt eines Eisenpräparates geworden. v. ZALESKY hatte zuerst (1886) aus der Leber eine eisenhaltige Substanz, das Hepatin, dargestellt, dessen Eisen-gehalt jedoch ein äusserst geringer (0,0176 $^0/_0$) ist, so dass ihn SCHMIEDEBERG als Verunreinigung bezeichnete.

Ferratin.
Ferratinum.

SCHMIEDEBERG hat (1894) aus der Leber eine eisenreiche Ver- Allgemeines. bindung, das Ferratin, dargestellt. Das in die Apotheken gelangende Ferratin ist jedoch nicht dieses natürliche Präparat, sondern eine nach SCHMIEDEBERGS Angaben künstlich bereitete Verbindung, deren Darstellung auf folgendem beruht· Beim Kochen von Eiweiss mit Al-kalien entstehen Alkalialbuminate, in denen das Eiweiss die Rolle einer Säure spielt und die mit Eisensalzen Eisenalbuminate bilden. Werden die Eisenalbuminate in alkalischer Lösung erhitzt, so gehen sie nach SCHMIEDEBERG in Salze einer Ferrialbuminsäure über, aus denen letztere durch Säuren gefällt werden kann.

Die Darstellung erfolgt in abgekürzter Weise so, dass die Lösung Darstellung. des Hühnereiweisses mit weinsaurem Alkalieisen vermischt und nach Zusatz von Natronlauge längere Zeit erhitzt wird. Nach dem Er-kalten wird dann das Ferratin durch Zusatz von Weinsteinsäure oder Salzsäure gefällt.

Ferratin ist ein braunes, nahezu geschmackloses Pulver mit ca. 6 $^0/_0$ Eigenschaften. Eisen, das sowohl in wasserunlöslicher Form, als freie Säure, wie auch als wasserlösliche Natriumverbindung in den Handel kommt.

Das Eisen ist im Ferratin relativ fest gebunden. Schwefelam-monium scheidet nicht sogleich Schwefeleisen daraus ab.

Mit der in der Leber vorkommenden Eisenverbindung scheint indes das Ferratin doch nicht identisch zu sein. Es unterscheidet sich von ihr dadurch, dass es an salzsäurehaltigen Weingeist sofort alles Eisen abgibt.

Gaben: dreimal täglich 0,2—0,5 g.

Andere Eisenpräparate:

Ferratogen.	**Ferratogen**, Eisennuklein.
Haemalbumin.	**Haemalbumin**, Blutpräparat mit Hämoglobin und Hämatin.
Roborin.	**Roborin**, Calcium ferrialbuminat.
Triferrin.	**Triferrin**, Eisennuklein.

Das Vorhandensein so vieler neuer Eisenpräparate hat sich zum mindesten dadurch als Vorteil erwiesen, dass die gerade in der Eisentherapie gebotene Abwechslung leichter durchzuführen ist. Ausserdem werden sie leichter resorbiert als die alten anorganischen, schmecken besser und werden deshalb lieber eingenommen.

Ob diese Präparate dann auch in therapeutischer Hinsicht mehr taugen als die alten, dies zu entscheiden liegt nicht in meiner Kompetenz. Jedenfalls gibt es auch jetzt noch viele erfahrene Ärzte, die BLAUDsche Pillen und Ferrum reductum als die wirksamsten Eisenpräparate erklären.

B. Alkaloidderivate und Alkaloide.

a) Alkaloidderivate.

In den Bestrebungen, Alkaloidersatzmittel zu schaffen, hat man drei verschiedene Richtungen zu unterscheiden. Die erste, am wenigsten vorgeschrittene, geht darauf aus, die natürlich vorkommenden Alkaloide künstlich darzustellen, was u. a. bei den im weiteren Sinne zu den Alkaloiden zu rechnenden Purinbasen (s. S. 145) erreicht ist. Die zweite stellte auf synthetischem Wege Körper her, deren Wirkung derjenigen der zu ersetzenden Alkaloide möglichst ähnlich, deren Konstitution aber verschieden war. Als Beispiele mögen die künstlichen Antipyretika und Lokalanästhetika genannt sein, von denen die ersteren Ersatzmittel des Chinins, letztere solche des Kokains sein sollen. Eine dritte Gruppe von Alkaloidersatzmitteln weicht in ihrer Konstitution nur wenig von der der natürlichen Alkaloide ab, aus denen sie durch verhältnismässig geringfügige chemische Eingriffe hervorgegangen sind. Der

Zweck dieser Operationen war, bestimmte unerwünschte Eigenschaften der Ausgangsprodukte zu beseitigen oder andere in den natürlichen Alkaloiden nicht oder wenig vorhandene Eigenschaften stärker hervor-treten zu lassen. In diese Gruppe von Körpern gehören die bereits be-sprochenen Chininderivate Euchinin und Aristochin, und analoge Körper sollen hier zunächst behandelt werden. Die Verfahren, die man zur Herstellung solcher Körper einschlug, bestanden vielfach in Esterifizie-rungen, sei es, dass man in Alkohol oder Phenolgruppen Säureradikale oder in Phenolgruppen Alkoholradikale einführte. Beide Arten von Esterifizierungen finden sich beim Morphin verwirklicht.

Derivate des Morphins.

Das erste medizinisch verwendete Morphinderivat war das Kodein, das neben dem Morphin im Opium in kleinen Mengen vorkommt und aus dem Opium gewonnen wird. Mehr Kodein aber wird aus dem Morphin durch Methylierung hergestellt. Das Morphin $C_{17}H_{17}NO(OH)_2$ hat eine alkoholische und eine phenolische Hydroxylgruppe. Ersetzt man den Wasserstoff der letzteren durch die Methylgruppe, so erhält man das Kodein $C_{17}H_{17}NO(OH)(OCH_3)$. Die Wirkung des Kodeins weicht in mancher Beziehung von der des Morphins ab, weil die die narkotische Wirkung vermittelnde „verankernde" Phenolgruppe nicht mehr vorhanden ist. Infolgedessen ist das Kodein viel weniger narko-tisch und wirkt damit im Zusammenhang auch weniger schmerzlindernd als das Morphin; zur Beseitigung des Hustenreizes ist es aber besser geeignet.

Es war zu erwarten, dass andere Alkylderivate des Morphins die-selben pharmakologischen Eigenschaften wie das Kodein besitzen werden. Von solchen Derivaten sind noch zwei, das Dionin (1899, v. MERING, SCHRÖDER, KORTE) und das Peronin (1897, v. MERING, SCHRÖDER), medi-zinisch verwendet worden.

Dionin. $C_{17}H_{17}NO(OH)OC_2H_5 \cdot HCl + H_2O = C_{19}H_{23}O_3N \cdot HCl + H_2O$.
Dioninum. Äthylmorphinhydrochlorid. Kodäthylinhydrochlorid.

Die freie Base, das Äthylmorphin oder richtiger der Morphinäthyl- Darstellung.
äther entsteht durch Äthylierung des Morphins, z. B. wenn man Mor-phin mit Äthyljodid (und Natriumäthylat) erhitzt.

$$C_{17}H_{17}NO(OH)_2 + C_2H_5J + C_2H_5ONa =$$
Morphin · · · · · · Äthyljodid · Natriumäthylat
$$C_{17}H_{17}NO(OH)(OC_2H_5) + NaJ + C_2H_5OH$$
Morphinäthyläther.

Ebenso kann man es durch Einwirkung äthylschwefelsaurer Salze auf eine alkalische Morphinlösung herstellen.

Eigenschaften. Sein Hydrochlorid, das Dionin, ist ein weisses, mikrokristallinisches Pulver, das bei 123°—125° unter Zersetzung schmilzt. Das Dionin ist mit neutraler Reaktion in ca. 7 Teilen Wasser von 15° und ca. 1¹/₃ Teilen Weingeist löslich, unlöslich in Chloroform und Äther.

Die Farbenreaktionen des Dionins gleichen jenen des Kodeins. Es gibt mit Formaldehyd und Schwefelsäure eine violette, mit FRÖHDE-schem Reagens eine grüne Färbung. Erwärmt man es mit arsensäurehaltiger Schwefelsäure, so erhält man eine blaugrüne, mit Eisenchlorid und Schwefelsäure eine blaue Färbung.

Prüfung. Vom Morphin unterscheidet es sich durch das Ausbleiben der Reduktionsreaktionen, z. B. mit Jodsäure oder Ferricyankalium und Eisenchlorid, dann dadurch, dass die durch Natronlauge ausgefällte freie Base in überschüssiger Natronlauge unlöslich ist.

Zur Unterscheidung von Kodein dienen folgende Reaktionen: 1—2 Tropfen Ammoniak (spez. Gew. 0,910) erzeugen in einer Lösung von 0,1 g Dionin in 1 ccm Wasser einen weissen Niederschlag, der durch weiteren Zusatz von 10—15 Tropfen Ammoniak nicht gelöst wird (Kodein geht unter diesen Umständen wieder in Lösung). Der Schmelzpunkt der abgeschiedenen Base sei 93°.

Fügt man 10 Tropfen Jodjodkaliumlösung zu 2 ccm 1%-iger Kodeinhydrochloridlösung, so entsteht ein dunkelbraunroter Niederschlag, der stark geschüttelt seine Farbe nicht verändert und sich sofort wieder zu Boden setzt. Bei einer ebenso behandelten Dioninlösung wird der Niederschlag beim Schütteln flockig und braunorange und steigt (teilweise) an die Oberfläche (RADIONOW).

Anwendung. Innerlich mehrmals täglich 0,015—0,04 oder abends 0,03—0,05 g, auch zu subkutanen Injektionen geeignet. Höchste Gaben: Einzelgabe 0,08 g, Tagesgabe 0,3 g.

Aufbewahrung. Vorsichtig aufzubewahren.

Peronin. $C_{17}H_{17}NO(OH)O(CH_2C_6H_5) . HCl = C_{24}H_{25}O_3N . HCl.$

Peroninum.   Benzylmorphinhydrochlorid.

Allgemeines. Wie man in das Morphin die Reste der aliphatischen Alkohole Methyl- und Äthylalkohol eingeführt hat, so verband man es auch mit dem Reste eines aromatischen Alkohols, des Benzylalkohols $C_6H_5 . CH_2OH$, der zu Benzaldehyd und Benzoesäure in demselben Verhältnis steht wie der Äthylalkohol zu Aldehyd und Essigsäure.

Die Darstellung des Benzylmorphins (nicht zu verwechseln mit Darstellung.
Benzoylmorphin) erfolgt ganz in ähnlicher Weise wie die des Äthyl-
morphins, indem man Morphin, Benzylchlorid[1]) und Natriumäthylat
zusammen erwärmt.

$$C_{17}H_{17}NO(OH)_2 + C_6H_5CH_2Cl + C_2H_5ONa =$$

Morphin   Benzylchlorid Natriumäthylat

$$C_{17}H_{17}NO(OH)O(CH_2C_6H_5) + C_2H_5OH + NaCl$$

Morphinbenzyläther.

Das Chlornatrium scheidet sich aus; im Filtrat kann man durch
Zusatz von Salzsäure das in Weingeist schwer lösliche Hydrochlorid
direkt gewinnen.

Das Peronin bildet farblose Nädelchen, die in 13 Teilen Wasser Eigenschaften.
löslich sind. Es wird mit Formaldehyd und Schwefelsäure violett, mit
Ammoniummolybdat und Schwefelsäure erst violett, dann schwarz-
braun, mit Schwefelsäure und darauffolgend Salpetersäure orangefarben.
Erwärmt man vorsichtig mit arsensäurehaltiger Schwefelsäure, so tritt
Rotfärbung ein. Mit eisenhaltiger Schwefelsäure erhitzt tritt nicht wie
bei Kodein eine blaue, sondern eine rötliche Färbung ein. Streut man
es auf ein Gemenge von Hexamethylentetramin und Schwefelsäure, so
färbt sich die Flüssigkeit rosa (Morphin und die anderen Morphin-
derivate geben violette Färbungen).

Innerlich mehrmals täglich 0,02—0,06 g.   Anwendung.

Vorsichtig aufzubewahren.   Aufbewahrung.

Heroin. $C_{17}H_{17}NO(O \cdot CH_3CO)_2 = C_{21}H_{23}O_5N.$

Heroinum. Diazetylmorphin.

In dem 1897 durch DRESER empfohlenen Heroin sind die Wasserstoff- Allgemeines.
atome der beiden Hydroxylgruppen des Morphins durch Azetylgruppen
ersetzt, während in den seither behandelten Morphinderivaten nur das
H-Atom der phenolischen OH-Gruppe und zwar durch ein Alkoholradikal vertreten war (Heroin ist ein Morphinester; Kodein und die
anderen sind Morphinäther). Diese Abweichung in der chemischen Zusammensetzung bedingt eine tiefere Abweichung in der Wirkung, als
man bei der Schaffung des Heroins vorausgesehen hatte. Heroin ist,
besonders dadurch, dass es die Atmung schädlich beeinflusst, giftiger
als die Morphinäther und sogar giftiger als das Morphin selbst. Dass
ein Azidylderivat einer Base giftiger ist als das Ausgangsprodukt, ist
keine vereinzelte Erscheinung (vgl. S. 81).

---

[1]) Benzylchlorid lässt sich aus Toluol durch Chlorieren erhalten.

Darstellung. Heroin entsteht aus Morphin durch die üblichen Azetylierungsverfahren (s. S. 81), z. B. durch Einwirkung von Azetylchlorid oder wenn man es mit Essigsäureanhydrid auf 85° erhitzt.

Eigenschaften. Es kristallisiert aus Essigäther in Prismen vom Smp. 171°—173°, die, unlöslich in Wasser, sich besser in Weingeist und Chloroform, schwer in Äther lösen. Sehr leicht wird es von verdünnten Säuren aufgenommen.

Heroin wird durch fixe Alkalien aus seinen Lösungen ausgefällt, ebenso durch Ammoniak. Im Überschuss der Fällungsmittel löst es sich, wenn auch verschieden leicht, auf. Die Azetylgruppen lassen sich leicht wieder abspalten, so schon durch längeres Kochen mit Wasser. Gibt die Essigätherreaktion.

Als Identitätsreaktion ist folgende zu gebrauchen:

„Wird eine Spur Heroin auf einem Uhrglas (besser in einem Porzellanschälchen) mit einigen Tropfen 65%-iger Salpetersäure vom spez. Gew. 1,4 versetzt, so löst es sich alsbald mit gelber Farbe; nach einiger Zeit, sofort bei gelindem Erwärmen tritt eine Grünblaufärbung auf." (GOLDMANN.) Mit Ammoniummolybdat und Schwefelsäure tritt wie beim Morphin Violettfärbung ein; überhaupt gibt Heroin alle die Morphinreaktionen, zu deren Herbeiführung chemische Eingriffe nötig sind, welche gleichzeitig die Azetylgruppen abspalten.

Prüfung. Dagegen unterscheidet sich Heroin vom Morphin dadurch, dass die Reduktionsreaktionen (s. S. 188) nicht sofort eintreten.

Rezeptur. In der Rezeptur macht das Heroin dadurch Schwierigkeiten, dass es so schwer in Wasser löslich ist. Man löst es gewöhnlich durch Kochen mit Weingeist, ehe man das verordnete Wasser zusetzt. Mehr dürfte sich der vorsichtige Zusatz von Salzsäure oder Essigsäure empfehlen. Am besten wäre es, wenn die Ärzte zu Tropfen und Mixturen nicht die freie Base, sondern das in Wasser und Weingeist leicht lösliche Hydrochlorid (Smp. 230°—231°) verschreiben würden.

Anwendung. Infolge der grossen Giftigkeit des Heroins sind die anzuwendenden Gaben beträchtlich kleiner als beim Morphin. Sie sind rund dreimal kleiner. Mehrmals täglich 0,003—0,005 g. Das Hydrochlorid ebenso auch zur subkutanen Injektion. Höchste Einzelgabe 0,01, höchste Tagesgabe 0,025 g.

Aufbewahrung. Vorsichtig aufzubewahren.

Eine andere Gattung von Morphinderivaten als die bisher besprochenen entsteht, wenn durch wasserentziehende Mittel, wie Salz säure oder Zinkchlorid Wasser aus dem Morphin und seinen Verwandten austritt. So bilden sich die Apo-Alkaloide wie Apomorphin und Apokodein, die beide medizinisch verwendet werden, in erster Linie allerdings das Apomorphin, das nicht mehr narkotisch wirkt wie das Morphin, sondern nur noch brechenerregend und expektorierend. Auch vom Apomorphin hat man wieder Derivate hergestellt und pharmakologisch untersucht, und eines derselben, das Methylapomorphiumbromid oder Euporphin ist auch zur medizinischen Anwendung empfohlen worden, da es weniger Brechreiz verursache und nicht so stark auf das Herz wirke als Apomorphin.

Das Methylapomorphinium gehört zu den quaternären Ammoniumbasen, eine Körperklasse, von der neuerdings auch noch andere aus Alkaloiden gewonnene Glieder medizinisch angewandt oder wenigstens pharmakologisch geprüft werden.

Quaternäre Ammoniumbasen sind organische Basen, die (theoretisch) aus Basen mit tertiär gebundenem Stickstoff[1]) dadurch hervorgehen, dass an den Stickstoff ein Molekül eines Alkohols angelagert wird. Das einfachste Beispiel einer derartigen quaternären Ammoniumbase ist das Tetramethylammoniumhydroxyd $N(CH_3)_4OH$, das aus dem Trimethylamin $N(CH_3)_3$ in folgender Weise sich bildet.

Trimethylamin und Methyljodid treten zu Tetramethylammoniumjodid zusammen:

$$(CH_3)_3N + CH_3J = N(CH_3)_4J$$

Trimethyl-   Methyl- Tetramethyl-
amin   jodid ammoniumjodid.

Letzteres gibt durch Einwirkung von feuchtem Silberoxyd die freie Base.

$$2\,N(CH_3)_4J + Ag_2O + H_2O = 2\,N(CH_3)_4OH + 2\,AgJ.$$

Nach dieser Methode kann man allgemein die Jodide quaternärer Ammoniumbasen und die freien Basen herstellen. Ihre Salze erhält man durch Neutralisation oder durch Umsetzung der Jodide mit geeigneten Schwermetallsalzen. Für die Herstellung entsprechender Alkaloidderivate hat man neuerdings noch ein anderes Verfahren eingeschlagen, das bessere Ausbeuten liefert. Man bedient sich dazu des neuerdings so vielfach zu Methylierungen angewendeten Dimethylsulfats.

------

[1]) Der Stickstoff einer Base ist tertiär, wenn von seinen drei Valenzen keine direkt an Wasserstoff gebunden ist, z. B. Trimethylamin $N(CH_3)_3$ oder Strychnin $(C_{24}H_{22}NO){<}^{CO}_{\ N}$.

Die Methylierung verläuft nach folgendem Schema, wenn X_3 den Rest der tertiären Base bedeutet.

$$NX_3 + (CH_3)_2SO_4 = NX_3 . CH_3 . CH_3SO_4.$$

Aus letzterer Verbindung erhält man dann durch Einwirkung von Jodkali das Jodid, durch Bromkali das Bromid der Ammoniumbase neben methylschwefelsaurem Kali z. B.

$$NX_3 . CH_3 . CH_3SO_4 + KBr = N . X_3 . CH_3Br + KCH_3SO_4.$$

Man hat schon längst auch aus Alkaloiden quaternäre Ammoniumbasen hergestellt und sie pharmakologisch untersucht. Man war dabei zu dem Ergebnis gekommen, dass alle Ammoniumbasen, gleichgültig, aus welcher tertiären Base sie hergestellt wurden, ungefähr gleichmässig wirkten: Sie lähmen die peripheren Endigungen der motorischen Nerven. Infolgedessen wandte man zunächst keine von ihnen medizinisch an. Nach neueren Untersuchungen scheint diese Eigenschaft jedoch nicht durchweg zu bestehen oder hervorzutreten und so hat man doch einige dieser Körper, wie die vom Kodein[1]), Apomorphin und Atropin sich ableitenden Ammoniumbasen, in die Therapie einzuführen versucht.

$$\textbf{Euporphin.}[2])\quad C_{17}H_{17}O_2N\diagup^{CH_3}_{\diagdown Br} = C_{18}H_{20}O_2NBr.$$

Euporphinum.   Methylapomorphiniumbromid.

Darstellung. Die Darstellung des 1904 durch MICHAELIS in die Therapie eingeführten Euporphins erfolgt nach der Dimethylsulfatmethode (s. oben). Das in den Handel gelangende Präparat wird zuletzt aus Azeton umkristallisiert und enthält nach ZERNIK noch ein Molekül Azeton. Es gibt deshalb die Jodoformreaktion.

Euporphin stellt farblose kleine Schuppen oder Blättchen dar, die bei ungefähr 195°, wahrscheinlich unter Zersetzung schmelzen. Es ist in Wasser und Weingeist leicht, schwer in Azeton löslich und nahezu unlöslich in Äther und Chloroform.

Sowohl das Euporphin selbst als seine wässerige Lösung bräunen sich unter dem Einfluss der Luft.

Gegen einige Reagentien verhält es sich wie Apomorphin. Es wird durch oxydierende Mittel wie Salzsäure und Chlorwasser rot, mit Ammoniummolybdat und Schwefelsäure grün.

---

[1]) Kodeinbrommethylat = E u k o d i n.

[2]) Vgl. F. ZERNIK, Arbeiten aus dem pharm. Institut der Universität Berlin. Bd. II. S. 197.

Gegenüber den Reduktionsreaktionen (s. S. 188) verhält es sich wie Morphin. Abweichend von Apomorphin verhält sich Euporphin bei folgenden von ZERNIK angegebenen Reaktionen:

	Apomorphin.	Euporphin.
Natriumbikarbonatlösung.	Erzeugt in der Lösung einen weissen Niederschlag, der an der Luft bald grün wird und sich dann in Äther mit purpurvioletter, in Chloroform mit blauvioletter Farbe löst.	Ist ohne Einfluss.
Die schwach angesäuerte Lösung wird mit Natriumbikarbonat übersättigt u. alsdann 1 bis 3 Tropfen verdünnter alkoholischer Jodlösung zugegeben (PELLAGRI).	Die Lösung färbt sich blau bis smaragdgrün; schüttelt man mit Äther, so nimmt dieser eine violette Farbe an.	Die Lösung färbt sich braungelb. Äther bleibt beim Schütteln damit farblos.
0,01 g Substanz werden in 2 ccm Wasser gelöst, mit 2 ccm konzentrierter Natriumnitritlösung versetzt u. schliesslich unter Umschütteln noch fünf Tropfen Eisessig zugegeben.	Es entsteht zunächst ein dicker, weisser Niederschlag; auf Zusatz von Säure färbt sich die Flüssigkeit vorübergehend blutrot, alsdann scheiden sich an ihrer Oberfläche rostfarbige Flocken aus, die sich in überschüssiger Säure mit brauner Farbe lösen.	Es entsteht zunächst eine weisse Trübung, auf Zusatz der Säure eine vorübergehende blutrote Färbung, alsdann ein dicker orangegelber Niederschlag, der sich im Überschuss der Säure mit orangegelber Farbe löst.

Euporphin wird in ungefähr denselben Mengen wie Apomorphin angewandt. Grösste Einzelgabe 0,02 g, grösste Tagesgabe 0,06 g.

Vorsichtig und vor Licht geschützt aufzubewahren.

Anwendung.

Aufbewahrung

Atropinderivate.

Von der vom Atropin sich ableitenden quaternären Ammoniumbase sind zwei Salze zur medizinischen Anwendung empfohlen worden:

1. das Methylatropiniumbromid (Smp. 222^0—223^0) $C_{16}H_{20}O_3 : N \underset{\diagdown Br}{\overset{\diagup CH_3}{\diagup CH_3}}$

2. das Methylatropiniumnitrat (Eumydrin) Smp. 163^0.

Sie werden nach den beiden angegebenen allgemeinen Methoden hergestellt. Hatte man die Jodmethylmethode angewandt, so erhält man aus dem Methylatropiniumjodid durch Umsetzung mit Silbernitrat das Nitrat der Base.

Homatropinhydrobromid.

$$CH_2 \text{---} CH \text{---} CH_2$$
$$| \qquad | \qquad |$$
$$| \quad N.CH_3 \quad CHO.(C_6H_5\!\!<^{CHOH}_{CO}).\ HBr = C_{16}H_{21}O_3N.HBr.$$
$$| \qquad | \qquad |$$
$$CH_2 \text{---} CH \text{---} CH_2$$

Homatropinum hydrobromicum. Phenylglykolyltropeinhydrobromid.
Mandelsäuretropinesterhydrobromid.

Allgemeines. Dem Atropin steht das Homatropin, dessen mydriatische Wirkung Völkers ums Jahr 1880 entdeckte, sehr nahe, wenn es auch nicht direkt unter die Atropinderivate zu stellen ist. Jedenfalls ist es ein Ersatzmittel des Atropins und leitet sich wie dieses vom Tropin ab. Letzteres, das man auch aus dem Kokain (s. S. 44) gewinnen und auch synthetisch erhalten kann, entsteht neben Tropasäure, wenn man Atropin oder Hyoscyamin mit Barytwasser behandelt.

$$C_{17}H_{23}NO_3 + H_2O = C_8H_{14}N(OH) + C_9H_{10}O_3$$
$$\text{Atropin} \qquad\qquad \text{Tropin} \qquad\qquad \text{Tropasäure.}$$

Das Atropin ist somit der Tropasäureester des Alkohols Tropin und man konnte sich die Frage vorlegen, ob man immer mydriatische, d. h. die Pupillen erweiternde Körper erhält, gleichgültig, welche Säuren man mit dem Tropin zusammentreten lässt. Man hat infolgedessen eine grössere Anzahl von Estern des Tropins (Tropeine) hergestellt und fand dann durch die Versuche, dass nur solche Tropeine mydriatisch wirken, bei denen das Tropin mit einem eine alkoholische Hydroxylgruppe besitzenden aromatischen Säureradikal verbunden ist.

Eine solche Säure ist ja die Tropasäure = α-Phenylhydrakrylsäure $CH_2OH.CHC_6H_5.COOH$ und ebenso ihr nächst unteres Homologes, die Mandelsäure = Phenylglykolsäure $C_6H_5CHOH.COOH$[1]).

Da Tropasäure und Mandelsäure Homologe sind, so sind es auch ihre Tropinester (Atropin $C_{17}H_{23}NO_3$ — Homatropin $C_{16}H_{21}NO_3$) und daher der Name Homatropin.

Mandelsäure kann künstlich aus Benzaldehyd gewonnen werden, indem man zunächst Cyanwasserstoff anlagert und die entstandene Verbindung Benzaldehydcyanhydrin oder Mandelsäurenitril durch Behandeln mit Säuren oder Alkalien in Mandelsäure überführt.

---

[1]) Die α-Phenylhydrakrylsäure leitet sich von der Hydrakrylsäure oder Äthylenmilchsäure $CH_2OH.CH_2.COOH$ durch Eintritt von Phenyl C_6H_5 in die α-Stellung (s. S. 97) ab, ebenso die Phenylglykolsäure von der Glykolsäure $CH_2OH.COOH$. Die Bezeichnung Mandelsäure rührt davon her, dass sie zuerst aus Amygdalin hergestellt wurde.

I. $C_6H_5CHO + HCN = C_6H_5CHOHCN$
Benzaldehyd   Cyan-   Benzaldehydcyan-
              wasserstoff   hydrin.

II. $C_6H_5CHOHCN + 2H_2O = C_6H_5CHOHCOOH + NH_3$
Benzaldehydcyanhydrin   Mandelsäure.

Die Darstellung des Homatropins (zuerst von LADENBURG 1879 Darstellung.
ausgeführt) geht von Mandelsäure und Tropin aus, die, da Tropin eine
salzbildende Base ist, zunächst zu mandelsaurem Tropin zusammentreten. Wird letzteres mit Salzsäure erhitzt, so findet unter Wasseraustritt die Esterbildung, d. h. die Bildung von Homatropin statt.

I. $C_8H_{14}N(OH) + C_6H_5 \cdot CHOH \cdot COOH =$
Tropin   Mandelsäure

$$C_8H_{14}N \cdot OH \cdot C_6H_5 \cdot CHOH \cdot COOH$$
Mandelsaures Tropin.

II. $C_8H_{14}N \cdot O\,H \cdot C_6H_5CHOH \cdot CO\,OH =$
Mandelsaures Tropin $H_2O + C_8H_{14}NO(C_6H_5CHOHCO)$
                       Homatropin.

Man nimmt beide Operationen auf einmal vor, indem man in eine
wässerige Lösung von Tropin und Mandelsäure bei 110^0-120^0 Chlorwasserstoff einleitet.

Die Zersetzung geht nicht vollständig vor sich. In dem Reaktionsprodukt findet sich neben dem Homatropinhydrochlorid noch mandelsaures Tropin. Um ersteres zu gewinnen, fällt man mit Ammoniak,
durch den die Salze des Tropins nicht zerlegt werden, das Homatropin
und schüttelt es mit Chloroform aus. Nach dem Abdampfen des Chloroforms bleibt es zurück und wird durch Bromwasserstoff neutralisiert,
worauf man das entstandene Salz durch mehrmaliges Umkristallisieren
aus Weingeist reinigt.

Homatropinhydrobromid ist ein weisses, geruchloses, kristal- Eigenschaften.
linisches, in Wasser und Weingeist lösliches Pulver, in dessen wässeriger Lösung die üblichen Alkaloidfällungsmittel Niederschläge erzeugen.
Kalilauge fällt das freie Alkaloid, löst es aber im Überschuss zugesetzt
wieder auf.

Fügt man zu einer erwärmten Lösung von Homatropinhydrobromid in konzentrierter Schwefelsäure einen Tropfen Wasser (Vorsicht!), so tritt ein bittermandelähnlicher Geruch auf. (Atropin ebenso
behandelt gibt einen davon verschiedenen „Blütenduft".)

Der gelbe Rückstand, der hinterbleibt, wenn man es mit rauchen- Prüfung.
der Salpetersäure eindampft, wird mit frisch bereiteter, weingeistiger
Kalilauge übergossen nur vorübergehend violett und bald rotgelb. (Bei
Atropin bleibt die violette Färbung bestehen.)

Anwendung.   In 0,5—1%-iger Lösung zur Erzeugung von Pupillenerweiterung, die nicht so lange anhält als die durch Atropin hervorgerufene; auch innerlich gegen die Nachtschweisse der Phthisiker. Höchste Einzelgabe 0,001, Tagesgabe 0,003 g.

Aufbewahrung.   Sehr vorsichtig aufzubewahren.

Tiefgreifender als die Einwirkungen, mit welchen man die seither besprochenen Alkaloidderivate aus den natürlichen Alkaloiden dargestellt hat, sind diejenigen, die zur Herstellung von Hydrastinin und Stypticin geführt haben.

Hydrastininhydrochlorid.

$$CH_2\Big\langle{}^{O-C}_{O-C}{}^{\diagup CH \diagdown C \diagup CH \diagdown}_{\diagdown CH \diagup C \diagdown CH_2 \diagup}{}^{N<{}^{CH_3}_{Cl}}_{CH_2} = C_{11}H_{12}NO_2Cl.$$

Hydrastininum hydrochloricum.

Allgemeines.   Das im Jahre 1886 durch FREUND und WILL zuerst dargestellte und von E. FALK 1890 in die Therapie eingeführte Hydrastinin bildet sich aus dem im Hydrastisrhizom neben Berberin und Kanadin sich findenden Hydrastin durch Einwirkung verdünnter Salpetersäure. Seine medizinische Anwendung erfolgte auf Grund folgender Überlegung: Das Hydrastisrhizom wirkt bei gewissen Uterusblutungen durch Kontraktion der Gefässe blutstillend. Von den drei genannten Bestandteilen des Hydrastisrhizoms wirkt in ähnlicher Weise nur das Hydrastin, jedoch relativ schwach. Da aber das Hydrastisrhizom erst einige Zeit nach dem Einnehmen seine Wirkung entfaltet, so schloss man daraus, dass das Hydrastin erst im Organismus oxydiert werde und die Wirkung einem seiner Spaltungsprodukte zukomme. Hydrastin zerfällt nun durch Oxydationsmittel in folgender Weise:

$$C_{21}H_{21}NO_6 + H_2O + O = C_{10}H_{10}O_5 + C_{11}H_{13}NO_3$$

Hydrastin   Opiansäure   Hydrastinin.

Die pharmakologische Untersuchung der Spaltungsprodukte ergab, dass Hydrastinin der wirksame Körper ist.

Hydrastinin steht dem mit Chinolin (s. S. 115) isomeren Isochinolin nahe. Es verhält sich gegen Salzsäure anormal, indem es dieselbe nicht wie andere Alkaloide einfach addiert, sondern es findet unter Wasseraustritt Ringbildung statt. Die Beziehungen zwischen Isochinolin

und Hydrastinin und die Reaktion des letzteren mit Salzsäure zeigen
folgende Formeln:

$$\underset{\text{Isochinolin}}{\ce{C9H7N}} \qquad \underset{\text{Hydrastinin}}{\text{Hydrastinin}} + HCl =$$

Hydrastininhydrochlorid.

$$+ H_2O.$$

Zur Darstellung des Hydrastinins erwärmt man Hydrastin mit *Darstellung.*
verdünnter Salpetersäure bei 50°—60°, bis mit Ammoniak kein Niederschlag mehr eintritt. Aus der erkalteten Flüssigkeit kristallisiert die
Opiansäure aus. Aus dem Filtrat fällt man mit Kalilauge das Hydrastinin und kristallisiert es aus Benzol oder Essigäther um.

Hydrastinin ist auch schon synthetisch dargestellt worden.

„Schwach gelbliche, nadelförmige Kristalle oder ein gelblich-weisses *Eigenschaften.*
(äusserst hygroskopisches), kristallinisches Pulver, ohne Geruch, von
bitterem Geschmacke, leicht löslich in Wasser und Weingeist, schwer
löslich in Äther und in Chloroform. Smp. annähernd 210°.

Die wässerige Lösung des Hydrastininhydrochlorids (1 = 20) ist
schwach gelb gefärbt und zeigt blaue Fluoreszenz, welche besonders
bei starker Verdünnung mit Wasser hervortritt." Aus der Lösung wird
durch Natronlauge die Base abgeschieden, nicht durch Ammoniak.
Hydrastinin gibt mit arsensäurehaltiger Schwefelsäure erwärmt eine
kirschrote Färbung. Mit Ammoniummolybdat und Schwefelsäure tritt
Grünfärbung ein.

Zerreibt man Hydrastinin mit Schwefelsäure, so wird die Flüssigkeit auf Zusatz von Salpetersäure braunrot.

Eine Lösung des Hydrastinins gibt mit Nessler schem Reagens
einen gelblichen sich alsbald schwärzenden Niederschlag.

Tröpfelt man Silbernitratlösung in eine ammoniakalische Hydra-
stininlösung, so entsteht ein weisser, flockiger Niederschlag. Beim Erwärmen tritt Reduktion ein. Auch alkalische Kupferlösung wird beim
Erhitzen allmählich reduziert.

Die Reduktionserscheinungen sind darauf zurückzuführen, dass
Hydrastinin, wie die Gruppe CHO zeigt, ein Aldehyd ist. Es geht

durch Oxydationsmittel in eine Säure, durch Reduktionsmittel in einen
Alkohol über.

Prüfung. Über die Prüfung vgl. D.A.B. Ausserdem kann man den Schmelzpunkt (116^0) der durch Natronlauge aus der konzentrierten Lösung frei-
gemachten Base bestimmen.

Anwendung. Gaben: drei- bis viermal täglich 0,025 g. Höchste Einzelgabe 0,03,
Tagesgabe 0,1 g.

Aufbewahrung. Vorsichtig aufzubewahren.

$$\text{Stypticin.} \qquad \begin{array}{c} CH_2\!-\!O \\ \mid \qquad C \quad CH \\ C \\ O\!-\!C \diagup \qquad \diagdown N.CH_3Cl \\ CH_3O\!-\!C \diagdown \qquad \diagup CH_2 \\ C \\ C \quad C \\ H \quad H_2 \end{array} \qquad = C_{12}H_{14}NO_3Cl.$$

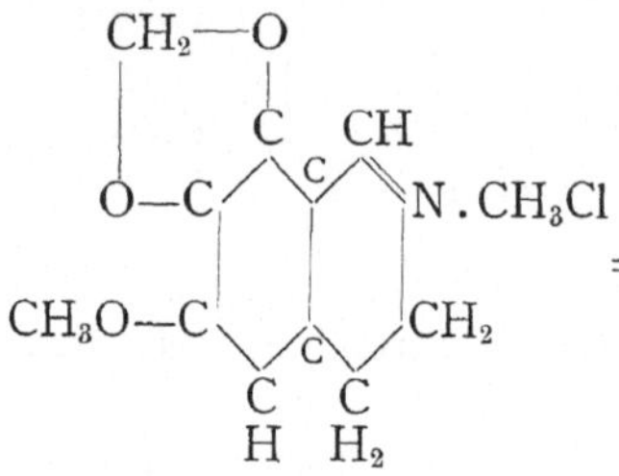

Stypticinum. Kotarninhydrochlorid.

Allgemeines. Kotarnin wurde 1844 durch WÖHLER entdeckt. Seine pharmakologischen Eigenschaften hat GOTTSCHALK 1895 festgestellt.

Das gleichfalls bei Uterusblutungen angewendete Kotarninhydrochlorid (Stypticin) steht dem Hydrastininhydrochlorid, wie eine Vergleichung der beiden Formeln zeigt, ungemein nahe. Es unterscheidet
sich von ihm durch den Mehrbesitz von OCH_2.

Und wie das Hydrastinin aus dem Hydrastin, so entsteht das
Kotarnin aus dem Narkotin neben Opiansäure, wenn man es mit verdünnter Salpetersäure oxydiert.

$$C_{22}H_{23}NO_7 + H_2O + O = C_{10}H_{10}O_5 + C_{12}H_{15}NO_4$$
$$\text{Narkotin} \qquad\qquad \text{Opiansäure} \quad \text{Kotarnin.}$$

Die Salzbildung verläuft beim Kotarnin in derselben unregel-
mässigen Weise wie beim Hydrastinin; es findet unter Wasseraustritt
die Bildung eines Isochinolinderivates statt.

Eigenschaften. Das Stypticin stellt gelbliche, in Wasser und Weingeist lösliche
Kristalle dar, aus deren wässeriger Lösung durch Natronlauge (nicht
durch Ammoniak) die freie Base (Nädelchen vom Smp. 132^0) gefällt wird.

In seinen Reaktionen verhält es sich meist wie Hydrastininhydrochlorid, so gegen arsensäurehaltige Schwefelsäure und gegen Schwefelsäure und Salpetersäure. Die freie Base besitzt gleichfalls reduzierende
Eigenschaften, doch in schwächerem Masse als Hydrastinin. So wird
der durch NESSLERsches Reagens entstehende gelbliche Niederschlag

nur ganz langsam schwarz; auch beim Erhitzen mit ammoniakalischer Silberlösung (auch hier flockiger, weisser Niederschlag) tritt eine dunklere Färbung nur äusserst langsam ein (Unterschiede gegen Hydrastinin). Auch gegen Ammoniummolybdat und Schwefelsäure verhält es sich nicht durchaus identisch. Streut man es auf das Gemisch, so tritt vorübergehend eine braunrote, dann lange anhaltend grüne Färbung ein; zuletzt werden violette Streifen sichtbar.

Gegen Blutungen (hauptsächlich des Uterus) drei- bis fünfmal täglich 0,05—0,1 g, auch zu subkutanen Injektionen, ausserdem äusserlich in Substanz, als Watte oder Gaze. *Anwendung.*

Vorsichtig aufzubewahren. *Aufbewahrung.*

Als **Styptol**, Smp. 102°—105°, ist die Verbindung des Kotarnins mit Phtalsäure $C_6H_4(COOH)_2$ in den Handel gebracht worden. *Styptol.*

b) Alkaloidsalze.

Johimbinhydrochlorid.

$$C_{22}H_{28}O_3N_2 . HCl.$$

Johimbinum hydrochloricum.

Johimbin ist ein Alkaloid, das aus der Rinde der in Kamerun einheimischen und als Aphrodisiakum verwendeten Rubiacee Corynanthe Johimbe Schumann gewonnen wird. *Allgemeines.*

Das 1897 von Spiegel zuerst dargestellte Alkaloid kann auf die gewöhnliche Art und Weise dargestellt werden, indem man zunächst mit einer Säure (hier Essigsäure) auszieht und dann mit Alkali (hier kohlensaures Natrium) fällt. Durch Umkristallisieren des getrockneten Roh-Alkaloides aus Weingeist kann es in reinem Zustand gewonnen werden.[1] *Darstellung.*

Eine andere Darstellungsmethode geht davon aus, dass Johimbin mit Alkalien und Säuren sich in Methylalkohol und Johimboasäure verseifen lässt. Letztere ist gegen Licht und Luft viel beständiger als Johimbin, in Wasser völlig unlöslich und lässt sich direkt aus der Droge gewinnen. Erhitzt man die Johimboasäure mit Methylalkohol

---

[1] Das Johimbin, das in dieser Weise aus der Johimbe-Rinde dargestellt wird, besitzt die Zusammensetzung $C_{22}H_{30}O_4N_2$. Es verliert bei verschiedenen Reaktionen, u. a. bei der Salzbildung, leicht Wasser und geht in Anhydrojohimbin $C_{22}H_{28}O_3N_2$ über, dem jetzt zumeist die Bezeichnung Johimbin beigelegt wird.

und Salzsäure, so erhält man wieder Johimbin. Wendet man an Stelle des Methylalkohols andere Alkohole an, so entstehen Homologe des Johimbins.

Eigenschaften.   Das Johimbin stellt Nadeln vom Smp. 234°—235° dar, die in Wasser fast unlöslich, leicht in Weingeist, Äther und Chloroform löslich sind.

Zur medizinischen Anwendung gelangt das Hydrochlorid, das nach den üblichen Verfahren daraus hergestellt wird, z. B. durch Zusatz von weingeistiger Salzsäure zu der weingeistigen Lösung des Alkaloids.

Erwärmt man Johimbin mit konzentrierter Schwefelsäure und einem Tropfen einer sehr verdünnten Zuckerlösung auf dem Dampfbad, so entsteht eine violette Färbung.

MILLONS Reagens färbt sich damit sofort tiefbraunrot.

Mit Ammoniummolybdat und konzentrierter Schwefelsäure tritt alsbald Blaufärbung ein.

Anwendung.   Als Aphrodisiakum in wiederholten Gaben von 0,005 g auch in subkutaner Injektion. Wirkt auch anästhesierend. Bei Herzkranken ist seine Anwendung zu unterlassen.

Aufbewahrung.   Vorsichtig und vor Licht geschützt aufzubewahren.

Orexintannat.

$$.C_{14}H_{10}O_9 = C_{14}H_{12}N_2 . C_{14}H_{10}O_9.$$

Orexinum tannicum.   Gerbsaures Phenyldihydrochinazolin.

Allgemeines.   Im Gegensatz zu den unmittelbar vorher besprochenen basischen Substanzen ist das 1889 von PAAL hergestellte und 1890 von PENZOLDT pharmakologisch untersuchte Orexin ausschliesslich ein Kunstprodukt. Es sollte ursprünglich als Antiseptikum verwendet werden und nur einer zufälligen Entdeckung hat es seine jetzige Verwendung als appetitreizendes Mittel zu verdanken, eine Verwendung, nach der man ihm auch seinen Namen (von ὄρεξις = Esslust) gegeben hat. Die wissenschaftliche Bezeichnung der freien Base ist Phenyldihydrochinazolin. Ihre Konstitution ist vom Chinolin in folgender Weise abzuleiten.

Chinolin   Chinazolin   Dihydrochinazolin   Phenyldihydro-
                                                              chinazolin.

In etwas abgeänderter Weise können Dihydrochinazolin und Phenyl-dihydrochinazolin auch so geschrieben werden:

$$C_6H_4\!\!\begin{array}{c}\diagup CH_2-NH\\ \quad\quad\;|\\ \diagdown N\;:\;CH.\end{array}\qquad\qquad C_6H_4\!\!\begin{array}{c}\diagup CH_2-N.C_6H_5\\ \quad\quad\quad\;|\\ \diagdown N\;:\;CH.\end{array}$$

Dihydrochinazolin   Phenyldihydrochinazolin.

Dihydrochinazolin entsteht, wenn Formyl-o-amidobenzylamin[1]) erhitzt wird, indem unter Wasserabspaltung Ringbildung eintritt.

$$C_6H_4\!\!\begin{array}{c}\diagup CH_2.NH.HCO\\ \\ \diagdown NH_2\end{array}=H_2O+C_6H_4\!\!\begin{array}{c}\diagup CH_2-NH\\ \quad\quad\;|\\ \diagdown N\;:\;CH\end{array}$$

Formylamidobenzylamin   Dihydrochinazolin.

Ein Körper, der anstatt der Gruppe NH.HCO die Gruppe N.C_6H_5.HCO hat, muss demgemäss durch Wasserabspaltung N-Phenyldihydrochinazolin liefern.

$$C_6H_4\!\!\begin{array}{c}\diagup CH_2.N.C_6H_5HCO\\ \\ \diagdown NH_2\end{array}=H_2O+C_6H_4\!\!\begin{array}{c}\diagup CH_2-N.C_6H_5\\ \quad\quad\quad\;|\\ \diagdown N\;:\;CH\end{array}$$

Ein solcher Körper bildet sich auf folgende Weise:

Aus o-Nitrobenzylchlorid und Natriumformanilid entsteht o-Nitro-benzylformanilid, das durch Reduktion den erwähnten Körper, demnach als o-Amidobenzylformanilid aufzufassen, liefert. Darstellung.

$$C_6H_4\!\!\begin{array}{c}\diagup CH_2Cl\\ \\ \diagdown NO_2\end{array}+C_6H_5N\!\!\begin{array}{c}\diagup Na\\ \\ \diagdown HCO\end{array}=NaCl+C_6H_4\!\!\begin{array}{c}\diagup CH_2-N.C_6H_5HCO.\\ \\ \diagdown NO_2\end{array}$$

o-Nitrobenzyl-chlorid   Natriumform-anilid   o-Nitrobenzylformanilid.

Behandelt man letzteren Körper mit Zinn und Salzsäure, so entsteht daraus:

$$C_6H_4\!\!\begin{array}{c}\diagup CH_2-N.C_6H_5.HCO\\ \\ \diagdown NH_2\end{array}$$

o-Amidobenzylformanilid.

Entfernt man das Zinn durch Schwefelwasserstoff und dampft ein, so erhält man aber nicht diesen Körper, sondern es bildet sich durch Wasserabspaltung (s. o.) sofort das Phenyldihydrochinazolinhydrochlorid.

Auf kürzerem Weg erhält man das Phenyldihydrochinazolin, wenn man Ameisensäure, Anilin und o-Amidobenzylalkohol bei Gegenwart von wasserentziehenden Mitteln auf 100^0-130^0 erhitzt. Aus Ameisensäure und Anilin entsteht unter diesen Bedingungen Formanilid.

$$C_6H_5.NH_2+HCOOH=H_2O+C_6H_5.NH.HCO$$

Anilin   Ameisensäure   Formanilid.

---

[1]) Amidobenzylamin lässt sich vom Benzylalkohol $C_6H_5CH_2OH$ ableiten.

Letzteres reagiert mit dem o-Amidobenzylalkohol

$$C_6H_4\Big\langle{\begin{matrix}CH_2OH\\[4pt]NH_2\end{matrix}} + C_6H_5NH.HCO = 2\,H_2O + C_6H_4\Big\langle{\begin{matrix}CH_2-N.C_6H_5\\[4pt]|\\[2pt]N\;:\;CH\end{matrix}}$$

o-Amidobenzyl- Formanilid   Phenyldihydrochinazolin.
alkohol

Sowohl die freie Base als das Hydrochlorid schmecken sehr schlecht. Sie kommen deshalb nicht mehr in den Handel, sondern nur das gerbsaure Salz, das in Wasser unlöslich und deshalb nahezu geschmacklos ist. Man stellt aus dem Hydrochlorid[1] das Tannat dar, indem man dessen Lösung mit Gerbsäurelösung mischt und dann eine konzentrierte Natriumazetatlösung hinzufügt, durch die das Tannat ausgesalzen wird.

Eigenschaften.   Orexintannat ist ein weissliches Pulver, das in Wasser nahezu unlöslich, sich in Weingeist, Salzsäure und Essigsäure löst.

Die weingeistige Lösung gibt mit Eisenchlorid blaue Färbung und ebenso gefärbten Niederschlag. Übergiesst man das Pulver mit Ammoniak, so backt es zusammen, während die Flüssigkeit sich weinrot färbt. (Beides Reaktionen auf Gerbsäure.)

Aus Orexintannat kann man das freie Orexin gewinnen, wenn man in Essigsäure löst, mit Natronlauge alkalisch macht und mit Äther ausschüttelt. Nimmt man dann den nach dem Verdunsten des Äthers bleibenden Rückstand mit konzentrierter Schwefelsäure auf, so tritt auf Zusatz von Salpetersäure eine grüne Färbung (meist mit rötlichen Streifen am Rand) auf. Nach Zusatz von Wasser und Übersättigen mit Natronlauge entsteht in der gelb gewordenen Flüssigkeit ein gelber Niederschlag.

Das freie Orexin gibt noch eine andere Reaktion. Mit Zinkstaub erhitzt gibt es neben Benzonitril C_6H_5CN das durch seinen Geruch erkennbare entsprechende Isonitril (Phenylkarbylamin) C_6H_5NC und Anilin. Letzteres weist man durch die blauviolette Färbung nach, die Chlorkalklösung in einem mit verdünnter Salzsäure bereiteten Auszug des Reaktionsproduktes hervorruft.

Anwendung.   Erwachsene nehmen 0,5 g Orexintannat zwei Stunden vor den beiden Hauptmahlzeiten.

Aufbewahrung.   Vorsichtig aufzubewahren.

---

[1] Apotheker, welche noch Hydrochlorid besitzen, können es auf dieselbe Weise in Tannat überführen. Freies Orexin kann zu diesem Zweck erst in Essigsäure aufgelöst werden. Einfacher ist es, wenn die Reste an Orexin bas. und Orexinum hydrochlor der die Orexinpräparate herstellenden Fabrik KALLE & Co. in Biebrich a. Rh. eingeschickt werden, welche sie gegen Orexin. tannic. umtauscht.

C. Filmaron.

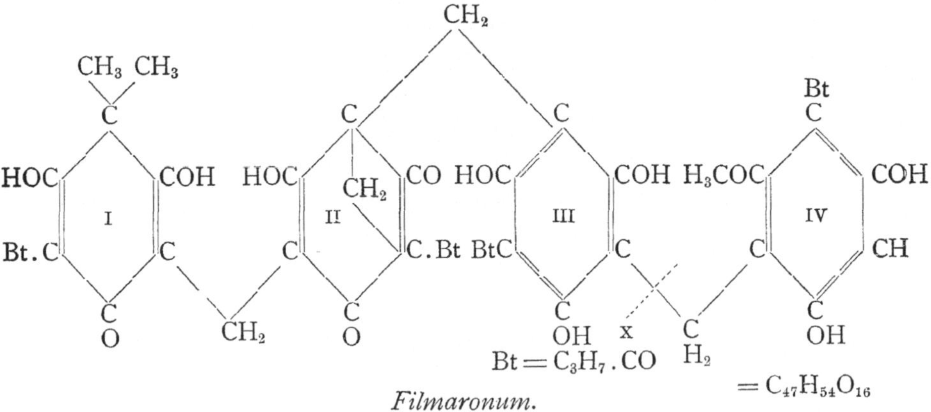

Filmaronum.

Filmaron ist der 1902 von F. KRAFT hergestellte wirksame Be-Allgemeines.
standteil des Wurmfarnextraktes. Zur Erklärung der Formel diene
folgendes: Filmaron zerfällt zunächst unter dem Einflusse naszierenden
Wasserstoffs in Filixsäure und Aspidinol.

$$C_{47}H_{54}O_{16} + H_2 = C_{12}H_{16}O_4 + C_{35}H_{40}O_{12}$$
Filmaron Aspidinol Filixsäure.

Die Abspaltung findet an der mit x bezeichneten Stelle statt.
Der Komplex rechts von x ist das Aspidinol, wenn wir statt der x
unmittelbar benachbarten CH_2-Gruppe CH_3 setzen; der Komplex links
davon ist die Filixsäure, wenn man statt dem links stehenden C-Atom
CH setzt (es müssen ja der Spaltungsformel gemäss zwei H addiert
werden).

Aspidinol ist ein Monomethyläther des 2, 4, 6 Trioxy-3-Butyryltolulols
und kann als ein Derivat des Phloroglucins (s. S. 205) betrachtet werden.

Filixsäure ist gleichfalls ein Derivat des Phloroglucins. Sie setzt
sich aus drei methylierten Phoroglucinbutanonringen zusammen.

Über die Darstellung des Filmarons ist etwas Authentisches nicht Darstellung.
bekannt. Vermutlich wird sie ungefähr folgendermassen vorgenommen:
Eine Mischung des Farnwurzelextraktes mit gebrannter Magnesia wird
mit Wasser ausgezogen. Aus dem Filtrate werden mit Schwefelsäure
die saueren wasserunlöslichen Bestandteile gefällt und nach dem Auswaschen auf Tontellern und zuletzt im Vakuum über Schwefelsäure
getrocknet. Das trockene Pulver wird zur Entfernung der kristallinischen Bestandteile mit mehreren Lösungsmitteln (Essigäther, Schwefelkohlenstoff) behandelt. Dann wird aus den Mutterlaugen das Lösungsmittel unter Vermeidung höherer Temperaturen entfernt und der Rück-

stand mit kochendem Petroläther ausgezogen, der beim Erkalten, eventuell bei weiterer Konzentration, das Filmaron abscheidet.

Eigenschaften. Filmaron ist ein in Wasser unlösliches, strohgelbes, amorphes Pulver (Smp. ca. 60°), leicht in Äther, Essigäther und Chloroform, schwer in Weingeist und Petroläther löslich. Die weingeistige Lösung reagiert schwach sauer. Es bildet mit Alkalien und Erdalkalien Salze. Die Lösung des Kalksalzes erhält man, wenn man Filmaron mit Kalziumkarbonat und Wasser schüttelt. Dabei entweicht Kohlensäure. Aus den Lösungen seiner Salze wird das Filmaron durch Säuren wieder ausgefällt.

Die weingeistige Lösung gibt mit Eisenchlorid eine rotbraune Fällung. Erwärmt man Filmaron mit Schwefelsäure, bis die Flüssigkeit rotbraun wird, verdünnt dann mit Wasser und filtriert von dem entstandenen Niederschlag ab, so färbt sich ein im Filtrat gekochter Fichtenspan beim Trocknen rot. Die Flüssigkeit und besonders der Rückstand riechen nach Buttersäure.

Filmaron ist in trockenem Zustand beständig, auch in Lösung von nicht dissoziierenden Lösungsmitteln wie Petroläther und Schwefelwasserstoff. Dagegen zersetzt es sich u. a. in weingeistiger Lösung. Bei der Zersetzung tritt kristallinische Filixsäure auf[1]).

Prüfung. Das Filmaron muss sich völlig in warmem Petroläther (1:50) lösen. Seine Lösungen in Schwefelkohlenstoff, Essigäther und Äther dürfen, auch wenn sie wochenlang an kühlem Orte stehen, keine kristallinischen Ausscheidungen geben. (Aus Schwefelkohlenstoff würde Flavaspidsäure, aus Essigäther Filixsäure, aus Äther Aspidin[2]) kristallisieren.)

Rezeptur. Filmaron backt auch in trockener Form leicht zusammen und kommt deshalb in Rizinusöl (1:10) gelöst in den Handel. Will man es selbst in Öl lösen, so darf man nicht erwärmen.

Anwendung. Die für Erwachsene übliche Gabe ist 0,85—1,0 g. Zur Abtreibung des Bandwurms gibt man abends zwei Esslöffel voll Rizinusöl, am nächsten Morgen um 7 Uhr die Hälfte einer Lösung von 0,85—1,0 g in 10,0 g Rizinusöl und $\frac{1}{2}$ Stunde darauf den Rest. Um 9 Uhr hat der Patient nochmals zwei Esslöffel voll Rizinusöl einzunehmen.

Aufbewahrung. Filmaron muss vor Feuchtigkeit, Licht und Wärme geschützt aufbewahrt werden.

---

[1]) Dadurch erklärt es sich auch, warum in den Extrakten beim Lagern sich Filixsäurekristalle bilden.

[2]) Aspidin könnte nur vorhanden sein, wenn Aspidium spinulosum zur Darstellung verwendet worden wäre.

D. Die künstlichen Süssstoffe

gehören nicht eigentlich zu den Arzneimitteln; allein da ihr wichtigster Repräsentant, das Saccharin, nur noch von der Apotheke aus im kleinen verkauft werden darf und ausserdem auch zur Versüssung von Arzneien gebraucht wird, so mögen sie auch hier behandelt sein.

Zu denjenigen süssen Körpern, die uns die Natur liefert, gesellten sich mit dem Fortschritt der Chemie solche, die der Tätigkeit des Chemikers ihre Entstehung oder wenigstens ihre Darstellung verdanken. Einer der längst bekannten Körper dieser Art, das von Scheele entdeckte Glyzerin (Ölsüss) hat ja gerade von seinem süssen Geschmack seinen Namen. Andere süssschmeckende organische Chemikalien sind: Glykokoll (Amidoessigsäure), Sarkosin (Methylglykokoll), Phenol, Resorzin und o-Amidobenzoesäure.

Wie man sieht, ist die Zusammensetzung dieser Körper durchaus keine einheitliche und eine den süssen Geschmack aller dieser Körper aufklärende Theorie über Beziehungen zwischen dem Bau der Körper und ihrem Geschmack fehlt.

Immerhin hat man doch einige die süssschmeckenden Körper betreffenden Regeln herausgefunden.

Unter den aliphatischen Körpern sind es, wie bekannt, die Alkohole, besonders die mehrwertigen, die Oxyaldehyde und die Oxyketone, welche süssen Geschmack besitzen. Es lag daher nahe, der alkoholischen Hydroxylgruppe die süssmachende Wirkung zuzuschreiben und für die Reihe Äthylalkohol-Mannit gilt wohl auch der Satz, dass der Geschmack desto stärker süss sei, je mehr OH-Gruppen vorhanden sind. Allein der Traubenzucker mit seiner Aldehydgruppe ist doch noch süsser als der Mannit und das Glykokoll hat überhaupt keine alkoholische Hydroxylgruppe.

Dagegen finden wir wiederum unter den eine phenolische OH-Gruppe besitzenden Benzolderivaten viele süssschmeckende, z. B. ausser den schon genannten Phenol und Resorzin die Salizylsäure. Auch die reduzierten Oxybenzole Querzit und Inosit sind hier zu nennen.

Bei den Benzolderivaten mit mehreren phenolischen OH-Gruppen hat sich die Regel ergeben, dass nur diejenigen einen süssen Geschmack besitzen, bei denen die OH-Gruppen symmetrisch am Molekül verteilt sind.

So ist das Phlorogluzin 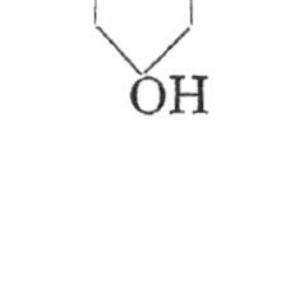 süss, das Pyrogallol

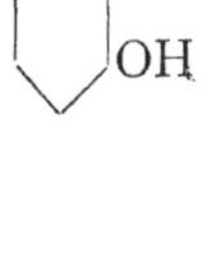

bitter. Das Orcin $OH-C_6H_3(CH_3)-OH$ süss, die anderen Dioxytoluole nicht.

Ausser der OH-Gruppe führt auch die Amido-Gruppe (NH_2) süssen Geschmack bei sonst geeigneter Konstitution des Moleküls herbei. Amidogruppen besitzen u. a. das Glykokoll und das Dulcin und der wichtigste künstliche Süssstoff, das Saccharin, hat, wenn auch keine Amidogruppe, so doch eine Imidogruppe (NH).

Saccharin. $C_6H_4\!\!<\!\!^{SO_2}_{CO}\!\!>\!\!NH = C_6H_4\!\!<\!\!^{SO_2}_{CO}\!\!>\!\!NH = C_7H_5O_3NS$

Saccharinum. o-Benzoesäuresulfinid. o-Sulfaminbenzoesäureanhydrid.
Zuckerin. Saccharol.

Allgemeines.   Das Saccharin lässt sich theoretisch von der Benzoesäure in folgender Weise ableiten:

$$C_6H_5 . COOH \qquad\qquad C_6H_4\!\!<\!\!^{SO_2OH\ (1)}_{COOH\ \ \ (2)}$$
$$\text{Benzoesäure} \qquad\qquad\qquad \text{o-Sulfobenzoesäure.}$$

$$C_6H_4\!\!<\!\!^{SO_2NH_2\ (1)}_{COOH\ \ \ \ (2)} \qquad\qquad C_6H_4\!\!<\!\!^{SO_2}_{CO}\!\!>\!\!NH$$
$$\text{o-Sulfaminbenzoesäure} \qquad\qquad \text{o-Sulfaminbenzoesäure-}$$
$$\text{anhydrid. Saccharin.}$$

Das Saccharin wurde 1878 von FAHLBERG durch einen Zufall gefunden. Von da bis zur Ausarbeitung einer technisch brauchbaren Methode war jedoch noch ein weiter Schritt. Grössere Mengen kamen erst 1885 in den Handel.

Darstellung.   Die Darstellung geht bei dem FAHLBERGschen Patente vom Toluol aus. Sie ist in grossen Zügen die folgende:

Toluol wird mit konzentrierter Schwefelsäure in Toluolsulfosäure übergeführt. Wird dabei die Temperatur von 100° nicht überschritten, so bilden sich von den drei möglichen Sulfosäuren die o-Säure und die p-Säure.

$$C_6H_5 . CH_3 + H_2SO_4 = H_2O + C_6H_4\!\!<\!\!^{SO_2OH}_{CH_3}$$
$$\text{Toluol} \qquad\qquad\qquad \text{Toluolsulfosäure.}$$

Die Natronsalze der Sulfosäuren werden durch Phosphortrichlorid und Chlor chloriert; es bilden sich die entsprechenden Toluolsulfochloride $C_6H_4\big\langle{}^{SO_2Cl}_{CH_3}$, von denen die o-Verbindung in der Kälte flüssig, die p-Verbindung kristallinisch ist, so dass die o-Verbindung auf mechanischem Wege zum grössten Teil von ihrer Verunreinigung abgetrennt werden kann. Das o-Toluolsulfochlorid wird dann durch Ammoniak in Toluolsulfamid übergeführt.

$$C_6H_4\big\langle{}^{SO_2Cl}_{CH_3} + 2\,NH_3 = NH_4Cl + C_6H_4\big\langle{}^{SO_2NH_2}_{CH_3}$$

$$\text{Toluolsulfochlorid} \qquad\qquad \text{Toluolsulfamid.}$$

Toluolsulfamid ist im Wasser schwer löslich; das gleichzeitig entstehende Chlorammonium kann durch Auswaschen entfernt werden.

Oxydiert man o-Toluolsulfamid durch Kaliumpermanganat, so entsteht, wenn man die Flüssigkeit gleichzeitig schwach alkalisch hält, das Kaliumsalz der o-Sulfaminbenzoesäure.

$$C_6H_4\big\langle{}^{SO_2NH_2}_{CH_3} + 3\,O = H_2O + C_6H_4\big\langle{}^{SO_2.NH_2}_{COOH}$$

$$\text{o-Toluolsulfamid} \qquad\qquad \text{o-Sulfaminbenzoesäure.}$$

Wenn man aus dem o-sulfaminbenzoesaurem Kalium die Sulfaminbenzoesäure durch eine stärkere Säure in Freiheit setzen will, so entsteht nicht sie, sondern ihr Anhydrid, das Saccharin.

$$C_6H_4\big\langle{}^{SO_2NH_2}_{COOH} = H_2O + C_6H_4\big\langle{}^{SO_2}_{CO}\big\rangle NH$$

$$\text{o-Sulfaminbenzoe-} \qquad\qquad \text{Saccharin.}$$
$$\text{säure}$$

In den Saccharinen, die bis zum Jahre 1891 in den Handel kamen, waren immerhin noch 40 % der nichtsüssen p-Sulfaminbenzoesäure vorhanden und es war das wichtigste Bestreben der Technik, eine vollkommene Trennung der p- und o-Verbindung zu ermöglichen.

Ein Verfahren benützt hierfür die verschiedene Löslichkeit des o- und p-toluolsulfosauren Magnesiums. Bei der Konzentrierung kristallisiert zuerst die p-Verbindung heraus. Das wichtigste Verfahren ist das der fraktionierten Fällung, wobei die p-Säure zuerst herausfällt. Auch das gegen einige Lösungsmittel verschiedene Verhalten der beiden Verbindungen lässt sich zur Trennung heranziehen. So ist Saccharin in Xylol löslich, die p-Säure dagegen unlöslich.

Der grosse finanzielle Erfolg, der mit dem Saccharin erzielt wurde, bewirkte, dass nach anderen Darstellungsverfahren gesucht wurde; es wurden auch eine grössere Anzahl gefunden und patentiert.

Die wenigsten haben Eingang in die Praxis gefunden. Erwähnt seien folgende:

1. Anstatt das Toluolsulfochlorid in der beschriebenen Weise herzustellen, kann man es direkt aus Toluol mit Hilfe von Chlorsulfonsäure[1]) SO_3HCl erhalten.

2. Aus Benzaldehyd-o-Sulfosäure $C_6H_4{<}^{SO_3H}_{CHO}$ entsteht durch Phosphorpentachlorid der Körper $C_6H_4{<}^{SO_2}_{CHCl}{>}O$, der mit Ammoniak im Autoklaven erhitzt das Amid $C_6H_4{<}^{-SO_2-}_{CH.NH_2}{>}O$ liefert. Letzteres geht schon durch den Sauerstoff der Luft in Saccharin über.

3. Leitet man Chlor in die ammoniakalische Lösung von o-Sulfinbenzoesäuremethylester, so entsteht direkt die Ammoniumverbindung des Saccharins.

Eigenschaften. Aus Azeton kristallisiert bildet das Saccharin monokline Kristalle. Das Saccharin des Handels ist ein weisses, mikrokristallinisches Pulver, das unter teilweiser Zersetzung bei 220° schmilzt und sublimierbar ist. Auf dem Platinblech erhitzt entwickelt es Dämpfe, die ähnlich wie Bittermandelöl riechen. 1000 Teile 90%-iger Weingeist lösen 31,2, 1000 Teile Wasser 3,3 Teile Saccharin.

Die wässerige Lösung reagiert sauer und schmeckt intensiv süss, da Saccharin 550 mal so süss als Rohzucker ist. In alkalischen Flüssigkeiten ist das Saccharin leichter löslich als in Wasser, da es mit Alkalien (und überhaupt mit Metallen) Verbindungen des Typus $C_6H_4{<}^{SO_2}_{CO}{>}NM$ liefert (M = einwertiges Metall). Sie gehen in Lösung allmählich unter Wasseraufnahme in die Salze der Sulfaminbenzoesäure $C_6H_4{<}^{SO_2NH_2}_{COOM}$ über.

Allgemein kann man Metallsalze des Saccharins herstellen, indem man entweder Saccharin auf die Karbonate einwirken lässt oder indem man Saccharin-Natrium mit schwefelsauren Metallsalzen reagieren lässt.

Erhitzt man Saccharin mit Säuren oder Alkalien, so zerfällt es unter Wasseraufnahme in o-Sulfobenzoesäure und Ammoniak.

---

[1]) Chlorsulfonsäure gewinnt man durch direkte Einwirkung von Schwefelsäureanhydrid auf Salzsäure.

$$C_6H_4 \underset{CO}{\overset{SO_2}{<}} NH + 2\,H_2O = C_6H_4 \underset{COOH\;(2)}{\overset{SO_3H\;(1)}{<}} + NH_3$$

Saccharin   o-Sulfobenzoesäure.

Mit Ätzalkalien zusammengeschmolzen liefert es Salizylsäure, was als Identitätsreaktion benützt werden kann.

Eine andere Identitätsreaktion des Saccharins ist von RIEGLER angegeben worden:

Eine schwach alkalische Saccharinlösung bildet mit p-Diazonitranilin (s. Reagentienliste) einen Körper, der mit Äther ausgeschüttelt werden kann. Gibt man nach Entfernung der wässerigen Schicht Natronlauge zum Äther, so bildet sich an der Berührungsstelle zunächst ein grüner Ring; beim Umschütteln färbt sich die Ätherschicht grün. Lässt man die wässerige Flüssigkeit abermals ablaufen (im Scheidetrichter) und gibt Ammoniak hinzu, so wird unter Entfärbung des Äthers die wässerige Schicht schön blaugrün.

Für die Prüfung des Saccharins auf p-Sulfaminbenzoesäure, seine Prüfung. wichtigste Verunreinigung hat man früher das Verhalten der beiden Körper zu Äther herangezogen, da ein Teil Saccharin in 132 ccm Äther, ein Teil p-Sulfaminbenzoesäure erst in 7800 ccm Äther löslich ist.

Einfacher ist folgendes Verfahren: Man trägt das zu untersuchende Saccharin in eine Lösung von α-Naphthol in konzentrierter Schwefelsäure ein. Bei Anwesenheit von p-Säure färbt sich erst das Pulver und dann die Flüssigkeit violett.

Zur quantitativen Ermittelung der p-Säure und gleichzeitig zur quantitativen Quantitative Bestimmung. Bestimmung des Saccharins verfährt man nach FAHLBERG folgendermassen:

5 g Saccharin werden mit einem Gemenge von 15 ccm konzentrierter Schwefelsäure und 250 ccm Wasser ca. 3 Stunden am Rückflusskühler erhitzt. Dadurch wird nur das Saccharin zersetzt, indem es in o-sulfobenzoesaures Ammonium übergeht.

Der Ammoniak wird in der gewöhnlichen Weise bestimmt und daraus der Gehalt an Saccharin berechnet. (Der überdestillierte Ammoniak wird in 70 ccm $\frac{N}{2}$ Schwefelsäure aufgefangen, der Überschuss der Säure wird mit $\frac{N}{2}$ Kalilauge zurücktitriert. Die Anzahl der verbrauchten ccm $\times$ 1,83 geben den Prozentgehalt an Saccharin.)

Erhitzt man aber das Saccharin mit konzentrierter Schwefelsäure 10—15 Minuten lang, so werden auch die p- und die m-Sulfaminbenzoesäure in die Ammoniumsalze der entsprechenden Sulfobenzoesäuren übergeführt. Bestimmt man hier wiederum den entstandenen Ammoniak, so erfährt man den Gehalt an Gesamt-Stickstoff (die Anzahl der verbrauchten ccm von II — der verbrauchten von $I \times 2{,}01$ geben den Prozentgehalt an p- und m-Sulfamin-benzoesäure.)

Soll das Saccharin in Mischungen, Getränken u. dgl. nachgewiesen werden, so muss man es erst nach dem Ansäuern durch Äther oder ein Gemenge von Äther und Petroläther ausschütteln. Der Rückstand wird dann mit Hilfe der bereits erwähnten Reaktionen geprüft[1].

Anwendung. Der Verbrauch des Saccharins zur Versüssung von Nahrungs-mitteln ist durch das aus politischen und nationalökonomischen Gründen erfolgte Eingreifen der Gesetzgebung stark beschränkt worden, u. a. deshalb, weil es ein Nahrungsmittel wie die Zuckerarten nicht ist. Es wird vom Organismus nicht angegriffen und kann also im Harn un-verändert nachgewiesen werden. Auch ausserdem hätte das Saccharin den Rohrzucker nicht überall ersetzen können, z. B. nicht in den Fällen, wo, wie in der Likörfabrikation, durch den Zucker gleichzeitig eine be-stimmte Konsistenz „Körper" erzielt werden sollte.

Dagegen ist das Saccharin als Versüssungsmittel für die Speisen der Diabetiker geeignet, da es nicht in Traubenzucker übergehen kann.

Ausscheidung. Über das Verhalten des Saccharins im Organismus s. oben.

Kristallose. Nahe Verwandte des Saccharins sind die Kristallose, sein Natrium-Sukramin. salz, und das Sukramin, sein Ammoniumsalz. Doch kommen diese Körper neben dem Saccharin nicht mehr in Betracht, ebensowenig einer Dulzin. der anderen künstlichen Süssstoffe, von denen nur das Dulzin, Smp. $173\,^0$—$174\,^0$, noch kurz besprochen sein mag.

Das Sukrol oder Dulzin ist p-Phenetolkarbamid

$$CO \Big\langle {\!\!\begin{array}{l} NH.C_6H_4OC_2H_5 \\ NH_2 \end{array}} \quad .$$

Man kann es u. a. vom Harnstoff (Karbamid) $CO\big\langle{\!\begin{array}{l} NH_2 \\ NH_2 \end{array}}$ in der Weise ableiten, dass man ein H-Atom durch den Phenetol-Rest $C_6H_4O.C_2H_5$ (s. S. 128) ersetzt.

Das Dulzin zerfällt im Organismus in Harnstoff und das giftige Phenetidin. Es wäre niemals gegen das Saccharin aufgekommen, auch wenn ihm die Saccharingesetzgebung nicht das Lebenslicht ausge-blasen hätte.

---

[1] Über den Nachweis von Salizylsäure und Saccharin nebeneinander vgl. Pharm. Zentralhalle 41 (1900). S. 564.

E. Nährpräparate.

Wie die Süssstoffe, so gehören auch die Nährpräparate nicht zu den Arzneimitteln im engeren Sinn. Sie mögen indes hier eine kurze Besprechung finden, einmal weil sie, insoferne sie als Krankenkost dienen, immerhin zu den Heilmitteln gerechnet werden können, andererseits deshalb, weil sie in den Apotheken vielfach verkauft werden.

So verschiedenartig wie die Beweggründe, welche diese Präparate ins Leben gerufen haben, sind auch die Zwecke, welchen sie dienen sollen. Zwei Hauptrichtungen lassen sich darin unterscheiden. Die Präparate sollen entweder für Gesunde oder für Kranke dienen, wenn auch eine strenge Grenze zwischen diesen beiden Gruppen sich nicht immer ziehen lässt.

Die überwiegende Mehrzahl der Präparate sind Eiweisspräparate. Ihrer Anwendung als Krankenkost liegt etwa folgender Gedankengang zugrunde:

Das Eiweiss, ein unentbehrlicher Bestandteil der Nahrung gelangt nicht unverändert zur Resorption, sondern es wird durch die im Magen und Darm vor sich gehenden chemischen Prozesse abgebaut und gleichzeitig in lösliche Körper übergeführt.

Im Magen geht das Eiweiss unter dem Einfluss von Pepsin und Salzsäure zunächst in Albumosen, dann in Peptone über, welche im Darm noch weiter abgebaut werden.

Damit die Eiweissstoffe verdaut werden, müssen also nicht nur die dazu nötigen Stoffe wie Pepsin und Salzsäure in der nötigen Menge sezerniert, sondern es muss auch ein bestimmtes Mass chemischer Arbeit geleistet werden.

Zu beidem sind Kranke und Rekonvaleszenten nicht immer in genügendem Maße befähigt; man suchte ihnen deshalb die Assimilierung der Eiweissstoffe dadurch zu erleichtern, dass man ihnen halbverdaute Eiweisskörper, also Albumosen und Peptone zur Verfügung stellte.

Man benützte zu solchen Präparaten meist das Eiweiss des Fleisches, das man entweder der künstlichen Pepsin-Salzsäure-Verdauung oder der Einwirkung überhitzten Wasserdampfes unterwarf oder aber mit sehr verdünnten Säuren und Alkalien behandelte. Das Albumin des Fleisches wird auf diese Weise in Albumosen und Peptone übergeführt.

Von vornherein war anzunehmen, dass die Peptone als das stärker abgebaute Verdauungsprodukt sich besser als Nährmittel für Kranke eignen würden als Albumosen.

14*

Fleischpeptone.   Die älteren Nährmittel dieser Art, z. B. KEMMERICHS und KOCHS Peptone enthielten darum auch reichlich Peptone. Diese stark peptonhaltigen Präparate haben sich aus verschiedenen Gründen nicht bewährt: Peptone schmecken bitter, verursachen Diarrhöe und sind durchaus keine vollwertigen Ersatzmittel für Eiweiss. Ein Teil der Präparate, die unter dem Namen Pepton in den Handel kamen, scheint indes keine oder fast keine Peptone enthalten zu haben, sondern fast nur Albumosen. Für den Wert solcher Präparate war dies trotz der irreführenden Bezeichnung von Vorteil. Denn die Albumosen können Eiweiss ersetzen, besitzen keinen schlechten Geschmack und wirken erst in sehr grossen Mengen abführend.

Somatose.   Das Albumosenpräparat, welches sich unter seinen Genossen die grösste Verbreitung zu sichern wusste, ist die Somatose. Sie wird dargestellt, indem man Fleischeiweiss mit 2—4%-igen Lösungen von Weinsteinsäure oder Oxalsäure auf 90°—105° erhitzt. Aus der Lösung werden die freien Säuren wieder durch kohlensauren Kalk gefällt.

Somatose, mit ca. 80% eines Gemenges von Deutero- und Heteroalbumosen, ist ein gelbliches, nahezu geschmack- und geruchloses Pulver, das seiner Albumosennatur entsprechend in Wasser löslich ist.

Vom Organismus wird Somatose nicht so gut ausgenutzt als das Fleischeiweiss; sie ist allerdings auch nicht dazu bestimmt, letzteres völlig zu ersetzen, sondern sie soll anderen Speisen zugesetzt deren Nährwert durch ihr leicht verdauliches Material verstärken. Ausserdem soll Somatose auch appetitreizend wirken.

Den Übergang von den Albumosenpräparaten zu den Eiweisspräparaten bilden solche Nährmittel, die aus einem Gemenge von Eiweiss und Albumosen bestehen.

Fleischsäfte.   Derartige Präparate dürften die verschiedenen Fleischsäfte sein wie Meat Juice, Puro u. a. Sie werden durch kalte Extraktion des Fleisches mit nachfolgendem Eindampfen der Auszüge im Vakuum gewonnen. Vermutlich werden ihnen nachträglich noch Albumosen zugesetzt.

Liebig's Fleischextrakt.   Von ihnen unterscheidet sich das älteste Fleischextrakt, das LIEBIGsche, durch einen wesentlich geringeren, nur 6—10% betragenden Gehalt an Eiweiss, jedenfalls dadurch bedingt, dass durch heisse Extraktion der grösste Teil des Eiweisses koaguliert und entfernt wird. Die Nährwirkung des Fleischextraktes kommt in der Tat kaum in Betracht; als ein Mittel, das Appetit und Nerven anregt, ist er aber von Wert.

Alle diese Präparate sollen vorzugsweise als Stärkungsmittel für Kranke und Rekonvaleszenten dienen. Neuerdings stellt man aber Eiweisspräparate her, die, unverändertes Eiweiss enthaltend, hauptsächlich dazu bestimmt sind, für Gesunde billiges Eiweiss zu beschaffen. Man suchte damit nicht nur die eiweissarme Nahrung der breiten Massen des Volkes durch billigen Eiweisszusatz zu verbessern, sondern vor allem auch eiweisshaltige Abfallstoffe, für die man seither keine gute Verwendung hatte, vorteilhaft zu verwerten.

Ein solches Präparat ist das Tropon, das gleichzeitig auch als Tropon Krankennahrung dienen sollte. Das Tropon wird nach dem, was darüber bekannt geworden ist, aus Fischfleisch und Fleischabfällen, wie sie z. B. bei der Fleischextraktbereitung übrig bleiben, hergestellt. Aus diesen Materialien wird durch Auskochen die Gelatine entfernt und dann der Rückstand mit Oxydationsmitteln, z. B. Wasserstoffsuper-oxyd behandelt, um übelriechende Verunreinigungen zu zerstören. Zuletzt wird noch Pflanzeneiweiss, das aus Lupinen oder anderen Leguminosen gewonnen wird, zugesetzt.

Tropon ist wasserunlöslich, geschmacklos. Die Urteile über seine Ausnutzung im Organismus lauten verschieden.

Der Zusatz von Pflanzeneiweiss zu Tropon erfolgt, weil sonst das Präparat für die Einführung als Volksnahrung zu teuer gekommen wäre. Dieser Zweck ist übrigens doch nicht erreicht worden. Dazu hätte das Tropon wohlschmeckender und vor allen Dingen billiger sein müssen. In welchem Verhältnis der Preis des Troponeiweisses zu dem anderer Nahrungsmittel steht, zeigt folgende von ZELLNER aufgestellte Tabelle:

100 g Tropon	mit ca. 89 g Eiweiss kosten ca. 60 Pfg.					
500 „ Schellfisch	„ „ 83 „	„	„	„	25	„
400 „ Schweinefleisch	„ „ 80 „	„	„	„	62	„
300 „ Käse	„ „ 90 „	„	„	„	60	„
550 „ Hafermehl	„ „ 80 „	„	„	„	50	„
400 „ Hülsenfrüchte	„ „ 100 „	„	„	„	17	„
1200 „ Roggenbrot	„ „ 90 „	„	„	„	53	„ .

Pflanzeneiweiss, das dem Tropon zur Verbilligung zugesetzt ist, kommt auch für sich allein in verschiedenen Präparaten in den Handel. Auch darunter viele, die den Zweck haben, Abfallprodukte gut zu verwerten.

So suchte man z. B. die nach dem Auspressen des Öls bleibenden Presskuchen einiger Ölsamen zu verwerten, so von Erdnuss und von Raps. Aus letzterem werden z. B. die Eiweissstoffe durch Wasser herausgelöst und dann durch Erwärmen koaguliert. Das Präparat kommt als P l a n t o s e in den Handel. Auch R o b o r a t und A l e u - r o n a t sind Nebenprodukte; letzteres entstammt der Weizenstärke- fabrikation und wird aus dem Kleber des Weizens gewonnen. Es ent- hält 85 % Eiweiss, ist geschmacklos und in Wasser unlöslich.

In der Rubrik Pflanzeneiweiss sind auch die als Nahrungsmittel dienenden Hefepräparate, wie W u k , O v o s und S i r i s unterzubringen. Sie sind gleichfalls zur Verwertung eines sonst ziemlich wertlosen Materials bestimmt. Denn die Hefe, das in riesigen Mengen vorhandene Abfallprodukt der Brauereien, das früher nur als Düngemittel oder höchstens als Viehfutter verwertet wurde, sollte damit der mensch- lichen Ernährung dienstbar gemacht werden. Ausserdem hat ja die Hefe mehr oder minder gereinigt auch in der Medizin als Blutreinigungs- mittel Verwendung gefunden.

Für eine ganze Reihe anderer Nährmittel ist das Ausgangsprodukt das Kasein der Milch, das sich als Kalksalz in der nach der völligen Entrahmung der Milch verbleibenden Magermilch neben Milchzucker und Salzen findet und für das man bisher keine besonders lohnende Verwertung hatte.

Das Kasein selbst ist unlöslich und kann, da es eine Säure ist, durch Zusatz stärkerer Säuren ausgefällt werden.

Die Einführung der Kaseinpräparate lässt sich auf eine Unter- suchung SALKOWSKIS zurückführen, der zeigte, dass Kasein den Eiweiss- ansatz im Körper mehr befördert als selbst das Fleischeiweiss.

Seitdem sind wir mit einer grossen Anzahl von Kaseinpräparaten beglückt worden und man hoffte auch damit die Fleischnahrung er- gänzen oder ersetzen zu können. Ausserdem sollten auch diese Prä- parate zur Ernährung von Kranken und Rekonvaleszenten dienen.

Man hat bei den Kaseinpräparaten solche zu unterscheiden, in denen das Kasein unverändert als Säure „unaufgeschlossen" vorhanden ist, und den „aufgeschlossenen", welche Salze des Kaseins mit Alkalien oder Erdalkalien enthalten. Als Vertreter der ersten Gruppe sei das B i o s o n genannt; in der zweiten Gruppe befinden sich E u k a s i n , N u t r o s e , S a n a t o g e n und P l a s m o n .

Das E u k a s i n , das erste der im Handel aufgetauchten Kasein- präparate, ein Kasein-Ammonium, und die N u t r o s e , ein besonders reines Kaseinnatrium scheinen keine so grosse Verbreitung gefunden zu haben als die letzteren, zu deren Gunsten allerdings eine umfang- reiche Reklame aufgeboten wurde.

Das S a n a t o g e n enthält ausser Kaseinnatrium glyzerinphosphor- Sanatogen.
saures Natrium. Es wird dargestellt indem man Kasein mit 90 %-igem
Weingeist zu einem Brei anrührt und dann auf dem Wasserbad
glyzerinphosphorsaures Natrium (und Natronlauge?) in konzentrierter
Lösung hinzugibt. Der Niederschlag wird dann mit Weingeist ausgewaschen und bei niederer Temperatur getrocknet.

Kaseinnatrium ist gleichfalls der Hauptbestandteil des P l a s m o n s. Plasmon.
Zu seiner Darstellung wird das Kasein aus der erwärmten Magermilch
mit Essigsäure gefällt. Das von der Flüssigkeit durch Auspressen befreite Kasein wird mit doppeltkohlensaurem Natrium aufs innigste zu-
sammengemischt. Das Kasein ist eine stärkere Säure als Kohlensäure
und treibt letztere aus. Es bildet sich eine glasige Masse, die in einer
Kohlensäure-Atmosphäre getrocknet wird. Dadurch, dass bei der Herstellung Ätzalkalien vermieden werden, ist eine Zersetzung des Kaseins
ausgeschlossen.

Ausser dem Kasein und dem Alkali enthält das Plasmon noch
etwas Fett und Milchzucker, Stoffe, die aus der Milch stammen und
mechanisch bei der Fällung des Kaseins mit niedergerissen werden.

Alle die geschilderten Nährpräparate benützen Eiweissstoffe, die
durch Lebensprozesse in Pflanzen und Tieren gebildet sind. Vielleicht
ist der Tag nicht mehr allzufern, an dem uns die Chemie davon unabhängig macht und uns ein billiges, synthetisches Eiweiss für Gesunde
und Kranke bereitet.

F. Salbengrundlagen.

Wollfett.

Adeps Lanae. Lanolin. Alapurin. Agnin.

Das Wollfett wird mit Recht unter den neuen Arzneimitteln be- Allgemeines.
handelt, wenn auch Dioscorides und Plinius Vorschriften zu einem
Wollfettpräparat veröffentlicht und Griechen und Römer (oder besser
Griechinnen und Römerinnen) es hauptsächlich zu Toilettezwecken als
ὄισυπος und Oesypum benützt haben. Allein nach einem Worte von
Husemann sind die Wollfettpräparate der Alten von den unserigen so
verschieden „wie eine Ballista der Alten von einer Krupp schen Kanone".
Nach Plinius z. B. behandelt man die Wolle unter Erwärmung mit Wasser
und schöpft das oben schwimmende Fett ab, wäscht es mit kaltem Wasser,
trocknet es mit Leinwand und dörrt es so lange an der Sonne, bis
es weiss und durchsichtig wird. Dioscorides liess zwar das Fett mehr

reinigen, aber die nach Beiden gewonnenen Präparate müssen noch sehr unrein gewesen sein und keinen sonderlich angenehmen Geruch gehabt haben. Die Bereitung war ausserdem mühsam. Alles dies trug dazu bei, dass man allmählich diese Präparate, deren Darstellung auch in späteren Zeiten keine Verbesserung erfuhr, aufgab. Man findet zwar Oesypus u. dgl. noch in einigen Arzneibüchern des 17. und 18. und selbst noch in einer spanischen Pharmakopöe vom Anfang des 19. Jahrhunderts, aber es fehlte im 18. Jahrhundert in den meisten staatlichen Arzneibüchern, es war obsolet geworden und musste in der Neuzeit durch Liebreich (um die Mitte der 80 er Jahre des 19. Jahrhunderts) geradezu wieder neu entdeckt werden; wenigstens die Darstellung eines für die medizinische und kosmetische Verwendung geeigneten Präparates[1]). Denn die Kenntnis von der Existenz des Wollfettes war nicht erloschen und konnte nicht erlöschen. Manche Schafwollen enthalten soviel Fett, dass man es mit den Fingern als Tröpfchen herausdrücken kann und auch die weniger fettreichen enthalten soviel, dass die Entfernung des Fettes notwendig ist, ehe die Wolle weiter verarbeitet werden kann.

Darstellung. Zur Entfernung des Fettes kommen zwei Wege in Betracht:

1. Extraktion mit Fettlösungsmitteln wie Schwefelkohlenstoff, Äther und dergl.;

2. Auswaschen.

Die Extraktion hat sich nicht bewährt. Die Wolle wird dadurch geschädigt. Sie wird deshalb fast nur noch ausgewaschen und zwar in besonderen Anstalten, den Wollwäschereien. Das Wasser erhält Zusätze von Seife, Ammoniumkarbonat oder (ätznatronfreier) Soda. Da hohe Temperaturen die Wolle schädigen, so wird die Waschflüssigkeit nur auf 30°—50° erwärmt. Das Waschen erfolgt in besonderen Apparaten (Leviathans), die aus einem System von Bottichen, Kufen und Passagen bestehen und im einzelnen verschiedene Konstruktionen aufweisen.

Die Wollwaschwässer haben, ehe sie auf Wollfett verarbeitet wurden, verschiedene, doch nicht so lohnende Verwendung gefunden. Sie wurden z. B., da die Schafwolle viel organische Kalisalze enthält, auf Pottasche verarbeitet, indem man sie eindampfte, die Rückstände erhitzte und die Asche mit Wasser auslaugte. Die beim Erhitzen gebildeten Gase konnte man zu Beleuchtungszwecken verwerten.

---

[1]) Die Fabrikation erfolgte zuerst durch die im Jahre 1885 gegründete Lanolinfabrik Benno Jaffé & Darmstädter in Martinikenfelde bei Berlin, später auch durch die Norddeutsche Wollkämmerei und Kammgarnspinnerei in Bremen.

Jetzt dienen die Wollwaschwässer in erster Linie zur Gewinnung des Wollfettes, das darin aufs Feinste verteilt (Emulsion) vorkommt. Das emulgierende Mittel ist Seife, die auch dann in den Wollwaschwässern vorhanden ist, wenn keine Seife hinzugesetzt wurde, weil die Schafwolle neben Fettsäuren auch fettsaure Kalisalze enthält. Ein weiterer Bestandteil der Wollwässer ist der aus der Schafwolle stammende Schmutz.

Zur Gewinnung des Wollfettes ist es nötig, es von Seife und Schmutz zu trennen.

Die spezifisch schwersten Verunreinigungen lässt man absetzen. Die weitere Verarbeitung kann entweder eine mechanische oder eine chemische sein.

Rein mechanisch können die Waschwässer durch Zentrifugieren in Schmutz, Seifenwasser und Fett getrennt werden. Das Fett wird mit Wasser ausgeknetet, dann zur Abtrennung des Wassers geschmolzen, durch Aufnehmen mit Lösungsmitteln weiter gereinigt und schliesslich mit Wasser wieder zusammengeknetet.

Bei der Anwendung chemischer Mittel nimmt man entweder Schwefelsäure oder Chlorkalzium und Kalk. Nach beiden Verfahren wird die Emulgierung des Wollfettes aufgehoben, weil die Alkaliseife zerlegt wird. Die Schwefelsäure scheidet daraus freie Fettsäure ab, durch das Kalkverfahren wird die unlösliche Kalkseife gebildet. In beiden Fällen ist das Wollfett den sich abscheidenden unlöslichen Substanzen beigemischt.

Aus dem Kalkniederschlag, „Suinter" genannt, kann durch Extraktion mit Fettlösungsmitteln z. B. Azeton oder Benzin das Wollfett ausgezogen werden.

Der Säureniederschlag wird neutralisiert und dann ebenfalls mit Fettlösungsmitteln ausgezogen.

Ich habe die Darstellungsverfahren für Wollfett nur in den allergröbsten Zügen wiedergegeben. Die Verfahren, nach denen wirklich gearbeitet wird, sind zum grössten Teil Fabrikgeheimnisse. Von Einzelheiten sei nur noch erwähnt, dass in irgend einer Phase der Darstellung eine künstliche Bleichung oder Desodorierung erfolgt, sei es, dass die Zersetzung der Emulsion mit schwefliger Säure vorgenommen wird, oder dass der durch Schwefelsäure abgeschiedene Niederschlag mit Kaliumbichromat und Schwefelsäure oder Salzsäure oder dass der Suinter mit Kaliumpermanganat oder Chlorkalk behandelt wird.

Offizinell sind seit dem Inkrafttreten des 4. D. A. B. drei Wollfettpräparate:

1. Adeps lanae anhydricus;

2. Adeps lanae cum aqua, ein Gemisch von 75 Teilen Wollfett und 25 Teilen Wasser;

3. Unguentum adipis lanae, ein Gemisch von 20 Teilen Wollfett 5 Teilen Wasser und 5 Teilen Olivenöl.

Adeps lanae anhydricus. „Hellgelbe, salbenartige Masse von sehr schwachem Geruche, welche bei etwa 40° schmilzt, in Äther und Chloroform löslich, in Wasser unlöslich ist, sich aber mit mehr als dem doppelten Gewicht des letzteren mischen lässt, ohne die salbenartige Konsistenz zu verlieren. Wird eine Lösung von Wollfett in Chloroform (1 = 50) über Schwefelsäure geschichtet, so entsteht an der Berührungsstelle der beiden Flüssigkeiten eine Zone von feurig-braunroter Farbe, welche nach etwa 24 Stunden die höchste Stärke erreicht."

Ausserdem tritt folgende Reaktion ein: Erhitzt man Wollfett mit Essigsäureanhydrid und gibt zu der erkalteten Flüssigkeit konzentrierte Schwefelsäure, so entsteht eine blaue oder blaugrüne Färbung. Beide als Identitätsreaktionen zu betrachtende Färbungen sind Reaktionen der im Wollfett vorkommenden Cholesterine, eigenartiger den Terpenen nahestehender Alkohole, welche im Tier- und Pflanzenreich sehr verbreitet sind. Die Cholesterine sind im Wollfett sowohl in freiem Zustand als besonders in Esterform vorhanden. Glyzerinester, wie in den übrigen Fetten, kommen im Wollfett nicht vor, so dass es in strengem Sinne nicht zu den Fetten, sondern eher zu den Wachsen zu zählen ist. Ausser den Cholesterinen enthält das Wollfett, wie folgende Übersicht[1] zeigen wird, noch eine grosse Anzahl anderer Stoffe, Alkohole und Säuren, deren Isolierung zum grossen Teile den Arbeiten von DARMSTÄDTER und LIFSCHÜTZ zu verdanken ist. Die Zusammensetzung des Lanolins kann indes noch nicht als völlig erforscht gelten, obgleich die Untersuchung einige Zeit ruhte. Ausserdem sind auch die hier mitgeteilten Ergebnisse in manchen Teilen bestritten. So weist neuerdings SIEBERT darauf hin, dass einige der von DARMSTÄDTER und LIFSCHÜTZ isolierten Produkte teils Zersetzungsprodukte, teils Gemenge sind.

Zusammensetzung des Wollfetts.

a) Substanzen von näher ermittelter Zusammensetzung.

Säuren[2]: Essigsäure $C_2H_4O_2$, Buttersäure $C_4H_8O_2$, Isovaleriansäure $C_5H_{10}O_2$, Kapronsäure $C_6H_{12}O_2$, Myristinsäure $C_{14}H_{28}O_2$, Palmitin-

---

[1] Aus „Das Wollfett" von E. DONATH und B. M. MARGOSCHES.

[2] Die Säuren und Alkohole, die im Wollfett zum grössten Teil zu Estern vereinigt sind, werden hier getrennt wiedergegeben.

säure $C_{16}H_{32}O_2$, Stearinsäure $C_{18}H_{36}O_2$, Karnaubasäure $C_{24}H_{48}O_2$, Hyäna-
säure $C_{25}H_{50}O_2$, Cerotinsäure $C_{27}H_{54}O_2$, Ölsäure $C_{18}H_{34}O_2$, Lanopalmin-
säure $C_{16}H_{32}O_3$, Lanocerinsäure $C_{30}H_{68}O_4$, Benzoesäure $C_7H_6O_2$.

Alkohole: Lanolinalkohol $C_{12}H_{24}O$, Karnaubylalkohol $C_{24}H_{50}O$, Cerylalkohol $C_{27}H_{56}O$, Cholesterin und Isocholesterin $C_{26}H_{44}O$.

Laktone[1]): Lanocerinsäurelakton $C_{30}H_{55}O_3$ (wohl identisch mit
SIEBERTS Lanocerin) und ein laktonähnlicher Körper $C_{11}H_{22}O$.

b) Substanzen unbekannter Zusammensetzung.

Säuren: eine ölige Säure, eine der Kapronsäure und eine der
Cerotinsäure ähnliche Säure.

Alkohole: ein amorpher Alkohol, ein schwer oxydierbarer, ge-
sättigter, vielleicht dem Cerylalkohol isomerer Alkohol, ein ungesättigter
Alkohol, Alkohole 2a, 2b, 2c (alle diese Körper in den Arbeiten von
DARMSTÄDTER und LIFSCHÜTZ) und schliesslich noch mehrere von
v. COCHENHAUSEN und BUISINE angegebene Alkohole von kleinerem
Molekulargewicht als der Cerylalkohol.

Physikalische und chemische Konstanten des Wollfettes:

Spezifisches Gewicht	0,973
Schmelzpunkt	$36^0-42,5^0$
„ der Fettsäuren	$41,8^0$
Erstarrungspunkt der Fettsäuren.	$40,0^0$
Mittleres Molekulargewicht der Fettsäuren .	327,5
Schmelzpunkt der Alkohole.	$33,5^0$
Erstarrungspunkt der Alkohole	$28,0^0$
Verseifungszahl	98,3—102,4
Jodzahl	10,6—28,9
Jodzahl der Fettsäuren	17
Azetylzahl	108,7—122,5.

Die vom A.-B. vorgeschriebene Prüfung des Wollfetts erstreckt Prüfung.
sich auf seinen Geruch (nicht bockig), Schmelzpunkt, Gegenwart von
freien Säuren und Alkalien, Seife, Glyzerin, Aschegehalt, Ammoniumsalze, organische, durch Kaliumpermanganat oxydierbare Verunrei-
gungen und Chlor. Ein minimaler Gehalt an freien Säuren ist gestattet.

Will man Lanolin in Fettgemischen nachweisen, so wird man sich Nachweis.
in erster Linie auf die Cholesterinreaktionen stützen. Es kommen zwar
Cholesterine auch in anderen tierischen, ebenso in pflanzlichen Fetten

---

[1]) Als Laktone bezeichnet man die inneren Anhydride, die aus γ-, δ- usw.
Oxysäuren (s. S. 97) durch Wasserabspaltung entstehen.

vor, doch immer nur in beträchtlich kleineren Mengen. Ausserdem wird die Konsistenz des Fettes, sein Geruch, seine Aufnahmefähigkeit für Wasser und ganz besonders sein Verhalten bei der Verseifung zu berücksichtigen sein. Hatte man mit alkoholischer Kalilauge verseift, so wird man entweder schon beim Abkühlen oder jedenfalls beim Verdünnen mit Wasser reichliche Ausscheidungen der Cholesterine erhalten, die man durch ihren Schmelzpunkt (Smp. des Cholesterins 148,5°, des bei 80° getrockneten Isocholesterins 137°—138°) oder ihre Azetyl- oder Benzoylverbindungen und durch ihre Farbenreaktionen identifizieren kann.

Anwendung. Das Wollfett hat vor anderen Fetten manche Vorzüge, die es zur medizinischen Verwendung besonders geeignet machen. Es wird von der Haut leicht resorbiert. Sind Arzneistoffe beigemischt, so gelangen sie gleichzeitig zur Resorption. Wasserlösliche Arzneistoffe können erst in Wasser gelöst werden, da Wollfett mehr als das Doppelte seines Gewichts an Wasser aufnimmt. Es wird nicht ranzig und ist nicht nur frei von Bakterien, sondern auch für sie undurchlässig, so dass es Körperteile, die damit eingerieben sind, vor Infektion schützt.

Ausser zu medizinisch-kosmetischen Zwecken wird das Wollfett noch in mannigfacher Weise verwendet. Es dient in ungereinigtem Zustand als Schmiermittel meist, weil es allein zu klebrig ist, entweder mit anderen Fetten vermischt oder nach teilweiser Verseifung, weiter als Lederfett, das gereinigte dann noch besonders in der Seifenindustrie, wo es den fertigen Seifen zugesetzt wird.

Andere Salbengrundlagen:

Cearin. Cearin: Gemenge von 1 Teil gebleichtem Karnaubawachs, 3 Teilen Ceresin und 16 Teilen flüssigem Paraffin.

Fetron. Fetron: Gemenge von Vaselin und Stearinsäureanilid.

Mollin. Mollin: Überfettete Kaliseife mit Glyzerin.

Resorbin. Resorbin: Gemenge von Mandelöl, Wachs, Gelatine, Seife und Wollfett.

Mit den Nährpräparaten und dem Lanolin haben wir bereits das Gebiet der chemischen Individuen verlassen und uns den (in chemischem Sinne betrachtet) Gemischen zugewandt und die Substanzen, welche jetzt noch zu behandeln sind, die Organpräparate, die Heilsera und die Bakterienpräparate sind Gemische. Doch sind auch ihre wirksamen Bestandteile chemische Individuen, wenn es auch bis jetzt nur in vereinzelten Fällen gelungen ist, letztere zu isolieren. Und noch ein anderer Unterschied lässt sich gegenüber der überwiegenden Mehrzahl der seither behandelten Körper feststellen. Während diese fast ausschliesslich auf künstlichem, chemischem Wege hergestellt sind, so sind die wirksamen Körper der Organpräparate usw. in der lebenden Zelle geschaffen worden und zwar entstammen die Organpräparate und die Heilsera dem tierischen, die Bakterienpräparate dem pflanzlichen Organismus. Das schliesst aber nicht aus, dass man ihre wirksamen Körper auch auf künstlichem Wege herstellen kann.

G. Organpräparate.

Die Organpräparate sind aus tierischen Organen bereitete, zu medizinischen Zwecken verwendete Präparate, und es ist von grossem Interesse zu sehen, wie Substanzen aus dem Tierreich jetzt wieder in grosser Zahl als Arzneimittel in den Apotheken auftauchen, während vor dem Eintritt dieser Bewegung nur sehr wenige mehr verwendet wurden, obgleich sie in früheren Jahrhunderten eine grosse Rolle als Arzneimittel gespielt hatten.

Die Wiederaufnahme der Organtherapie ging von der durch viele Versuche festgestellten Tatsache aus, dass die Entfernung einiger vorher als unwichtig betrachteter Organe aus dem Körper Vergiftungserscheinungen und sogar den Tod zur Folge haben kann.

Brown-Séquard schloss daraus, dass diese Organe nicht nur solche Substanzen sezernieren, die als Produkte des Stoffwechsels aus dem Organismus ausgeschieden werden, sondern dass sie noch eine innere Sekretion besitzen, d. h. Substanzen produzieren, bei deren Nichtvorhandensein oder ungenügendem Vorkommen der Organismus erkranken müsse.

So nahm Brown-Séquard u. a. an, dass das Sekret der Hoden das Nervensystem günstig beeinflusse und da nach seiner Ansicht manche Nervenstörungen z. B. Neurasthenie durch ungenügende Tätigkeit der Hoden bedingt sind, so wandte er 1889 zu deren Bekämpfung subkutane Injektionen von Hodensaft an, den er durch ein besonderes aseptisches Verfahren aus den Hoden von Widdern und später von jungen Stieren herstellen liess.

Die Ansichten Brown-Séquards sind nicht unangefochten geblieben; aber die Organtherapie hat sich weiter entwickelt und nochmals einen kräftigen Aufschwung genommen, als es dem aus dem Apothekerstande hervorgegangenen Professor Baumann in Freiburg gelungen war, in der Schilddrüse Jod nachzuweisen und so ein helles Licht auf die Bedeutung der Schilddrüse zu werfen.

Es gibt jetzt von den Hoden und dem Eierstock bis zum Gehirn, kein tierisches Organ, das nicht in den letzten Jahren medizinisch angewendet worden wäre.

Doch wendet man weniger die unveränderten Organe als Zubereitungen an. Letztere waren deshalb besonders nötig, weil ja die tierischen Organe nicht haltbar sind und demgemäss nicht in den Handel gebracht werden können. Die einfachste Art der Zubereitung ist die, dass man die Organe im Vakuum bei niedriger Temperatur trocknet und dann mit indifferenten Substanzen wie Milchzucker zu Pulver, Tabletten und dergl. verarbeitet. Da bei dieser Art der Präparation ausser den wirksamen Substanzen auch ein grosser Ballast von unwirksamen eingenommen werden musste, so ging das Bestreben einerseits dahin, die unwirksamen Substanzen in möglichst unveränderter Form mit Hilfe von Glyzerin, physiologischer Kochsalzlösung und dergl. zu extrahieren und dann entweder diese Extrakte zur Anwendung zu bringen oder aus diesen Auszügen durch geeignete Methoden die wirksamen Körper selbst zu isolieren.

Letzteres war vor allem auch die Aufgabe, die sich die wissenschaftliche chemische Forschung zu stellen hatte. Allein sie hat diese Aufgabe nur in wenigen Fällen gelöst, so dass man im allgemeinen sagen kann, dass die chemische Erforschung der Organpräparate nicht gleichen Schritt gehalten hat mit ihrer medizinischen Anwendung. Einigermassen festen wissenschaftlichen Boden haben wir nur bei der Schilddrüse und den Nebennieren unter den Füssen. Deshalb sollen nur diese beiden Organe und die aus ihnen hergestellten Präparate zur Besprechung kommen.

Schilddrüse.

Glandula thyreoidea.

Die Schilddrüse, eine am oberen Teil der Luftröhre befindliche Drüse besitzt die Form eines kleinen Schildes und wird deshalb Schilddrüse genannt. Auf ihre Bedeutung wurde man aufmerksam, als man entdeckte, dass ihr Fehlen eine eigenartige Krankheit, das Myxödem, zur Folge hat, das u. a. zum Kretinismus führt. Ein ähnlicher Zustand kann auch eintreten, wenn bei Kropfoperationen die Schilddrüse mitentfernt wird.

Auch bei Tieren, denen man die Schilddrüse exstirpierte, traten ähnliche Zustände ein. Es bestand demnach kein Zweifel darüber, dass die Schilddrüse wichtige Funktionen im tierischen Organismus auszuüben hat und dass ihr Fehlen oder selbst ihre ungenügende Tätigkeit mehr oder weniger intensive Krankheitserscheinungen zur Folge haben muss. Es lag deshalb nahe, solche Krankheitserscheinungen beim Menschen dadurch zu bekämpfen, dass man in seinen Organismus Schilddrüsen von Tieren einführte.

Die erste Form der Schilddrüsentherapie war die Implantation (Rocher, 1883): Man versuchte die Schilddrüse in der Bauchhöhle zum Anwachsen zu bringen. Die dieser Methode anhaftenden Missstände führten Howitz, Mackenzie und Fox 1892 dazu, die Schilddrüsen innerlich zu geben, nachdem man noch vorher die subkutane Einspritzung eines Glyzerinextraktes der Schilddrüse versucht hatte.

Jodothyrin.

Jodothyrinum. Thyrojodin.

Die eigenartigen Wirkungen der Schilddrüse liessen den Wunsch Allgemeines. rege werden, ihre wirksame Substanz zu isolieren, und es erregte grosses Aufsehen, als Baumann (1895) der Nachweis gelang, dass es sich dabei um einen Jod enthaltenden organischen Körper handle. Nun war es auf einmal klar, warum Jodkalium und andere Jodpräparate bis zur Schwammkohle sich bei den Leiden wirksam erwiesen, die von einer ungenügenden Tätigkeit der Schilddrüse herrührten.

In physiologischer Hinsicht war die Entdeckung Baumanns nicht weniger bedeutungsvoll. Sie zeigte, dass der Organismus imstande ist, in der Schilddrüse die ungemein geringen Jodmengen (ungefähr 0,33 mg pro Tag) aufzuspeichern, die mit der Nahrung in den Körper gelangen[1]).

Für den Organismus ist dies von höchster Wichtigkeit; denn die Untersuchungen haben gezeigt, dass die Wirksamkeit der Drüse durchaus mit ihrem Gehalt an organischer Jodverbindung Hand in Hand geht und dass eine jodfreie Schilddrüse unwirksam ist.

Baumann hatte den jodhaltigen Körper, von ihm Jodothyrin ge- Darstellung. nannt, auf eine Art und Weise gewonnen, bei der Veränderungen der ursprünglich in der Drüse vorhandenen Substanz nicht zu vermeiden waren. Er kochte die Drüsen 20—30 Stunden mit der 4 fachen Menge

---

[1]) Die Schilddrüse ist nicht das einzige Organ des Körpers, das Jod enthält; es findet sich noch im Blut und fast allen Organen, doch in beträchtlich kleineren Mengen. Auch gelangt nicht alles Jod zur Aufspeicherung, sondern wie das Arsen wird es in kleineren Mengen regelmässig mit dem Schweiss, den Haaren und Nägeln entfernt.

10 %-iger Schwefelsäure. Aus dem dabei verbleibenden unlöslichen Anteil brachte er das Jodothyrin durch Auskochen mit 90%-igem Weingeist in Lösung. Der Rückstand des weingeistigen Auszugs wurde zur Entfernung von Fett und Fettsäuren nach der Vermischung mit Milchzucker durch Petroläther extrahiert, der Rückstand schliesslich in kalter verdünnter Natronlauge aufgelöst und aus der Lösung das Jodothyrin durch Zusatz von Säure gefällt. Zur weiteren Reinigung wurde es nochmals in Natronlauge gelöst und wieder mit Säure gefällt.

Dieses Verfahren, nach welchem das Jodothyrin ursprünglich auch fabrikmässig hergestellt wurde, wurde verlassen, nachdem man durch spätere Untersuchungen erkannt hatte, dass das Jodothyrin das Spaltungsprodukt eines kompliziert zusammengesetzten Körpers von Eiweissnatur ist.

Man geht jetzt so vor, dass man die Schilddrüsen von Hämmeln mit physiologischer Kochsalzlösung extrahiert. Aus dem Auszug wird durch Kochen mit Essigsäure die Jodothyrin-Eiweissverbindung zur Ausfällung gebracht. Durch Kochen mit verdünnter Schwefelsäure wird sie gespalten und dann in ähnlicher Weise weiter behandelt, wie oben geschildert.

Eigenschaften. Das auf diese Weise hergestellte Jodothyrin ist ein braunes Pulver, das 4,5 % J und 0,46 % Cl· enthält; ausserdem 56,89 % C, 8,92 % N, 7,35 % H, 1,4 % S, ferner Eisen, aber keinen Phosphor.

Das reine Jodothyrin oder Thyrojodin ist nahezu unlöslich in Wasser, Chloroform und Äther. Dagegen löst es sich in konzentrierten Mineralsäuren und Eisessig mit brauner Farbe. Ebenso wird es schon von sehr verdünnten Alkalien, auch Ammoniak und Alkalikarbonaten gelöst. Eine Eiweissverbindung ist das Jodothyrin nicht; es gibt keine Rotfärbung mit MILLONS Reagens und gibt mit Kupfersulfat und Natronlauge nicht die Biuretreaktion.

Aus seiner Lösung in sehr verdünnter Essigsäure wird es durch Ferrocyanwasserstoff, durch ESBACHsches Reagens, Phosphormolybdän- und Phosphorwolframsäure, bei Gegenwart von Salzsäure auch durch Sublimat gefällt.

Das Jod lässt sich erst nachweisen, wenn man längere Zeit mit Alkalien gekocht hat oder noch besser nach der Veraschung.

Die Konstitution des Jodothyrins ist nicht bekannt. Die in den Handel kommenden Präparate sind kein reines Jodothyrin, sondern ein Gemenge desselben mit Milchzucker, das in einem Gramm des Präparates ebensoviel Jod enthält als ein Gramm frischer Drüse, nämlich 0,3 mg Jod.

Auch der Eiweisskörper, als dessen Spaltungsprodukt das Jodo-
thyrin betrachtet werden muss, ist dargestellt worden. Er gehört zur
Gruppe der Globuline und ist deshalb von seinem Entdecker Oswald
Thyreoglobulin genannt worden. Dieser Körper ist der einzige der *Thyreoglobulin.*
Schilddrüse, der Jod enthält. Durch seine Spaltung konnte Oswald
ein Jodothyrin herstellen, das den hohen Gehalt von 9,3 % Jod hatte.
Doch kommt weder das Thyreoglobulin noch das daraus gewonnene
Jodothyrin im Handel vor.

Das Jodothyrin und andere Schilddrüsenpräparate haben mannig- *Anwendung.*
fache medizinische Anwendung gefunden: Ausser gegen das eigentliche Myxödem gegen Kropf, der gleichfalls einer Entartung der Schilddrüse seinen Ursprung verdankt. Auch gegen Fettleibigkeit ist es angewendet worden. Da schon wiederholt nach dem Gebrauche von
Schilddrüsenpräparaten Vergiftungserscheinungen beobachtet worden
sind, so ist bei deren Anwendung Vorsicht geboten. Man lässt gewöhnlich mit 0,3 g Jodothyrin = 0,1 mg Jod beginnen und steigert allmählich die Dosis, jedoch höchstens bis 3,0 g pro Tag.

Die Wirkung des Jodothyrins scheint aber doch nicht ganz identisch mit der der Schilddrüse zu sein und man verwendet deshalb auch
Präparate, die nichts anderes sind als mit allen Vorsichtsmassregeln-be-
reitete Pulver von Schilddrüsen, ev. deren Mischung mit Milchzucker
und dergl., wie sie z. B. als T h y r e o i d i n meist in Tablettenform in *Thyreoidin*
den Handel gebracht worden sind.

Ausserdem hat man Extrakte der Schilddrüse dargestellt, so das
T h y r a d e n, zu dessen Herstellung man die Schilddrüsen mit physio- *Thyraden.*
logischer Kochsalzlösung extrahiert, die unwirksamen Bestandteile daraus
mit Ätheralkohol fällt und den Rückstand des im Vakuum einge-
trockneten Filtrats mit Milchzucker mischt.

Mit der Prüfung dieser Präparate, soweit sich der Apotheker
damit befassen kann, ist es so schlecht bestellt, dass Angaben darüber
nicht gemacht werden können.

Nebennieren.

Glandulae suprarenales.

Während die Schilddrüsentherapie sich bereits wieder auf dem
absteigenden Aste zu bewegen scheint, hat sich das Interesse der
Organtherapeutiker und Physiologen in hohem Maße den Nebennieren
zugewendet.

Die Nebennieren sind, wie es der Name besagt, Begleitorgane der Nieren. Sie liegen an deren oberem Ende und wiegen je ca. 0,25 g.

Trotz dieser geringen Grösse spielen sie eine wichtige, wenn auch nicht völlig aufgeklärte Rolle im Organismus. Man hat sich auch hier durch Tierversuche davon überzeugen müssen, dass Exstirpation beider Nebennieren den Tod der Versuchstiere herbeiführt. Ebenso wird die beim Menschen auftretende Bronzekrankheit, der Morbus Addisonii, auf eine Entartung der Nebennieren zurückgeführt.

Über die Art und Weise, wie die Nebennieren im Organismus wirken, ein sicheres Urteil zu fällen, war noch nicht möglich. Vielleicht sind sie dazu bestimmt, giftige, dem Stoffwechsel entstammende Substanzen unschädlich zu machen. Dafür spricht der Umstand, dass in normalen Nebennieren stets kleine Mengen des sehr giftigen Neurins aufgefunden wurden.

Dem Neurin kommen indes nicht die Wirkungen der Nebennieren und ihrer Präparate zu, die zu ihrer mannigfachen therapeutischen Verwendung geführt haben und unter denen die Steigerung des Blutdrucks an erster Stelle steht. Sie ist durch eine Verengerung der Blutgefässe bedingt (SCHÄFER u. A. 1895). Im Zusammenhang damit steht die Blutleere, welche in den damit behandelten Körperteilen entsteht, so dass sie als blutstillende Mittel verwendet werden können. Innerlich eingenommen sollen sie imstande sein, innerliche Blutungen zu beheben.

Dagegen scheinen die Nebennieren gegen diejenige Krankheit unwirksam zu sein, bei der man am ehesten eine Wirkung hätte von ihnen erwarten dürfen, nämlich bei der ADDISON schen Krankheit.

Die Bemühungen, ihr wirksames Prinzip zu finden, sind von Erfolg begleitet gewesen. Um die Auffindung haben sich v. FÜRTH (1899), TAKAMINE und ALDRICH verdient gemacht. v. FÜRTH nannte seine Substanz Suprarenin, die andern Adrenalin[1]).

Adrenalin, Suprarenin. $C_9H_{13}O_3N$.

Adrenalinum. Suprareninum.

Allgemeines.　Für die Konstitution des Adrenalins ist je eine Formel von PAULY und JOWETT aufgestellt worden, zwischen denen bis jetzt eine Entscheidung nicht getroffen werden konnte.

---

[1]) Auch ABEL wäre hier zu nennen; doch scheint sein Epinephrin nicht identisch mit Adrenalin und Suprarenin.

$$CH_2OH$$
$$CH.NH.CH_3$$

$$CH_2.NH.CH_3$$
$$CHOH$$

OH
OH
nach PAULY

Adrenalin

OH
OH
nach JOWETT.

Beide Forscher stimmen darin überein, dass sie das Adrenalin als Derivat des Brenzkatechins auffassen. Vom Brenzkatechin ausgehend hat man bereits einen der JOWETTschen Formel entsprechenden Körper synthetisch hergestellt.

Brenzkatechin [Formel] wird durch Chloressigsäure und Phosphor-oxychlorid in Chlorazetobrenzkatechin [Formel] übergeführt.

$$CH_2Cl$$
$$CO$$
OH
OH

Aus diesen gewinnt man durch Einwirkung von Methylamin Methyl-aminoazetobrenzkatechin [Formel] und dieses wird durch Aluminium-amalgam zu Adrenalin reduziert.

$$CH_2NHCH_3$$
$$CO$$
OH
OH

TAKAMINE gewann das Adrenalin auf einfache Weise. Die Neben-nieren von (Schafen oder Rindern) wurden mit essigsäurehaltigem Wasser ausgezogen, die Auszüge konzentriert und zur Abscheidung unwirksamer Substanzen mit Weingeist versetzt. Aus dem im Vakuum eingedampften Filtrat wird durch Ammoniak das Roh-Adrenalin ausgeschieden. Zur Reinigung wird es in angesäuertem Weingeist gelöst und die Lösung zur Abscheidung von Verunreinigungen mit Äther versetzt. Aus dem Filtrat fällt man durch Ammoniak das Adrenalin aus.

Darstellung.

15*

Komplizierter ist das Verfahren, das v. Fürth und Hofmeister sich haben patentieren lassen.

Eigenschaften. Das Adrenalin ist ein kristallinisches Pulver, dessen wässerige Lösung auf Phenolphthalein und Lackmus alkalisch reagiert. Es schmeckt schwach bitter und ruft auf der Zunge ähnlich wie Kokain, nur schwächer, Abstumpfung des Geschmackssinnes hervor. Die wässerige Lösung ist wegen der leichten Oxydierbarkeit des Adrenalins nicht haltbar. Mit dieser Eigenschaft steht es im Zusammenhang, dass es Goldchlorid, ammoniakalische Silberlösung und Nesslers Reagens reduziert.

Adrenalin ist eine Base, die mit Säuren Salze bildet.

Als Identitätsreaktion kann die mit Eisenchlorid eintretende, rasch wieder verschwindende Grünfärbung dienen.

Mit Formaldehyd zeigt die Lösung zunächst eine schwache, gelbgrüne Fluoreszenz, die auf Zusatz von Natronlauge verschwindet; erwärmt man dann, so tritt eine rote oder rotviolette Färbung auf.

Anwendung. In den Handel kommt das Adrenalin zumeist als $0,1\,^0/_0$-ige Lösung, die 0,1 g Adrenalinum hydrochloricum, 0,7 Natrium chloratum, 0,5 Chloreton[1]) und Wasser ad 100,0 g enthält.

Adrenalin und andere Nebennierenpräparate werden ausser zur Stillung von Blutungen zur Erzielung lokaler Anästhesie (mit oder ohne Kokain) verwendet, besonders in der ophthalmologischen Praxis, aber auch auf anderen Gebieten der Medizin. Dabei ist erwähnenswert, dass Adrenalin als Gegengift des Kokains betrachtet werden kann, wenigstens, wenn letzteres injiziert wurde.

Als harmlose Mittel dürfen die Nebennieren und ihre Präparate durchaus nicht betrachtet werden. Es ist auf ihre Anwendung schon Glykosurie eingetreten und ein Patient, der täglich je eine Kalbsnebenniere erhielt, starb nach acht Tagen. Selbst nach Einspritzung schwacher Adrenalinlösungen sah man schon Vergiftungserscheinungen eintreten.

Mit Atropin zusammen soll Adrenalin gleichfalls schon Vergiftungserscheinungen hervorgerufen haben.

Aufbewahrung. Sehr vorsichtig aufzubewahren.

Nebennieren-präparate. Ob das Adrenalin imstande sein wird, die Nebennierenpräparate völlig aus der Therapie zu verdrängen, lässt sich zurzeit noch nicht übersehen. Von solchen Präparaten sind mehrere im Handel.

---

1) Chloreton oder Azetonchloroform ist tertiärer Trichlorbutylalkohol $CCl_3(CH_3)_2COH + \frac{1}{2} H_2O$. Smp. 96^0—97^0, Sdp. 167^0. Wird als Antiseptikum, Anästhetikum und Hypnotikum verwendet, zu letzterem Zweck in Gaben von 0,3—0,8 g.

1. Die in geeigneter Weise getrockneten und mit indifferenten Zusätzen versehenen Drüsen, z. B. die MERCKschen Glandulae suprarenales siccatae pulverisatae, von denen 1 Teil = 5 Teilen frischer Drüse ist.

2. Extrakte, z. B. das ebenfalls von MERCK hergestellte Extractum suprarenale haemostaticum.

H. Heilsera und Bakterienpräparate.

Gänzlich verschieden von den Gedankengängen, welche zur therapeutischen Anwendung der synthetischen Chemikalien und der Organpräparate geführt haben, sind die Anschauungen, welche die Therapie der Heilsera und Bakterienpräparate ins Leben riefen. Ihr Ausgangspunkt war ein fundamental anderer: die Bakteriologie.

Die Krankheiten, zu deren Bekämpfung oder Verhütung die Heilsera und Bakterienpräparate dienen sollen, sind sämtlich Infektionskrankheiten[1]), d. h. Krankheiten, welche, wenn wir von den wenigen tierischen Krankheitserregern absehen, durch die Tätigkeit von Bakterien, pflanzlichen Mikroorganismen, hervorgerufen werden.

Nach der Entdeckung dieser Tatsache durch PASTEUR und nachdem R. KOCH mehrere dieser Bakterien nicht nur isoliert hatte, sondern mit ihnen die betreffenden Krankheiten wieder erzeugen konnte, sind eine grosse Anzahl der die wichtigsten Infektionskrankheiten verursachenden Bakterien aufgefunden worden.

Einige Tatsachen schienen indes der Bakterientheorie der Infektionskrankheiten im Wege zu stehen. Viele Bakterien besitzen allgemeine Verbreitung, z. B. die Kokken, welche die Erreger der Entzündungen und Eiterungen sind, und auch Diphtheriebazillen hat man wiederholt im Munde Gesunder gefunden.

Andererseits weiss man schon längst, dass auch bei den heftigsten Epidemien, wie Cholera und Pest, doch nie alle Menschen der betroffenen Gegenden zugrunde gehen und dass es manche menschliche Krankheiten gibt, von denen Tiere nie befallen werden und umgekehrt.

---

[1]) Infektionskrankheiten im engeren Sinn nennt man solche, bei denen die Krankheitserreger sich im Organismus stark vermehren wie beim Milzbrand. Ihnen stellt man die Intoxikationskrankheiten gegenüber, in denen wie beim Starrkrampf die Krankheitserreger an der Infektionsstelle verbleiben und von da aus Gifte in den Organismus hineinsenden.

So erkranken die Menschen nicht an Rinderpest, die Tiere nicht an Syphilis.

Während man im ersten Fall noch annehmen kann, dass die den Menschen befallenden Kokken nicht immer giftig (virulent) genug sind, um eine Entzündung oder Diphtheritis hervorzurufen, so bleibt zur Erklärung der letztgenannten Tatsachen nur die Annahme übrig, dass Menschen und Tiere in spezifischer Weise gegen diese Krankheiten geschützt, „immun" sind.

Die Immunität ist in diesen Fällen eine angeborene.

Man kann aber die Immunität gegen viele Infektionskrankheiten dadurch erwerben, dass man diese Krankheiten übersteht. Es ist bekannt, dass man nur einmal im Leben an Masern und Scharlach erkrankt. Auch bei Typhus gehört eine zweimalige Erkrankung zu den grossen Seltenheiten.

Von besonderem Werte für die Erwerbung der Immunität hat sich der Umstand erwiesen, dass die Überstehung ganz leichter Formen der Infektionskrankheiten dieselbe immunisierende Wirkung hat, wie eine schwere Erkrankung.

Ein Teil der Bestrebungen der modernen Therapie geht darauf aus, Immunität künstlich zu verleihen. Zum Verständnis dieser Therapie ist es notwendig, sich darüber zu unterrichten, in welcher Weise die Immunität, die angeborene sowohl als die erworbene zustande kommt.

Bei beiden Immunitäten hat man zu unterscheiden:

1. die Mittel, mit deren Hilfe der Organismus den Bakterien selbst widersteht oder sie unschädlich macht (Bakterienimmunität);

2. die Mittel, welche der Organismus gegen die von den Bakterien produzierten und von ihnen in den Körper entsandten Gifte ins Feld stellt (Giftimmunität).

1. Für die Erklärung der angeborenen Bakterienimmunität sind mehrere Ansichten und Theorien entwickelt worden, von denen keine die andere ganz aus dem Felde schlagen konnte, so dass wahrscheinlich jede dieser Theorien ihre Berechtigung hat, d. h. die Bakterienimmunität ist auf mehrere Ursachen zurückzuführen, die oft gleichzeitig nebeneinander wirken mögen.

Der erste Erklärungsversuch ist die von METSCHNIKOFF herrührende Lehre von der Phagocytose. Danach haben die weissen Blutkörperchen und ähnliche Gebilde (Phagocyten) die Fähigkeit, die Bakterien in sich aufzunehmen und zu verdauen.

Demgegenüber haben die Untersuchungen Buchners u. A. gezeigt, dass Blutserum[1]), welches frei von weissen Blutkörperchen, wie überhaupt von zelligen Elementen ist, gleichfalls die Eigenschaft besitzt, Bakterien abzutöten. Die Körper, welchen diese bakterizide Wirkung zukommt, bezeichnete Buchner als Alexine. Es sind dies äusserst zersetzliche, vielleicht fermentähnliche Eiweisskörper, die schon durch Besonnung und durch Erwärmung auf 55^0—60^0 zerstört werden.

Zwischen diesen beiden Theorien vermittelt die Anschauung, dass die Alexine lösliche, von den Leukocyten erzeugte Körper sind. Und zwar seien diese bakteriziden Stoffe nicht ausschliesslich dazu bestimmt, gegen Fremdkörper, wie Bakterien zu wirken, sondern sie seien die eiweisslösenden Enzyme, mit deren Hilfe der Organismus ganz allgemein eiweissartige Stoffe assimiliere.

Für die Erklärung der angeborenen Giftimmunität sind wir auf die Vermutung angewiesen, dass das betreffende Gift und die Plasmasubstanz in chemischer Beziehung nicht geeignet sind, miteinander in Verbindung zu treten.

Auch bei der erworbenen Immunität haben wir zwischen Bakterienimmunität und Giftimmunität zu unterscheiden.

Die erworbene Bakterienimmunität wird dadurch bedingt, dass nach dem Überstehen der Infektionskrankheiten sich im Blute Körper finden, welche die Bakterien abzutöten oder aufzulösen vermögen. Von derartigen Körpern sind mehrere aufgefunden worden.

a) Bakteriolytische Stoffe. Die bakteriolytische Wirkung kommt dem Blutserum von Menschen und Tieren zu, welche bestimmte durch Bakterien hervorgebrachte Krankheiten überstanden haben (Immunserum). Sie ist an die gleichzeitige Gegenwart zweier Körper gebunden: des Immunkörpers oder Ambozeptors und des Komplements. Letzteres, das sich auch im Serum der Gesunden findet, ist das abtötende Element; es kann indes auf die Bakterien nur wirken, wenn zwischen ihm und den Bakterien die Verbindung durch den Immunkörper, der sich im Immunserum findet, hergestellt ist. Der Immunkörper hat im Gegensatz zum Komplement eine spezifische Wirkung, d. h. er wirkt nur auf die Bakterien, infolge deren Infektion er entstanden ist. Übrigens wird in letzter Zeit der Zusammenhang zwischen der bakteriolytischen Wirkung des Blutes und der Bakterienimmunität in Frage gestellt.

b) Die Agglutinine. Man nennt diese Körper Agglutinine, weil sie

---

[1]) Unter Blutserum versteht man die Flüssigkeit, welche sich bei der Gerinnung des Blutes von dem Blutkuchen abtrennt.

die Eigenschaft besitzen, die Bakterien gewissermassen zusammenzu-
kleben. Bringt man z. B. das Serum eines an Typhus Erkrankten zu
einer Kultur von Typhusbakterien, die vermöge ihrer Zilien sich bewegen, so stellen sie nach einiger Zeit die Bewegungen ein und vereinigen sich zu Klümpchen, die allmählich zu Boden sinken, so dass
die vorher trübe Flüssigkeit klar wird. Die Erscheinung selbst bezeichnet man als Agglutination und wendet sie als diagnostisches Mittel
an (GRUBER-WIDAL sche Reaktion). Die Wirkung der Agglutinine ist
gleichfalls eine spezifische. Doch ist es zweifelhaft, inwieweit sie am
Zustandekommen der Bakterienimmunität beteiligt sind [1].

Ausser den bisher besprochenen Körpern sind in einzelnen Fällen
noch andere Schutzkörper aufgefunden worden, wie überhaupt der
Organismus die Fähigkeit besitzt, das Eindringen von ihm fremden
Substanzen mit der Produktion von Antikörpern zu beantworten.

Die dem Organismus gegen Bakterien zur Verfügung stehenden
Schutzkörper nützen ihm in den Fällen nichts, wo, wie bei Diphtherie
und Tetanus, die Krankheit nicht durch die Vermehrung der Bakterien an sich, sondern durch die von den Bakterien produzierten und
als deren Stoffwechselprodukte zu betrachtenden Gifte verursacht wird,
welche aus den Zellen der Bakterien in den Körper übertreten. Gegen
solche Gifte, „Toxine", schützt sich der Körper durch die Erzeugung
von Gegengiften, „Antitoxinen", welche man im Serum von Tieren und
Menschen nachweisen kann, die eine durch Bakteriengift verursachte
Intoxikationskrankheit überstanden haben. Spritzt man die Mischung
eines nach Diphtherie vorhandenen Serums und Diphtheriegift einem
Tier ein, so erkrankt es nicht; auch dann nicht, wenn man erst das
Gift und dann das Serum einspritzt oder umgekehrt verfährt. Dieser
von BEHRING angestellte Versuch ist die Grundlage, auf der sich die
ganze Serumtherapie aufgebaut hat.

Die Wirkung der Antitoxine ist eine durchaus spezifische. Ein
antitoxinhaltiges Serum kann aber nicht nur vom natürlich erkrankten
Organismus gewonnen werden, sondern auch vom künstlich, d. h. durch
Einverleibung von Bakterienkulturen oder deren toxinhaltigen Filtraten,
infizierten; und ein solches Serum schützt, wenn es injiziert wird, nicht
nur ein Tier derselben Art, von dem das Serum gewonnen wurde,
sondern auch andere Tiere. Ein antitoxinhaltiges Pferdeserum schützt,

---

[1] Den Agglutininen stehen die spezifisch wirkenden Präzipitine nahe,
welche gleichfalls im Immunserum vorkommen und die Niederschläge erzeugen,
welche dieses mit den (bakterienfreien) Filtraten von Bakterienkulturen gibt.

dem Menschen injiziert, auch diesen, und seine antitoxische Wirkung entfaltet sich auch dann noch, wenn die Toxinwirkung im Organismus bereits begonnen hatte. Dann wirkt das Serum heilend: es wird zum Heilserum.

Von diesen Tatsachen ist man bei der Gewinnung des Diphtherieserums ausgegangen, des einzigen Serums, das Aufnahme in das Deutsche Arzneibuch gefunden hat.

Diphtherieserum.
Serum antidiphthericum.

Bei den Untersuchungen, die zur Auffindung der jetzt üblichen Darstellungsmethode des Diphtherieserums geführt haben, hat es sich herausgestellt, dass das Serum solcher Tiere, die eine einmalige Erkrankung überstanden hatten, doch nur verhältnismässig geringe Antitoxinwirkung aufweist. BEHRING ist es indes gelungen, Sera von sehr starker Antitoxinwirkung herzustellen. Das Prinzip der BEHRING schen Methode besteht darin, durch wiederholte, von Einspritzung zu Einspritzung in ihrer Virulenz gesteigerte Infektion stärkere Antitoxinmengen in den Versuchstieren zu erzeugen. Das Verfahren wurde an Kaninchen und Meerschweinchen ausgebildet. Jetzt verwendet man zur Gewinnung des Serums Pferde, da sie gegen das Diphtheriegift verhältnismässig wenig empfindlich sind und grosse Mengen Serum liefern können. Die Versuchstiere müssen zunächst gegen eine Dosis des Diphtheriegiftes immunisiert werden, welchem sie ohne vorausgegangene Antitoxinbildung erliegen würden. Um ihnen diesen Schutz zu verleihen, werden sie zuerst mit einem Filtrat einer Diphtheriebazillenkultur infiziert, deren Wirksamkeit durch Zusatz bestimmter Mengen von Jodtrichlorid abgeschwächt ist. Die Tiere erkranken daraufhin und bilden durch die Erkrankung eine gewisse Menge von Antitoxin. Ist die Erkrankung vorüber, dann erhalten sie abermals eine Injektion des Giftes, das aber einen geringeren Zusatz von Jodtrichlorid erhalten hatte und imstande wäre, ein vorher nicht immunisiertes Tier zu töten. So tritt aber nur wieder eine nicht tödlich verlaufende Erkrankung ein, in deren Verlauf eine neue Menge von Antitoxin produziert wird. In dieser Weise wird mit immer stärkeren Giftlösungen oder grösseren Mengen von ihnen fortgefahren, bis der gewünschte Grad von Immunisierung erreicht ist. Anstatt das Gift durch Jodtrichlorid abzuschwächen[1]), kann man auch den Umstand be-

---

1) Andere Abschwächungsmittel sind Verdünnung oder Zusatz von Antitoxin.

nützen, dass die Kulturen weniger giftig werden, wenn man sie erhitzt. Man kann also zuerst eine Kultur anwenden, die eine Stunde lang auf 70° erhitzt war, dann eine ebensolche auf 60° erhitzte u. s. f.

Ist der Antitoxingehalt des Serums ein genügend grosser, was durch Versuche an Meerschweinchen festgestellt wird, dann wartet man die völlige Gesundung des Versuchspferdes ab und entnimmt ihm dann aus der Vena jugularis mehrere Liter Blut, das man in sterilisierten Messzylindern auffängt und 12—14 Stunden im Eisschrank stehen lässt. Das Serum, das sich während dieser Zeit abgeschieden hat, wird vom Blutkuchen abgegossen und zur Konservierung mit $^1/_2\%$ Karbolsäure oder 0,2 % Trikresol versetzt.

Das flüssige Diphtherieserum ist „eine gelbliche, klare, höchstens einen geringen Bodensatz enthaltende Flüssigkeit, welche den Geruch des Konservierungsmittels besitzt".

Ausser dem flüssigen kommt noch ein festes Diphtherieserum in den Handel, das durch Abdampfen des flüssigen gewonnen wird und keine antiseptischen Zusätze erhält. „Es stellt gelbe, durchsichtige Blättchen oder ein gelblich-weisses Pulver dar, welches sich mit 10 Teilen Wasser zu einer in Farbe und Aussehen dem flüssigen Diphtherie-Heilserum entsprechenden Flüssigkeit löst."

Ehe das Diphtherieserum in den Handel kommt, wird es im Kgl. Preussischen Institut für experimentelle Therapie in Frankfurt a. M. geprüft und zwar auf Keimfreiheit und Wirkungswert. Da das Serum in verschiedenen auf den Fläschchen verzeichneten Stärken in den Handel kommt, so war es nötig, ein Prüfungsverfahren auszuarbeiten, mit dessen Hilfe man imstande war, die Feststellung der Stärke vorzunehmen.

Das zu diesem Zwecke ausgebildete Verfahren, auf dessen Einzelheiten hier nicht weiter eingegangen werden soll, ist demjenigen ähnlich, das man anwendet, um durch Titration die Stärke einer Säure zu ermitteln (wenn man dabei nicht zurücktitriert). Man hat dazu bekanntlich eine Normallauge und einen Indikator nötig. Der Normallauge entspricht bei der Serumprüfung eine Giftlösung bestimmter Stärke, als Indikator dient das Meerschweinchen, das allerdings nicht mit Farbenwechsel reagiert, sondern durch Gesundbleiben oder Erkrankung und Tod. Während man bei Herstellung einer Normallauge das Äquivalentgewicht der Base als Grundlage benützt, so war man bei der Normal-gilftlösung gezwungen, von willkürlichen Festsetzungen auszugehen, weil man den giftigen Körper noch nicht darstellen konnte.

Als Diphtherienormaltoxin (DTN[1]) bezeichnete BEHRING eine Lösung des Giftes, von der 1 ccm stark genug war, um 100 Meerschweinchen von 250,0 g oder 25000,0 g Meerschweinchen (M) innerhalb fünf Tagen zu töten oder

$$1 \text{ ccm DTN}^1 = + 25000 \text{ M}.$$

Eine 10 mal so starke Lösung vermag also 1000 Meerschweinchen von 250 g Gewicht zu töten oder

$$1 \text{ ccm } DTN^{10} = + 250\,000 \text{ M.}$$

Als Normalserum oder Diphtherie-Antitoxin-Normal (DAN[1]) bezeichnete BEHRING ein Serum, von dem 0,1 ccm die 10 fache letale Dosis an Diphtherienormalgift neutralisiert. Also ist 1 ccm DAN[1] = — 25000 M.

1 ccm des Normalserums enthält e i n e Immunisierungseinheit. Ein 10 mal so starkes Serum enthält im ccm 10 Immunisierungseinheiten; 0,01 ccm desselben genügt, um 1 ccm der Normalgiftlösung zu neutralisieren usw.

Da das Toxin, das nach BEHRING als Grundlage der Wertbestimmung benützt wurde, kein einheitlicher Körper ist, so hat das Prüfungsinstitut ein Normal-Antitoxin als Ausgangspunkt für die Prüfung gewählt. DIEUDONNÉ[1]) macht darüber folgande Angaben:

„Als ‚Standardserum‘ dient ein bei niedriger Temperatur im Vakuum auf $^1/_{10}$ des Volumens eingedampftes Serum, welches in besonders ausgearbeiteten Vakuumröhren eingeschlossen und vor Licht, Luft und Feuchtigkeit geschützt aufbewahrt wird. Diese Röhrchen sind mit je 2 g getrockneten Serums von bekanntem Antitoxingehalt gefüllt. Ein so konserviertes Serum ist unveränderlich. Die Prüfung erfolgt nach MARX in folgender Weise. Das Standardserum wird zum Gebrauch in bestimmten Mengen 66 %igen Glyzerinwassers gelöst und ist so 2—3 Monate, kühl und dunkel aufbewahrt, haltbar und kann als Vergleichsobjekt für die Bemessung dienen. Dem ersten Standardserum wurde natürlich ein gewisser Gehalt an Immunitätseinheiten ziemlich willkürlich zugeschrieben, die Immunisierungseinheit ist also ein willkürlicher Maßstab, der dauernd im Institut für experimentelle Therapie aufbewahrt wird (der Wert des ersten so behandelten Serums war z. B. 1700 I.-E.) Ein Vergleich mit dieser Originaleinheit lässt den Wert anderer Präparate erkennen. Die Beschaffenheit des Prüfungsgiftes ist also nach der neuen Bestimmungsmethode eine bis zu gewissem Grade ganz gleichgültige, da durch das Standardserum die jeweilige von einer Immunitätseinheit neutralisierte Giftmenge sich ermitteln lässt. EHRLICH stellte zwei Grenzwerte (Limes = L.) auf und zwar L_0 (o = glatt) und L† († = tot). L_0 ist diejenige Giftdosis, die, mit 1 Immunisierungseinheit abgesättigt, bei der Obduktion des 48 Stunden nach der subkutanen Einspritzung getöteten Tieres eine noch gerade sichtbare Reaktion an der Injektionsstelle erkennen lässt. L† ist diejenige kleinste Dosis Gift, welche durch 1 Immunisierungseinheit soweit neutralisiert wird, dass gerade eine tödliche Dosis ungesättigt bleibt, das Tier also am vierten Tage stirbt.

Als Prüfungsdosis wird die L†-Dose benützt, um jedes subjektive Ermessen auszuschliessen. Man ermittelt zunächst mit einem alten abgelagerten Gift mit Hilfe 1 Immunisierungseinheit des Standardserums diese Dose, von einem zu prüfenden Serum ist dann diejenige Menge, welche die L† gleichfalls

---

1) A. DIEUDONNÉ, Immunität, Schutzimpfung und Serumtherapie. 4. Aufl. S. 128.

bis auf eine tötliche Dosis absättigt, natürlich eine Immunisierungseinheit. Wenn z. B. von einem Serum $^{1}/_{100}$ ccm die L† soweit neutralisiert, dass die Tiere erst am vierten Tage sterben, so entspricht $^{1}/_{100}$ ccm einer Immunisierungseinheit. Das Serum enthält also in 1 ccm 100 Immunisierungseinheiten, ist also ein hundertfaches."

Der Apotheker hat mit der Prüfung nahezu nichts zu tun. Er hat nur zweierlei zu beachten:

1. Flüssiges Diphtherieserum, das eine starke bleibende Trübung oder stärkeren Bodensatz zeigt, darf nicht abgegeben werden und

2. ebensowenig solches, dessen Einziehung durch die Behörde angeordnet ist. Das Kontrollinstitut behält sich nämlich Proben von allen in den Handel gehenden Präparaten zurück und untersucht sie alle zwei Monate auf Klarheit und Wirkungswert. Entspricht das Serum dann nicht mehr den Anforderungen, so wird dies durch die amtlichen Publikationsorgane angezeigt, und seine Einziehung angeordnet.

Rezeptur. Das von den Höchster Farbwerken hergestellte Serum kommt in folgenden Stärken in den Handel:

No. 0 Fläschchen mit gelber Etikette à 0,5 ccm 400fach enthält
200 I. E. = Immunisierungsdosis.

I Fläschchen mit grüner Etikette à 1,5 ccm 400fach enthält
600 I. E. = einfache Heildosis.

II Fläschchen mit weisser Etikette à 2,5 ccm 400fach enthält
1000 I. E. = doppelte Heildosis.

III Fläschchen mit roter Etikette à 3,75 ccm 400fach enthält
1500 I. E. = dreifache Heildosis.

Daneben bringen die Höchster Farbwerke noch ein 500faches Serum (D) in den Handel, das gleichfalls in Fläschchen verschiedenen Inhalts (1, 2, 3 und 4 ccm) abgegeben wird.

Diphtherieserum wird in Deutschland ausser von den Höchster Farbwerken noch produziert von Schering-Berlin, Merck-Darmstadt und Ruete-Enoch-Hamburg.

Hochwertig wird ein Serum genannt, das im ccm mehr als 300 Immunisierungseinheiten enthält. Hochwertig ist z. B. auch das feste Diphtherieserum, das im Gramm mindestens 5000 Immunisierungseinheiten enthält.

Das feste Heilserum kommt in zwei Abfüllungen in den Handel:
I. In Flaschen à 0,05 g = 250 I. E.
II. In Flaschen à 0,2 g = 1000 I. E.

Die Herstellung der Lösungen des festen Heilserums hat in den Originalfläschchen zu geschehen. Die Lösung muss mit durch Erhitzen sterilisiertem, aber wieder abgekühltem Wasser so bereitet werden, dass 1 ccm der Lösung je 250 I.E. enthält. Der Inhalt des Gläschens I muss also in 1 ccm, der des Gläschens II in 4 ccm Wasser aufgelöst werden. Da Gläschen I 2 ccm, Gläschen II 6 ccm freien Raum hat, so macht die Ausführung der Lösung keine Schwierigkeit.

Die Verordnungen über die Abgabe des Diphtherieserums sind nicht in allen Staaten identisch. Doch stimmen sie darin überein, dass seine Abgabe als Heilmittel nur in den Apotheken und nur auf ärztliches Rezept gestattet ist. Ebenso ist die Repetition ohne erneute ärztliche Anweisung ausgeschlossen. Als Vorbeugungsmittel darf es in Preussen auch ohne ärztliches Rezept abgegeben werden, nicht dagegen in Württemberg und Mecklenburg-Schwerin.

Diphtherieserum darf nur in ganzen, mit dem staatlichen Prüfungszeichen versehenen Fläschchen abgegeben werden.

Die Verwendung des Diphtherieserums erfolgt nach zwei Rich- *Anwendung.* tungen: 1. als Vorbeugungsmittel zur Immunisierung, 2. bei schon ausgebrochener Krankheit als Heilmittel.

Zur Immunisierung empfiehlt sich die öftere Anwendung kleiner Dosen mehr als die einmalige grösserer, da das Antitoxin, von dem einzig und allein die Schutzwirkung abhängt, desto rascher wieder aus dem Körper abgeschieden wird, je mehr davon im Blute vorhanden ist. Eine Dosis von 600 I.E. schützt deshalb nicht dreimal so lang als eine von 200 I.E. Letztere Dosis ist die gewöhnlich zur Immunisierung verwendete. Der dadurch erzielte Schutz hält 10—14 Tage an. Ist dann die Ansteckungsgefahr noch vorhanden, so ist abermals die gleiche Dosis einzuspritzen.

Wird das Serum, wie es zumeist der Fall ist, erst nach dem Eintreten der Erkrankung angewendet, dann ist es für die Heilwirkung von Wichtigkeit, dass es möglichst früh und in grosser Dosis (mindestens 1000 I.E. auf einmal) eingespritzt wird.

Die Urteile über die Wirkung des Diphtherieserums lauten im allgemeinen günstig. Der Verlauf der Krankheit sei ein weniger schwerer und vor allem werde die Sterblichkeit erheblich herabgedrückt. Als wirkungslos erwies sich das Serum bei den als Nachwirkung der Diphtheritis eintretenden Lähmungen. An Nebenwirkungen des Serums wurden Hautausschläge und Gelenkaffektionen beobachtet. Beide Erscheinungen sind dem Pferdeserum zuzuschreiben und werden desto geringer, je höherwertiges Serum man verwendet, je geringer also die einzuspritzende Menge des Serums ist. Sie müssten ganz ausbleiben, wenn es gelänge, das Antitoxin zu isolieren und damit die Einspritzungen vorzunehmen. Man kennt indes die wirksame Substanz des Serums noch nicht. Allem Anschein nach ist es ein Eiweisskörper.

Aufbewahrung. An einem kühlen Orte und vor Licht geschützt aufzubewahren[1]).

Nach denselben und ähnlichen Prinzipien, nach denen man das Diphtherieheilserum herstellte, hat man versucht, auch gegen andere Intoxikationskrankheiten Heilsera zu finden. Allein keines derselben hat sich in dem Maß wie das Diphtherieserum Eingang in die Therapie **Tetanusserum.** verschaffen können. Nur das Tetanusserum hat sich eine ein wenig bessere Stellung errungen.

Die tetanischen Erscheinungen des Wundstarrkrampfes sind ausschliesslich durch das vom Tetanusbakterium produzierte Gift hervorgerufen. Das ist einerseits dadurch bewiesen, dass, von der Infektionsstelle abgesehen, im Körper des am Starrkrampf Erkrankten keine Tetanusbakterien nachweisbar sind, andererseits dadurch, dass man imstande war, die Krankheitserscheinungen durch filtrierte Kulturen des Tetanusbakteriums hervorzurufen, die völlig frei von Bakterien waren.

Für die Gewinnung des Serums hat BEHRING ein ähnliches Verfahren eingeschlagen wie beim Diphtherieserum. Auch die Prüfung erfolgt in ähnlicher Weise.

Die mit dem Tetanusserum erzielten Heilerfolge sind keine besonders guten. Die Fälle kommen in der Regel erst zur Behandlung, wenn die Krankheit bereits zum Ausbruch gekommen ist und dann ist es meist für eine erfolgreiche Behandlung zu spät. Auch die Tierversuche haben gezeigt, dass eine Rettung desto eher möglich ist, je früher das Tetanusserum zur Anwendung gelangt.

Die Behandlung mit Antitoxinen, wie wir sie in typischer Weise in der Diphtherieserumtherapie ausgebildet sehen, hilft nur gegen die Toxine, nicht gegen die Bakterien. Man musste deshalb zum Schutze gegen solche Krankheiten, bei denen sich die Bakterien im Körper vermehren und auf diese Weise die Krankheitserscheinungen verursachen, nach anderen Methoden suchen.

Man ging auch hier von der Erfahrung aus, dass Überstehen einer leichten Infektion gegen erneute Infektion schützt. Es kam also darauf an, den Organismus mit den Bakterien derjenigen Krankheit, gegen die

---

[1]) Vor Gefrieren muss indes das Serum bewahrt bleiben, da dadurch eine bleibende Trübung entstehen kann.

man zu schützen wünschte, zu infizieren, aber man musste vorher den dazu verwendeten Bakterien einen Teil ihrer Giftigkeit nehmen[1]).

Ein derartiges Verfahren wandte z. B. PASTEUR bei der Impfung gegen die Hundswut an. Er benützte dazu Bakterien, deren Virulenz durch Austrocknung abgeschwächt war. Ähnlich wirkt Erhitzen, Einwirkung von Chemikalien und ganz besonders die Übertragung von Bakterien auf solche Tiere, die dagegen weniger empfindlich sind.

Bei einigen Krankheiten wird Bakterienimmunität erzielt, wenn man statt lebender abgeschwächter Bakterien solche injiziert, die durch Erhitzen oder andere Mittel völlig getötet sind. In dieser Weise ist man bei den Schutzimpfungen gegen Cholera, Typhus und Pest vorgegangen. Man verzichtet also dabei völlig auf eine Wirkung der lebenden Bakterien und verwendet nur die tote Substanz des Bakterienkörpers. Diese Methoden bilden den Übergang zu denjenigen, bei welchen man nur Auszüge der Bakterien zur Anwendung bringt.

Ein solches Mittel ist das KOCHsche Tuberkulin, das mit dem Erscheinen des 4. Deutschen Arzneibuchs offizinell geworden ist.

Kochs Tuberkulin.
Tuberculinum Kochi.

Gegen Tuberkulose war weder durch Behandlung mit abge- Allgemeines. schwächten noch mit toten Bakterien Immunität zu erzielen. ROBERT KOCH kam deshalb auf den Gedanken, es mit Extrakten der abgetöteten Bakterien zu versuchen. Er stellte nach einigen Vorversuchen das Tuberkulin in folgender Weise her:

Tuberkelbazillen werden in einer schwach alkalischen 1% Pepton Darstellung. und 4—5% Glyzerin enthaltenden Bouillon oder Fleischextraktlösung 4—6 Wochen lang gezüchtet. Dann wird die Flüssigkeit durch Erwärmen im Autoklaven bei 110° sterilisiert, wobei die Bakterien natürlich getötet werden. Sie werden durch ein Ton- oder Kieselguhrfilter abfiltriert, nachdem man vorher die Flüssigkeit auf den 10. Teil abgedampft hatte.

So resultiert das KOCHsche Tuberkulin eine „klare, braune, eigentümlich aromatisch riechende Flüssigkeit", die von KOCH im Jahre 1890 als Heilmittel gegen Tuberkulose empfohlen wurde.

Über die wirksamen Substanzen des Tuberkulins ist nichts Sicheres bekannt. KOCH hat durch Fällung mit Weingeist aus seinem Rohtuberkulin ein Prozent eines reinen Tuberkulins gewonnen, ein hell-

---

1) Eine Schutzwirkung kann auch durch Infektion mit vollvirulenten Krankheitserregern erzielt werden; doch haben derartige Verfahren bisher hauptsächlich für die Bekämpfung von Tierkrankheiten Anwendung gefunden.

graues, in Wasser und verdünntem Weingeist leicht lösliches Pulver, das Eiweissreaktionen zeigt.

Ruppel hat aus den Tuberkelbazillen eine Nukleinsäure, die sog. Tuberkulinsäure, isoliert, welche ungefähr 3—4 mal so wirksam ist als Tuberkulin.

Ein anderer, den Albumosen nahestehender Körper, das Tuberculocidin, wurde von Klebs aus den Kulturen von Tuberkelbazillen gewonnen und zur Behandlung von Tuberkulösen empfohlen.

Rezeptur. Über die Abgabe des Tuberkulins bestehen in jedem Bundesstaat besondere Verhältnisse.

Sollen Verdünnungen angefertigt werden, so sterilisiert man zunächst die Messzylinder und Pipetten, mit denen man die Verdünnung vornehmen will und die sechseckigen Gläser mit weitem Hals und Glasstöpsel, in denen die Abgabe zu erfolgen hat. Zu diesem Zweck erhitzt man sie im Trockenschrank bei 150^0 C.

Als Stammlösung, von der man für die Anfertigung weiterer Verdünnungen auszugehen hat, stellt man sich zunächst eine Mischung von 1 Raumteil Tuberkulin mit 9 Raumteilen einer 0,5 %igen Karbolsäurelösung her und vermerkt auf der Flasche den Gehalt der Lösung an Tuberkulin und den Tag der Anfertigung. Sind Verdünnungen anzufertigen, die weniger als 1 % und mehr als 0,1 % Tuberkulin enthalten, so geht man von einer Lösung aus, die man sich durch Vermischen von 1 Raumteil Stammlösung und 9 Raumteilen einer 0,5 %igen Karbolsäurelösung herstellt usw.

Doch dürfen solche Verdünnungen nur auf schriftliche Anweisung eines approbierten Arztes oder Tierarztes und erst kurz vor der Verwendung angefertigt werden. Auch die Stammlösung darf nicht länger als vier Wochen vorrätig gehalten werden.

Die Verdünnungen dürfen nur an den Arzt oder Tierarzt, der sie verschrieben hat oder an eine von ihnen beauftragte Person abgegeben werden.

Anwendung. Als Heilmittel hat das Tuberkulin, darüber ist man einig, das nicht gehalten, was Koch sich davon versprochen hatte. Im günstigsten Falle scheint Toxinimmunität damit erzielt zu werden. Grössere Anerkennung als zur Bekämpfung der menschlichen Tuberkulose hat das Tuberkulin bei der Bekämpfung der Rindertuberkulose und ganz besonders als diagnostisches Mittel gefunden.

Kleine Dosen nämlich, die den gesunden Menschen kaum irritieren, bewirken bei Tuberkulösen eine heftige Reaktion, die sich vor allem durch starke Temperatursteigerung kundgibt. Die Reaktion tritt schon im Anfangsstadium der Krankheit ein, in dem es sehr häufig durch andere Mittel nicht möglich ist, die Krankheit festzustellen.

Fieberkranke dürfen nicht in dieser Weise untersucht werden.

In noch höherem Maße als beim Menschen wendet man das Tuberkulin als diagnostisches Mittel an, um den Viehbestand auf Tuberkulose zu untersuchen. Als positiv betrachtet man die Reaktion beim Rinde, wenn nach einer Einspritzung von 0,5 g sich eine Temperatursteigerung von 1^0 konstatieren lässt.

An einem kühlen Orte und vor Licht geschützt aufzubewahren.   Aufbewahrung.

Der Misserfolg des Tuberkulins hat KOCH selbst veranlasst, noch vier andere Tuberkulinpräparate herzustellen.

Eines derselben, das TA (Tuberkulin alkalisch) ist aus den Kulturen durch Einwirkung von $\frac{N}{10}$-Natronlauge hergestellt. Die Tuberkelbazillen enthalten nämlich Fett, besonders in ihrer Hülle, und dieses sollte durch die Natronlauge verseift werden, um so den Inhalt der Bakterien der Extraktion besser zugänglich zu machen. Da auch TA sich nicht sonderlich bewährte, so liess KOCH noch andere Präparate herstellen:

Die völlig im Vakuum-Exsikkator getrockneten frischen und virulenten Bakterien werden sehr fein zerrieben und in Wasser verteilt. Die Masse wird zentrifugiert und teilt sich in zwei Schichten. Die obere Schicht ist durchsichtig klar, weisslich opaleszierend, frei von Tuberkelbazillen und erleidet durch Zusatz von 50% Glyzerin keine Veränderung. Sie wird als TO (O = oben) bezeichnet.

Die untere Schicht, ein schlammiger Bodensatz, wird nochmals getrocknet und nochmals derselben Behandlung unterworfen. Das so gewonnene Präparat TR (R = Rückstand) wird von den Höchster Farbwerken mit einem zur Konservierung dienenden Zusatz von 20% Glyzerin hergestellt. TR unterscheidet sich u. a. von TO dadurch, dass auf Zusatz von 50% Glyzerin ein weisser Niederschlag aus ihm ausfällt. Während das alte Tuberkulin nur Toxinimmunität verleiht, ist TR imstande Bakterienimmunität hervorzurufen. In die Praxis scheint auch dieses Präparat nur schwer Eingang zu finden, obgleich es die unangenehme Eigenschaft des alten Tuberkulins nicht besitzt, gewaltige Temperatursteigerungen hervorzurufen.

Ein fünftes KOCHsches Präparat ist das Neu-Tuberkulin, das pulverisierte Tuberkelbazillen in einer Mischung von Glyzerin und Wasser verteilt enthält.

Weder TA noch TO noch TR noch Neu-Tuberkulin sind offizinell, so dass, wenn Tuberkulin ohne weitere Bezeichnung verschrieben werden sollte, das alte Tuberkulin abzugeben ist.

Anhang.

Zur Prüfung der Arzneimittel.

a) Bestimmung des Schmelzpunktes.

Bereits in der Einleitung habe ich darauf aufmerksam gemacht, welche Wichtigkeit die Bestimmung des Schmelzpunktes für die Prüfung sehr vieler organischer Arzneimittel hat.

Unter Schmelzpunkt versteht man nach der im D. A.-B. angegebenen Definition denjenigen Wärmegrad, bei welchem die undurchsichtige Substanz durchsichtig wird und zu durchsichtigen Tröpfchen zusammenfliesst.

Das erste Erfordernis zur Bestimmung des Schmelzpunktes, gleichgültig, welche Methode man anwendet, ist ein genaues Thermometer. Die gewöhnlich benützten Thermometer sind selten genau, um so mehr, da sie, selbst wenn sie ursprünglich genau waren, sich noch nachträglich durch die sog. Nachwirkungsdilatationen verändern:

1. Dauernde Nachwirkungsdilatation. Nach der Herstellung zieht sich das Thermometer noch lange Zeit zusammen; infolgedessen wird der Nullpunkt in die Höhe gedrückt.

2. Vorübergehende Nachwirkungsdilatation. Sie wirkt in entgegengesetztem Sinne und rührt davon her, dass die durch Erwärmung eingetretene Volumvergrösserung des Thermometers nur langsam wieder rückgängig gemacht wird.

Man muss deshalb von Zeit zu Zeit sein Thermometer prüfen:

1. Man vergleicht mit einem Normalthermometer, indem man beide zusammen in einem Glyzerin- oder Schwefelsäurebad erwärmt. Man lässt sie darin so eintauchen, dass sie weder den Boden noch die Seitenwände des Becherglases berühren, in dem die Flüssigkeit sich befindet,

und schreibt sich in Intervallen von je 5 Grad den Stand beider Thermometer auf.

2. Hat man kein Normalthermometer, so bestimmt man an seinem
Thermometer den Nullpunkt, den Siedepunkt und noch einige andere
Punkte, die man mit Hilfe der Schmelztemperaturen von Körpern mit
bekanntem Schmelzpunkt ermittelt.

Den Nullpunkt bestimmt man nach GATTERMANN[1]) folgendermaßen:

Ein dickwandiges Reagensrohr von ca. $2^1/_2$ cm Durchmesser und
12 cm Länge wird zu $^1/_3$ mit destilliertem Wasser gefüllt. In der Öffnung desselben befindet sich ein in der Mitte durchbohrter Kork,
welcher das in das Wasser eintauchende Thermometer trägt. Durch
einen seitlichen Einschnitt führt ein Rührer, welchen man sich dadurch
herstellt, dass man einen dicken Kupferdraht an einem Ende senkrecht
zu dessen Längsrichtung kreisförmig umbiegt. Man taucht nun das
Reagensrohr in eine Kältemischung von Eis und Kochsalz ein, rührt
mit dem Rührer häufiger um und beobachtet, bei welcher Temperatur
das Wasser Kristalle abzuscheiden beginnt.

Den Siedepunkt des Wassers bestimmt man, indem man Wasser
aus einem geeigneten Fraktionskolben destilliert, wobei man das Thermometer mit Hilfe eines Korks oder eines Gummistopfens so in dessen
Öffnung einführt, dass das Thermometer zwar nicht in die Flüssigkeit
eintaucht, aber dessen Skala ganz von Dampf umspült wird.

Da der Siedepunkt vom Luftdruck abhängig ist und 100^0 der
Siedepunkt des Wassers bei mittlerem Luftdruck (760 mm Quecksilber)
ist, so muss man noch auf diesen umrechnen, wozu folgende Tabelle[1])
genügt:

Hatte man dann beispielsweise (bei mittlerem	Druck:	Wasser:
Luftdruck) den Gefrierpunkt bei $+ 5^0$, den Siede-	720 mm	$98,5^0$
punkt bei $+ 102^0$ gefunden, so berechnet sich der	725 „	98,7
Schmelzpunkt eines Körpers, den man mit Hilfe	730 „	98,9
dieses Thermometers bei $+ 55^0$ gefunden hatte	735 „	99,1
(richtige Kalibrierung vorausgesetzt)	740 „	99,3
	745 „	99,4
$$= \frac{(55 - 5) \cdot 100}{102 - 5} = 51,5^0.$$	750 „	99,6
	755 „	99,8
Will man den Schmelzpunkt bekannter Kör-	760 „	100,0
per zum Vergleich heranziehen, so benützt man	765 „	100,2
denselben oben zur Gefrierpunktsbestimmung be-	770 „	100,4

---

[1]) L. GATTERMANN, Die Praxis des organischen Chemikers. 5. Aufl. S. 65.

schriebenen Apparat, nur dass man das Reagensglas statt in eine Kältemischung in das zu erwärmende Bad[1]) tauchen lässt und dass man in das Reagensglas nicht Wasser, sondern so viel der Substanz gibt, dass sie nach dem Schmelzen die Thermometerkugel bedeckt. Substanzen, welche sich dazu eignen, sind: Thymol, Smp. 49,4°, Naphthalin, Smp. 80°, Azetanilid 114,2°, Benzoesäure 121,2°, Phenazetin, Smp. 134°—135°, Salizylsäure 159°, Kamphersäure 186°, Koffein 230,5°[2]).

Hat man so sein Thermometer geaicht, dann kann man mit demselben Apparat seine Schmelzpunktsbestimmungen vornehmen, wenigstens wenn es sich um wenig kostspielige Körper (Azetanilid, β-Naphthol) handelt.

Bei teueren Körpern bedient man sich der an einem Ende zugeschmolzenen Kapillarröhrchen, in die man die Substanz 2—3 mm hoch einfüllt und die man dann mit dem Thermometer verbunden in einem geeigneten Bade zum Schmelzen bringt (Fig. 1, S. 245).

Allgemein gilt, dass man die zu prüfende Substanz erst zur Schmelzpunktsbestimmung verwendet, nachdem sie 24 Stunden in einem Exsikkator über Schwefelsäure getrocknet worden ist. Fette schmilzt man, saugt sie in ein beiderseits offenes Röhrchen auf und lässt es 24 Stunden bei niederer Temperatur (im Keller) liegen. Dann erst nimmt man die Schmelzpunktsbestimmung vor, bei der man meist Wasser als Bad benützen kann.

Ausser dem durch Fig. 1 gekennzeichneten Verfahren wendet man in der Praxis noch andere an, zu denen besondere Apparate nötig sind. Gut bewährt hat sich der von ROTH (Fig. 2). Er besteht aus einem starken Rundkolben, in dessen Hals ein dickwandiges Reagensglas eingeschmolzen ist. Der dadurch entstandene Hohlraum mündet in einen Tubus, in den ein hohler Glasstöpsel eingeschlossen ist. Beide besitzen kleine seitliche Öffnungen. Zur Benützung füllt man Schwefelsäure durch den Tubus, so dass etwa $^2/_3$ des Hohlraumes damit gefüllt sind und stellt dann den Stöpsel so, dass seine Öffnung mit der des Tubus kommuniziert. In der Öffnung des Reagensglases befestigt man

---

[1]) Als Badflüssigkeiten eignen sich: Wasser bis 80°, konzentrierte Schwefelsäure bis ca. 200°, festes Paraffin bis 300°.

[2]) Wenn man nicht sicher ist, ob die zu diesen Versuchen bestimmten Substanzen genügend rein waren, so bestimmt man zunächst den Schmelzpunkt, kristallisiert dann aus einem geeigneten Lösungsmittel um und wiederholt die Bestimmung. Die Substanz war rein, wenn sie durch das Umkristallisieren ihren Schmelzpunkt nicht verändert.

dann mit Kork- oder Gummistöpsel das mit der schmelzenden Substanz verbundene Thermometer, das hier zur Vermeidung von Korrekturen (s. S. 247) am besten so klein genommen wird, dass der Queck-
silberfaden nicht oder nicht weit über die Schwefelsäure herausragt.
Wenn sich die Schwefelsäure nach Beendigung der Bestimmung wieder
abgekühlt hat, so verschliesst man den Hohlraum durch eine Drehung
des Stöpsels und hat so den Apparat immer gebrauchsfertig.

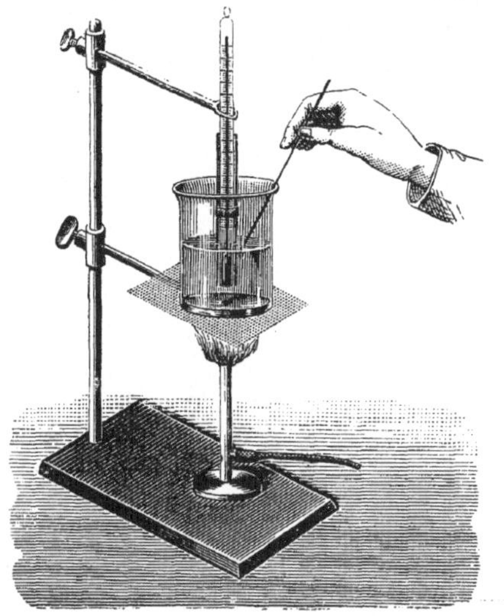

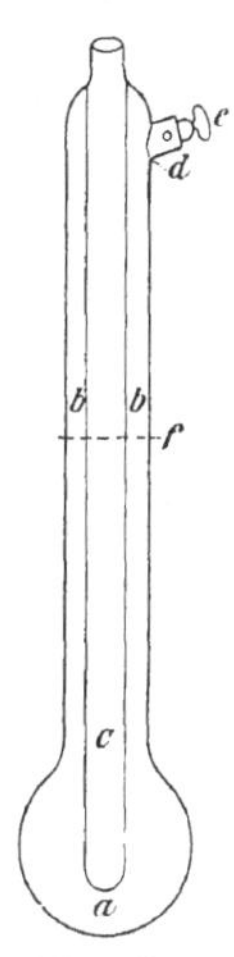

<table>
<tr><td align="center">Fig. 1.</td><td align="center">Fig. 2.</td></tr>
</table>

(Aus B. Fischer: Die neueren Arzneimittel.)

(Aus Hans Meyer: Analyse und Kon-
stitutionsermittelung organischer Verbindungen.) *a* Rundkolben, *b* dessen
Hals, *c* das Reagensglas, *d* Tubus mit
Stöpsel *e*, *f* Stand der Schwefelsäure.

b) Prüfung auf anorganische Substanzen.

Rein organische Körper dürfen, wenn sie erhitzt werden, keinen
unverbrennlichen Rückstand hinterlassen. Zur Ausführung der Prüfung
erhitzt man 0,1—0,2 g auf einem Platinblech oder Porzellandeckel zuerst
mit kleiner, dann mit stärkerer Flamme. Auch schwer verbrennliche
Substanzen wird man durch längeres Erhitzen völlig zur Verbrennung
bringen können; wenn nicht, so lässt man erkalten, setzt einen Tropfen
Salpetersäure zu (dann unter Vermeidung des Platinblechs), lässt auf
dem Wasserbad abdampfen und glüht nochmals.

c) Bestimmung des Siedepunktes.

Die Bestimmung des Siedepunktes einer Flüssigkeit, d. h. der
Temperatur, bei der ihr Dampfdruck dem des Luftdrucks gleich wird,

kommt nur für verhältnismässig wenige Substanzen in Betracht. Sie wird am einfachsten in Fraktionskölbchen (Fig. 3) vorgenommen, in deren Hals das Thermometer so befestigt ist, dass es nur von den Dämpfen umspült wird und die Quecksilberkugel der Abflussröhre gegenüberliegt. Die Dämpfe leitet man in einen sog. LIEBIG schen Kühler oder man fängt (bei hochsiedenden Flüssigkeiten) das Destillat direkt in einem Kölbchen oder Reagensglas auf.

Beträchtlich kleinere Mengen als bei diesen Verfahren braucht man, wenn man nach PAWLESKI oder SIWOLOBOFF vorgeht.

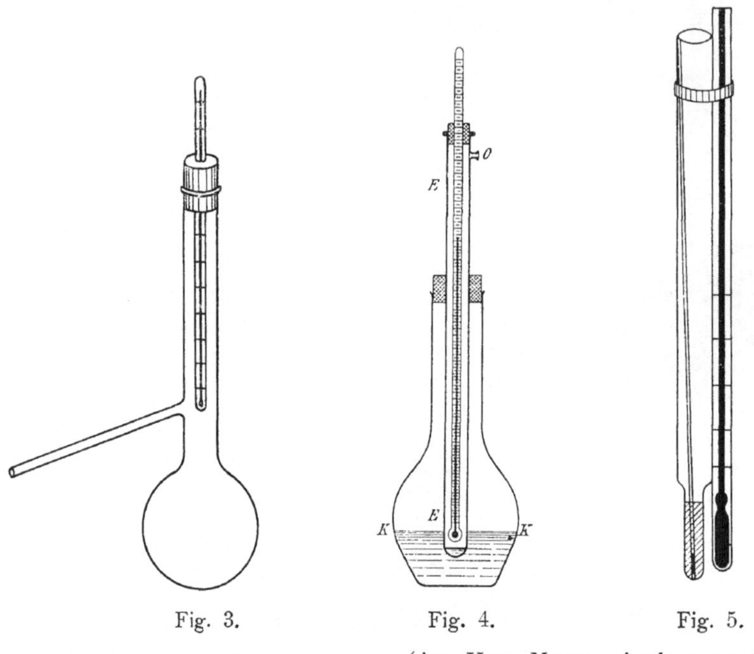

Fig. 3.   Fig. 4.   Fig. 5.

(Aus HANS MEYER: Analyse usw.)

Zum PAWLESKI schen Verfahren benützt man einen ähnlichen Apparat, wie bei der ROTH schen Schmelzpunktbestimmung. In einem Kolben K (Fig. 4) ist vermittelst eines Korkes, der an der Seite eine Rille und in der Mitte eine Öffnung hat, ein Reagensglas E eingeführt, das nahe an seinem oberen Ende eine seitliche Öffnung O besitzt. Auf den Boden des Reagensglases, das in das Bad (Schwefelsäure, Glyzerin, geschmolzenes Silbernitrat) eingetaucht ist, bringt man die zu unter·suchende Flüssigkeit (0,5--1,5 ccm) und verschliesst die Öffnung mit einem Kork, durch den man das Thermometer hindurchgeführt hat.

Als Siedepunkt wird derjenige Grad angesehen, bei dem das Quecksilber beim Erhitzen einige Zeit stehen bleibt.

Noch geringer sind die Substanzmengen, welche man zur Ausführung des Siwoloboffschen Verfahrens nötig hat. 1—2 Tropfen der Flüssigkeit werden hier in eine unten zugeschmolzene und etwas verjüngte Glasröhre von ca. 4 mm lichter Weite (Fig. 5) gebracht. In die Röhre führt man ein Kapillarrohr ein, das kurz vor seinem unteren Ende zugeschmolzen ist. Die Glasröhre taucht man samt einem damit verbundenen Thermometer in ein Bad ein und verfährt weiter wie bei der Bestimmung des Schmelzpunktes. Der Siedepunkt ist dann erreicht, wenn aus dem Kapillarröhrchen ununterbrochen Dampfbläschen aufsteigen.

Weil auch die Siedepunkte für mittleren Luftdruck angegeben sind, so müssen für genauere Bestimmungen bei abweichendem Luftdruck Korrekturen angebracht werden. Sie können für unsere Zwecke entbehrt werden.

Korrektur für den herausragenden Faden.

Bei Schmelzpunkts- und Siedepunktsbestimmungen kommt es regelmässig vor, dass ein Teil des Quecksilberfadens sich ausserhalb des Raumes befindet, dessen Temperatur gemessen wird. Man bezeichnet ihn als den herausragenden Faden. Da seine Temperatur niederer ist als der des unteren Teiles, so zeigt das Thermometer eine tiefere Temperatur an als der Wirklichkeit entspricht, und es muss deshalb eine Korrektur angebracht werden, welche der abgelesenen Zahl hinzuzuzählen ist. Die Korrektur kann nach der Koppschen Formel $C = 0{,}000156\,a\,(t-t_0)$ bestimmt werden. In ihr bedeutet

a = die Zahl der herausragenden Grade;

t = die Temperatur, die am Thermometer abgelesen wurde;

t_0 = die mit einem zweiten Thermometer ermittelte Temperatur, die in unmittelbarer Nähe des ersten Thermometers gemessen wird. Sie entspricht der Temperatur des herausragenden Fadens.

0,000156 ist der scheinbare Ausdehnungskoeffizient des Quecksilbers in Jenaer Normalglas.

Einfacher ermittelt man die hinzuzuzählende Korrektur aus den von Rimbach aufgestellten Tabellen, in denen t die abgelesene Temperatur, t^0 die Temperatur der umgebenden Luft und n die Anzahl der herausragenden Fadengrade bedeutet.

Korrektionen für den herausragenden Faden bei Einschluss-

t — t°	70	75	80	85	90	95	100	105	110	115	120	125	130	135	140	145
n = 10	0,01	0,01	0,01	0,02	0,03	0,03	0,04	0,05	0,06	0,06	0,07	0,08	0,09	0,09	0,10	0,11
20	0,08	0,10	0,12	0,12	0,14	0,16	0,19	0,21	0,23	0,24	0,25	0,26	0,27	0,27	0,28	0,28
30	0,25	0,27	0,28	0,30	0,32	0,32	0,36	0,37	0,39	0,41	0,42	0,44	0,45	0,46	0,48	0,49
40	0,30	0,32	0,35	0,38	0,41	0,44	0,48	0,51	0,54	0,57	0,60	0,62	0,63	0,65	0,67	0,69
50	0,41	0,43	0,46	0,49	0,52	0,55	0,59	0,64	0,70	0,75	0,79	0,82	0,84	0,86	0,89	0,91
60	0,52	0,56	0,60	0,64	0,68	0,73	0,79	0,84	0,89	0,94	0,99	1,03	1,07	1,09	1,11	1,13
70	0,63	0,68	0,74	0,79	0,85	0,92	0,98	1,05	1,11	1,15	1,20	1,25	1,28	1,30	1,32	1,35
80	0,75	0,81	0,87	0,93	1,01	1,08	1,15	1.22	1,28	1,33	1,38	1,43	1,47	1,50	1,53	1,57
90	0,87	0,93	0,97	1,06	1,13	1,20	1,28	1,36	1,45	1,53	1,62	1,70	1,75	1,79	1,82	1,84
100	0,98	1,05	1,12	1,20	1,29	1,38	1,47	1,56	1,65	1,73	1,82	1,90	1,96	2,00	2,03	2,05
110	—	—	—	—	—	—	1,70	1,80	1,90	1,97	2,05	2,14	2,19	2,24	2,29	2,32
120	—	—	—	—	—	—	1,88	2,00	2,10	2,19	2,28	2,36	2,42	2,46	2,49	2,52
130	—	—	—	—	—	—	—	2,20	2,30	2,40	2,52	2,61	2,67	2,72	2,75	2,78
140	—	—	—	—	—	—	—	—	2,54	2,65	2,75	2,85	2,90	2,94	2,97	3,00
150	—	—	—	—	—	—	—	—	—	—	—	—	—	—	3,17	3,24
160	—	—	—	—	—	—	—	—	—	—	—	—	—	—	3,35	3,44
170	—	—	—	—	—	—	—	—	—	—	—	—	—	—	—	—
180	—	—	—	—	—	—	—	—	—	—	—	—	—	—	—	—
190	—	—	—	—	—	—	—	—	—	—	—	—	—	—	—	—
200	—	—	—	—	—	—	—	—	—	—	—	—	—	—	—	—
210	—	—	—	—	—	—	—	—	—	—	—	—	—	—	—	—
220	—	—	—	—	—	—	—	—	—	—	—	—	—	—	—	—

Korrektionen für den herausragenden Faden bei Stab-

t — t°	70	75	80	85	90	95	100	105	110	115	120	125	130	135	140	145
n = 10	0,02	0,03	0,03	0,04	0,05	0,06	0,07	0,08	0,09	0,10	0,11	0,11	0,13	0,15	0,17	0,18
20	0,13	0,14	0,15	0,16	0,18	0,20	0,22	0,24	0,26	0,28	0,29	0,30	0,32	0,35	0,38	0,40
30	0,24	0,26	0,28	0,30	0,33	0,36	0,39	0,42	0,44	0,46	0,48	0,50	0,53	0,56	0,59	0,62
40	0,35	0,38	0,41	0,44	0,48	0,52	0,56	0,59	0,62	0,65	0,68	0,71	0,74	0,78	0,82	0,85
50	0,47	0,50	0,53	0,57	0,62	0,67	0,72	0,77	0,81	0,85	0,88	0,92	0,95	0,99	1,03	1,07
60	0,57	0,62	0,66	0,71	0,77	0,83	0,89	0,95	1,00	1,04	1,09	1,13	1,17	1,21	1,25	1,29
70	0,69	0,74	0,79	0,85	0,92	0,99	1,06	1,12	1,19	1,25	1,30	1,35	1,39	1,43	1,47	1,52
80	0,80	0,85	0,91	0,97	1,05	1,13	1,21	1,29	1,37	1,45	1,52	1,57	1,62	1,66	1,71	1,76
90	0,91	0,97	1,04	1,10	1,19	1,29	1,38	1,47	1,56	1,65	1,73	1,80	1,86	1,91	1,96	2,01
100	1,02	1,10	1,18	1,26	1,35	1,45	1,56	1,67	1,79	1,89	1,97	2,04	2,09	2,13	2,18	2,23
110	—	—	—	—	—	—	1,78	1,90	2,02	2,11	2,19	2,27	2,33	2,38	2,43	2,48
120	—	—	—	—	—	—	1,98	2,12	2,23	2,33	2,43	2,52	2,59	2,62	2,69	2,74
130	—	—	—	—	—	—	—	2,33	2,45	2,57	2,68	2,77	2,84	2,89	2,94	2,99
140	—	—	—	—	—	—	—	—	2,68	2,80	2,92	3,03	3,11	3,17	3,22	3,27
150	—	—	—	—	—	—	—	—	—	—	—	—	—	—	—	3,40
160	—	—	—	—	—	—	—	—	—	—	—	—	—	—	—	3,62
170	—	—	—	—	—	—	—	—	—	—	—	—	—	—	—	—
180	—	—	—	—	—	—	—	—	—	—	—	—	—	—	—	—
190	—	—	—	—	—	—	—	—	—	—	—	—	—	—	—	—
200	—	—	—	—	—	—	—	—	—	—	—	—	—	—	—	—
210	—	—	—	—	—	—	—	—	—	—	—	—	—	—	—	—
220	—	—	—	—	—	—	—	—	—	—	—	—	—	—	—	—

thermometern aus Jenaer Glas (0—360°) 1—1,6 mm Gradlänge.

150	155	160	165	170	175	180	185	190	195	200	205	210	215	220	$= t - t^0$
0,11	0,12	0,13	0,14	0,15	0,16	0,17	0,18	0,18	0,19	0,19	0,20	0,21	0,21	0,21	n = 10
0,29	0,30	0,32	0,35	0,36	0,38	0,40	0,42	0,45	0,47	0,49	0,50	0,52	0,53	0,57	20
0,50	0,52	0,54	0,57	0,60	0,63	0,66	0,70	0,73	0,76	0,78	0,80	0,82	0,84	0,87	30
0,71	0,74	0,77	0,80	0,84	0,87	0,92	0,96	1,00	1,04	1,08	1,11	1,14	1,17	1,20	40
0,93	0,96	0,98	1,01	1,05	1,10	1,16	1,22	1,28	1,33	1,38	1,42	1,45	1,49	1,53	50
1,15	1,18	1,23	1,28	1,33	1,40	1,46	1,52	1,58	1,64	1,70	1,74	1,78	1,82	1,87	60
1,38	1,41	1,45	1,50	1,56	1,63	1,70	1,77	1,84	1,92	1,99	2,06	2,11	2,17	2,21	70
1,61	1,65	1,70	1,76	1,83	1,91	1,98	2,06	2,14	2,22	2,29	2,36	2,42	2,48	2,54	80
1,86	1,89	1,94	2,00	2,08	2,16	2,25	2,34	2,43	2,52	2,60	2,68	2,75	2,82	2,89	90
2,08	2,13	2,20	2,28	2,37	2,46	2,55	2,64	2,73	2,83	2,92	3,00	3,09	3,17	3,24	100
2,34	2,38	2,43	2,50	2,58	2,67	2,77	2,87	3,00	3,13	3,25	3,36	3,44	3,52	3,60	110
2,55	2,60	2,68	2,78	2,89	3,01	3,13	3,25	3,37	3,49	3,59	3,69	3,78	3,87	3,96	120
2,81	2,86	2,95	3,05	3,17	3,30	3,44	3,58	3,70	3,81	3,92	4,02	4,12	4,23	4,33	130
3,05	3,12	3,22	3,35	3,49	3,62	3,75	3,88	4,03	4,12	4,24	4,36	4,48	4,58	4,69	140
3,32	3,43	3,55	3,67	3,80	3,94	4,07	4,20	4,33	4,46	4,58	4,71	4,83	4,95	5,06	150
3,56	3,68	3,80	3,93	4,06	4,20	4,35	4,50	4,64	4,78	4,92	5,06	5,20	5,33	5,45	160
3,83	3,96	4,08	4,21	4,36	4,51	4,66	4,81	4,96	5,11	5,26	5,40	5,54	5,68	5,82	170
4,10	4,23	4,37	4,51	4,67	4,83	4,99	5,15	5,31	5,47	5,63	5,78	5,92	6,07	6,22	180
—	—	—	—	—	5,19	5,35	5,51	5,67	5,83	5,99	6,15	6,31	6,46	6,61	190
—	—	—	—	—	—	5,68	5,85	6,01	6,18	6,34	6,50	6,66	6,82	6,98	200
—	—	—	—	—	—	—	6,22	6,35	6,54	6,70	6,87	7,04	7,21	7,37	210
—	—	—	—	—	—	—	—	6,65	6,85	7,05	7,24	7,54	7,62	7,82	220

thermometern aus Jenaer Glas (0—360°) 1—1,6 mm Gradlänge.

0,20	0,21	0,21	0,22	0,23	0,25	0,27	0,28	0,30	0,32	0,33	0,35	0,36	0,37	0,38	n = 10
0,43	0,45	0,46	0,48	0,49	0,51	0,53	0,55	0,57	0,59	0,61	0,62	0,64	0,65	0,67	20
0,65	0,68	0,70	0,72	0,74	0,76	0,78	0,81	0,83	0,85	0,88	0,90	0,93	0,95	0,97	30
0,88	0,91	0,94	0,97	0,99	1,02	1,04	1,07	1,10	1,13	1,16	1,19	1,22	1,25	1,28	40
1,10	1,14	1,17	1,21	1,24	1,28	1,31	1,34	1,37	1,41	1,44	1,48	1,52	1,55	1,59	50
1,34	1,38	1,42	1,46	1,50	1,54	1,58	1,62	1,66	1,70	1,74	1,78	1,82	1,86	1,90	60
1,57	1,62	1,67	1,72	1,76	1,81	1,86	1,90	1,94	1,99	2,04	2,08	2,13	2,18	2,23	70
1,82	1,88	1,94	2,00	2,05	2,10	2,15	2,19	2,24	2,28	2,33	2,38	2,44	2,50	2,55	80
2,07	2,13	2,20	2,26	2,31	2,37	2,47	2,48	2,53	2,59	2,64	2,70	2,76	2,82	2,89	90
2,29	2,37	2,45	2,52	2,58	2,64	2,70	2,76	2,82	2,88	2,94	3,01	3,08	3,15	3,23	100
2,55	2,62	2,70	2,78	2,85	2,92	2,98	3,05	3,12	3,19	3,26	3,33	3,41	3,49	3,57	110
2,79	2,86	2,95	3,03	3,11	3,18	3,26	3,34	3,42	3,50	3,58	3,66	3,75	3,83	3,92	120
3,04	3,11	3,20	3,30	3,38	3,47	3,56	3,64	3,72	3,80	3,89	3,99	4,09	4,19	4,28	130
3,31	3,38	3,47	3,57	3,66	4,76	3,86	3,95	4,04	4,13	4,22	4,32	4,43	4,54	4,64	140
3,51	3,63	3,74	3,86	3,96	4,05	4,15	4,25	4,35	4,45	4,56	4,67	4,79	4,90	5,01	150
3,74	3,87	4,00	4,12	4,23	4,34	4,46	4,57	4,68	4,79	4,90	5,02	5,14	5,26	5,39	160
4,01	4,14	4,27	4,40	4,52	4,64	4,76	4,88	5,00	5,12	5,24	5,37	5,51	5,64	5,77	170
4,26	4,40	4,54	4,68	4,81	4,94	5,07	5,20	5,33	5,46	5,59	5,73	5,87	6,01	6,15	180
—	—	—	—	—	5,24	5,38	5,52	5,65	5,80	5,95	6,10	6,25	6,40	6,54	190
—	—	—	—	—	—	5,70	5,85	6,00	6,15	6,30	6,47	6,62	6,78	6,94	200
—	—	—	—	—	—	—	6,18	6,35	6,51	6,68	6,84	7,01	7,18	7,35	210
—	—	—	—	—	—	—	—	6,69	6,86	7,04	7,22	7,40	7,57	7,75	220

Schmelzpunkte.

Adeps lanae anhydricus ca.	40°	Filmaron ca.	60°
Äthylmorphin	93	Gallazetophenon	170
Akoin	176	Glykosal	76
Alypin	169	Guajakol absol.	33
Anästhesin	90—91	„ karbonat ca.	80
Anhydromethylenzitronen-säure	206—208	„ phosphat	98
		„ salizylat	65
Antipyrin	111—112	Guajasanol	184
Antithermin	108	Hedonal	76
Apolysin	72	Heroin	171—173
Aristochin	186,5	Holokain	189
Arrhenal	130—140	Hydrastinin	116—117
Aspirin	135	„ hydrochlorid ca.	210
Benzonaphthol	110	Hypnal	67
Benzosol	61	Jodoformin	178
Betol	95	Johimbin	234—235
Bromoform	7	Isocholesterin	137—138
Chinasäure	161,5	Isopral	49
Chloralamid	114—115	Kakodylsäure	200
Chloreton	96—97	Kotarnin	132
Cholesterin	148,5	o-Kresol	31—31,5
Citrophen	181	p- „	35—36
Dionin	123—125	Kryofin	98—99
Dulzin	173—174	Laktophenin	118
Epikarin	199	Lenigallol	165
Euchinin	95	Lysidin	105
Eugallol	171	Maretin	183—184
Eukain	268	Methylatropiniumbromid	222—223
Eumydrin	163	β-Naphthol	122
Euphthalmin	183	Natriumkakodylat	35
Euporphin	195	Neurodin	87

Neuronal	66—67°	Stovain	175°
Nirvanin	185	Styptol	102—105
Orthoform	120—121	Subkutin	195,6
„ neu	142	Sulfonal	125—126
Oxyazetanilid	130	Tetronal	85
Paraldehyd	10,5	Theophyllin	268
Phenazetin	134—135	Thermodin	86—88
Phenokoll	95	Tolypyrin	136—137
Phenylurethan	50	Tolysal	101—102
Piperazin	104	Trigemin	83—85
Purgatol	175—178	Trional	76
Purgen	250—253	Triphenin	120
Pyramidon	108	Tussol	52—53
Pyrogallol	131—132	Urethan	47—50
Resorzin	110—111	Veronal	191
Saccharin ca.	220	Vioform	177—178
Salipyrin	91—92	Zimtsäure	133
Salophen	187—188		

7°	Bromoform	90—91°	Anästhesin
10,5	Paraldehyd	91—92	Salipyrin
31—31,5	o-Kresol	93	Äthylmorphin
33	Guajakol absolut	95	Phenokoll
35	Natriumkakodylat		Euchinin
35—36	p-Kresol		Betol
40	Adeps lanae anhydricus	96—97	Chloreton
47—50	Urethan	98	Guajakolphosphat
49	Isopral	98—99	Kryofin
50	Phenylurethan	101—102	Tolysal
52—53	Tussol	102—105	Styptol
ca. 60	Filmaron	104	Piperazin
61	Benzosol	105	Lysidin
65	Guajakolsalizylat	108	Antithermin
66—67	Neuronal		Pyramidon
67	Hypnal	110	Benzonaphthol
72	Apolysin	110—111	Resorzin
76	Hedonal	111—112	Antipyrin
	Glykosal	114—115	Chloralamid
	Trional	116—117	Hydrastinin
ca. 80	Guajakolkarbonat	118	Laktophenin
83—85	Trigemin	120	Triphenin
85	Tetronal	120—121	Orthoform
86—88	Thermodin	122	β-Naphthol
87	Neurodin	123—125	Dionin

125—126°	Sulfonal		178°	Jodoformin
130	Oxyazetanilid		181	Citrophen
130—140	Arrhenal		183	Euphthalmin
131—132	Pyrogallol		183—184	Maretin
132	Kotarnin		184	Guajasanol
133	Zimtsäure		185	Nirvanin
134—135	Phenazetin		186,5	Aristochin
135	Aspirin		187—188	Salophen
136—137	Tolypyrin		189	Holokain
137—138	Isocholesterin		191	Veronal
142	Orthoform-neu		195	Euporphin
148,5	Cholesterin		195,6	Subkutin
161,5	Chinasäure		199	Epikarin
163	Eumydrin		200	Kakodylsäure
165	Lenigallol		206—208	Anhydromethylenzitronen-säure
169	Alypin		ca. 210	Hydrastininhydrochlorid
170	Gallazetophenon		ca. 220	Saccharin
171	Eugallol		222—223	Methylatropiniumbromid
171—173	Heroin		234—235	Johimbin
173—174	Dulzin		250—253	Purgen
175	Stovain		268	Eukain
175—178	Purgatol			Theophyllin
176	Akoin			
177—178	Vioform			

Siedepunkte.

Äthylbromid	38—40°		o-Kresol	190°
„ chlorid	12,5		m-Kresol	203
Äthylenbromid	131,5		p-Kresol	202
Amylenhydrat	99—103		Lysidin	195—198
Bromoform	148—150		β-Naphthol	286
Geosot	240—260		Paraldehyd	123—125
Guajakol	205		Piperazin	146
Hedonal	215		Resorzin	277

Tabelle über die Aufbewahrung der Arzneimittel.
Sehr vorsichtig aufzubewahren.

Arrhenal u. a. Salze d. Methylarsinsäure	Quecksilberformamid
Atoxyl	„ glykokoll
Eumydrin	„ oxycyanid
Homatropinhydrobromid	„ sozojodolsaures
Kakodylsäure und ihre Salze	„ succinimid u. a. lösliche
Methylatropiniumbromid	Quecksilberverbindungen.

Vorsichtig aufzubewahren.

Adrenalin
Äthylchlorid
Airol
Akoin
Aktol
Albargin
Alypin
Amylenhydrat
Antifebrin lösl. u. a. Ver-
   bindungen des Anilins
Antithermin
Apolysin
Argentol
Argonin u. a. Silberderi-
   vate
Aristol
Benzanilid
Benzosol
Bromal
Bromoform
Chloralformamid
Chloralurethan
Citrophen
Dionin
Dormiol
Dulzin
Duotal
Eosot
Epinephrin
Eukain
Euphorin
Euphthalmin
Euporphin
Europhen
Formaldehyd
Formanilid
Gallazetophenon
Geosot

Griserin
Guajakol und seine Ver-
   bindungen
Hedonal
Heroin
Hexamethylentetramin u.
   seine Verbindungen
Holokain
Hydrastininhydrochlorid
Jodol
Jodalbacid
Jodipin
Jodoformin a. a. Jod-
   derivate
Jodol
Jodothyrin
Johimbin
Isoform
Isopral
Itrol
Kairin
Kalium, sulfokreosot-
   saures
Kreosot und seine Ver-
   bindungen
Kryofin
Laktophenin
Largin
Loretin
Maretin
Methazetin
Neurodin
Neuronal
Nirvanin
Nosophen
Orexintannat
Oxymethylen
Paraldehyd

Pental
Peronin
Phenazetin u. a. Verbin-
   dungen des Pheneti-
   dins
Phenokollhydrochlorid
Protargol
Pyramidon
Salizylsäureanilid
Salophen
Sozojodol und seine Salze
   (ausgen. das Queck-
   silbersalz)
Stovain
Styptizin
Styptol
Subkutin
Sulfonal
Suprarenin
Tetronal
Theobromin
Theobrominnatrium-
   Natriumazetat
Theobrominnatrium-
   Natriumsalizylat
Theophyllin
Theophyllinnatrium-
   Natriumazetat
Theophyllinnatrium-
   Natriumsalizylat
Thermodin
Thioform
Thyrojodin
Trional
Triphenin
Urethan
Veronal
Vioform

Vor Licht geschützt aufzubewahren.

Adrenalin
Äthylbromid
  „ chlorid

Airol
Amylenhydrat
Argentamin

Argonin
Aristol
Benzonaphthol

Bromoform	Guajakol und seine Ver-	Neuronal
Diphtherieserum	bindungen	Paraldehyd
Dormiol	Jodoformin	Protargol
Eugallol	Jodol	Pyrogallol
Euporphin	Jodothyrin	Quecksilberverbin-
Euresol	Johimbin	dungen
Europhen	Isoform	Resorzin
	Lenigallol	Silberverbindungen
Filmaron	Mesotan	Sozojodolsäure und ihre
Formaldehyd	Mikrocidin	Salze
Gallazetophenon	Naphthol	Tuberkulin

Historische Tabelle.

Die Jahreszahlen geben das Jahr an, in dem zum ersten Male etwas Thera-
peutisches über das betr. Arzneimittel veröffentlicht ist.

Äthylbromid	1887	Eukain	1896	Kairin	1882
„ chlorid	1891	Euporphin	1904	Kakodylate	1896
Agurin	1901	Europhen	1891	Laktophenin	1894
Airol	1895	Exodin	1904	Lanolin	1885
Alypin	1905	Ferratin	1894	Lenigallol	1898
Amylenhydrat	1887	Filmaron	1903	Lysidin	1894
Anästhesin	1902	Formaldehyd	1892	Lysol	1890
Antipyrin	1884	Formicin	1905	Maretin	1904
Argonin	1895	Glyzerophosphate	1893	Mesotan	1902
Aristochin	1902	Guajakol	1887	β-Naphthol	1881
Aristol	1890	Hedonal	1899	Neuronal	1904
Arrhenal	1902	Heroin	1897	Novokain	1905
Aspirin	1899	Hetol	1894	Orexin	1890
Atoxyl	1902	Hexamethylentetramin		Organtherapie seit	1891
Azetanilid	1887		1894	Orthoform	1897
Benzonaphthol	1891	Homatropin	1880	Paraldehyd	1882
Bismutum subgallicum		Hydrargyrum oxy-		Peronin	1897
	1891	cyanatum	1893	Phenazetin	1887
Bromoform	1889	Hydrargyrum succi-		Phenokoll	1891
Chinasäure	1899	nimidatum	1888	Piperazin	1890
Citrophen	1895	Hydrastinin	1890	Plasmon	1899
Creolin	1887	Jodipin	1897	Protargol	1897
Dionin	1899	Jodol	1885	Purgatol	1901
Diphtherieserum	1892	Jodothyrin	1896	Purgen	1901
Diuretin	1887	Johimbin	1897	Pyramidon	1896
Dormiol	1898	Ichthyol	1883	Pyrogallol	1878
Epikarin	1899	Isoform	1904	Salol	1886
Euchinin	1896	Isopral	1903	Sanatogen	1898

Somatose	1893	Tannigen	1894	Trional	1890
Sozojodol	1887	Tannoform	1895	Tropon	1898
Stovain	1904	Tetronal	1890	Tuberkulin	1890
Stypticin	1895	Thallin	1885	Urethan	1885
Sulfonal	1886	Theophyllin	1902	Veronal	1903
Suprarenin	1899	Thiokol	1898	Vioform	1900
Tannalbin	1896				

1878	Pyrogallol		phenin, Tannigen, Lysidin, Ferratin, Hetol
1880	Homatropin		
1881	β-Naphthol	1895	Airol, Argonin, Stypticin, Citrophen, Tannoform
1882	Kairin, Paraldehyd		
1883	Ichthyol	1896	Eukain, Tannalbin, Pyramidon, Euchinin, Kakodylate, Jodothyrin
1884	Antipyrin		
1885	Jodol, Thallin, Urethan, Lanolin		
1886	Salol, Sulfonal	1897	Orthoform, Jodipin, Protargol, Peronin, Heroin, Johimbin
1887	Azetanilid, Kreolin, Phenazetin, Äthylbromid, Amylenhydrat, Sozojodol, Diuretin, Guajakol	1898	Thiokol, Sanatogen, Tropon, Dormiol, Lenigallol
1888	Hydrargyrum succinimidatum	1899	Plasmon, Hedonal, Epikarin, Chinasäure, Aspirin, Suprarenin, Dionin
1889	Bromoform		
1890	Trional, Tetronal, Aristol, Orexin, Hydrastinin, Piperazin, Tuberkulin, Lysol	1900	Vioform
		1901	Purgatol, Purgen, Agurin
1891	Europhen, Äthylchlorid, Benzonaphthol, Phenokoll, Bismutum subgallicum, Organtherapie	1902	Mesotan, Aristochin, Theophyllin, Arrhenal, Atoxyl, Anästhesin
1892	Formaldehyd, Diphtherieserum	1903	Isopral, Veronal, Filmaron
1893	Glyzerophosphate, Hydrargyrum oxycyanatum, Somatose	1904	Neuronal, Isoform, Exodin, Euporphin, Stovain, Maretin
1894	Hexamethylentetramin, Lakto-	1905	Alypin, Novokain, Formicin.

Reagentien, die nicht im D. A. B. beschrieben sind.

DÉNIGÈS' Reagens: Eine Lösung von 5,0 g Quecksilberoxyd in einem Gemisch von 20 ccm konzentrierter Schwefelsäure und 100 ccm Wasser.

p-Diazonitranilinlösung nach RIEGLER (Pharm. Zentralhalle 1900. S. 565): Man bringt in einen 250 ccm fassenden Messkolben 2,5 g p-Nitranilin, 25 ccm destilliertes Wasser und 5 ccm reine konzentrierte Schwefelsäure. Die durch Umschwenken entstehende Lösung verdünnt man mit 25 ccm destilliertem Wasser, schüttelt durch und fügt eine Lösung von 1,5 g Natriumnitrit in 20 ccm Wasser hinzu. Nach sehr kurzer Zeit und wiederholtem Umschwenken des Kolbens wird mit Wasser bis zur Marke aufgefüllt und filtriert.

FROEHDÉs Reagens: Eine frisch bereitete Anreibung von Ammoniummolybdat
    mit konzentrierter Schwefelsäure.

Kaliumwismutjodidlösung (KRAUT): Man löst 8,0 g basisch salpetersaures Wismut
    in 20,0 g Salpetersäure (1,18 spez. Gew.) und giesst diese Flüssigkeit in
    eine konzentrierte wässerige Auflösung von 27,2 g Jodkalium. Nach dem
    Auskristallisieren des Salpeters verdünnt man die Flüssigkeit auf 100 ccm.

MILLONS Reagens: Eine ohne Erwärmung bereitete Lösung von Quecksilber
    im gleichen Gewicht rauchender Salpetersäure wird mit dem gleichen Vo-
    lumen Wasser verdünnt.

NESSLERS Reagens: Eine heisse Lösung von 1 T. Sublimat in 6 T. Wasser
    wird mit einer Lösung von 2,5 T. Jodkalium in 6 T. Wasser vermischt.
    Dann wird eine Lösung von 6 T. Ätzkali in gleichen Teilen Wasser zu-
    gesetzt und das Ganze auf 36 T. mit Wasser verdünnt.

SOLDAINI (OST)sche Lösung: Man trägt eine Lösung von 17,5 g kristallisiertem
    Kupfersulfat in eine Lösung von 250 g wasserfreiem (oder wenn wasser-
    haltig entsprechend umgerechnetem) Kaliumkarbonat und 100,0 g Kalium-
    bikarbonat ein und füllt zu einem Liter auf.

Salzsäure starke: spez. Gew. 1,2.

Schwefelsäure arsensäurehaltig: 1,0 g arsensaures Kalium wird durch Erwärmen
    in 100,0 g konzentrierter Schwefelsäure gelöst.

Schwefelsäure formaldehydhaltig: Konzentrierte Schwefelsäure mit 1 % Form-
    aldehyd.

Register.